Simulations and experiments of electronic circuits

전자회로의 시뮬레이션과 실험

박세훈 지음

홍릉과학출판사

머리말

전자공학의 발전은 현대 사회의 획기적인 발전의 모태이고 전반적인 현대의 필수 생활품의 발전과 함께 하고 있다. 모바일 폰, TV, 컴퓨터는 물론이고 심지어 자동차의 상당 부분까지도 전자공학과 깊은 연관 관계를 가지게 되었다. 이러한 전자공학의 발전 추세는 앞으로 더욱 더 빨라질 것으로 예측되고 있다.

수년간 대학에서 전자회로를 강의 한 경험에 의하면 학부에서는 다루는 주제들이 각 분야에 중요한 기초 지식이 된다는 사실을 실감한다. 전자공학의 기초 이론을 학생들에게 좀더 정확하게 그리고 체감할 수 있게 전달하는 가장 좋은 방법이 실험이다. 학생들이 이론 시간에 배운 지식을 실험으로 확인 하는 과정을 통해 좀더 생각하고, 고민하는 시간을 가지게 되어 전자공학 지식에 대한 이해도를 한층 높일 수가 있다. 학생들이 실험 장비를 사용하고 직접 회로를 구성하여 실험을 수행함으로써 이론을 현실로 인식하게 된다.

이 실험 책의 저작 의도는 전자회로의 강의 내용과 진도에 부합하는 교과서를 만드는 것이다. 이론 수업과 실험을 병행함으로써 학습 효과를 최대화 하는데 기여할 수 있는 실험 책이 되기를 희망한다.

책의 내용은 시뮬레이션 부분과 실험 부분으로 구성되어 있다. 실험 할 내용을 시뮬레이션을 통해 확인하는 한 후 실험을 하면 실험의 이해도가 많이 높아짐을 경험해 왔다. 시뮬레이션을 통해 실험 결과를 예측할 수 있으므로 실험 수행 능력이 현저히 높아졌다. 전자회로 1년 강의 내용과 일치하도록 실험의 내용과 순서를 배치하였다. 시뮬레이션에 필요한 Spice Model Parameters는 부록에 첨부하였다.

2017년 2월

안동대학교 전자공학과 박세훈

목차

실험 1 함수 발생기와 오실로스코프 사용법

실험 목적: 전자회로의 입력과 출력은 신호의 형태로 표시된다. 따라서 시스템에 적절한 신호를 선택하는 것은 전자회로의 동작을 규정하는데 중요하다. 이 장에서 수행하는 실습은 신호를 공급하는 함수 발생기와 신호를 측정하는 오실로스코프 사용에 내한 것이다. 또한 사용법을 실습하는 예로서 저주파 및 고주파 통과 필터의 주파수 특성을 측정한다.

실험기기: DC 전원 공급기(Power Supply), 함수 발생기(Function Generator), 오실로스코프(Oscilloscope)

실험 1.1: 함수 발생기(Function Generator, FG)와 오실로스코프(Oscilloscope, Osc) 사용법

이번 실험은 함수 발생기에서 출력된 전압 신호를 오실로스코프로 관찰하면서 함수 발생기와 오실로스코프의 사용법을 익히는 것이다. 함수 발생기는 정현파, 삼각파, 구형파 등을 출력할 수 있는 신호 발생기이며, 오실로스코프는 입력된 전기 신호를 화면에 표시해주는 장치이다. 함수 발생기에 의해 공급되는 신호는 오실로스코프의 프로브를 통해 오실로스코프에 입력되고 화면에 표시된다. 일반적으로 함수 발생기의 출력 저항은 50 Ω이고, 오실로스코프 입력 저항은 1 MΩ (1X 프로브) 혹은 10 MΩ (10X 프로브)이다. 따라서 그림 1 회로에서 오실로스코프에 의해 측정되는 전압 V_L은 입력 신호 V_S와 함수 발생기의 출력 저항 R_O, 그리고 부하의 저항 값 R_L및 오실로스코프의 입력 저항 R_I에 따라 값이 정해 진다. 식 (1)은 그림 1회로의 출력 전압을 계산한 것이다.

$$\mathbf{V_L = V_S \frac{R_L // R_I}{R_O + R_L // R_I}} \tag{1}$$

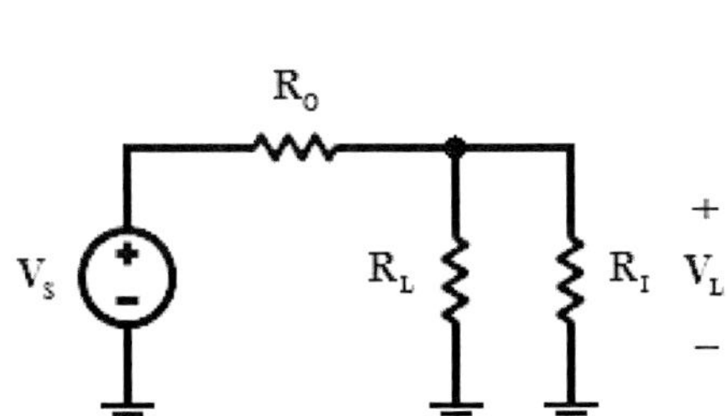

그림 1. 함수 발생기와 오실로스코프의 연결을 나타내는 등가 회로.

식 (1)에서 오실로스코프의 입력 저항 R_I가 R_L에 비해 충분히 크면 R_I가 무시되어 오실로스코프에 입력되는 전압은 $V_L=V_S \times R_L/(R_O+R_L)$이 된다. 다음의 실험들은 신호원의 출력 저항과 부하의 상대적 크기에 따라 오실로스코프에 의해 측정되는 신호의 크기를 관찰하기 위한 것이다. 입력 신호의 크기, 함수 발생기의 출력 저항, 부하저항 및 오실로스코프의 입력 저항의 크기 따라 결정되는 출력 값을 측정하라.

1. 함수 발생기 (FG)와 오실로스코프 (Osc)의 직접 연결

- 함수 발생기 출력 신호: sin파, 진폭=1 V, 주기=0.5 ms, OFFSET=0 V

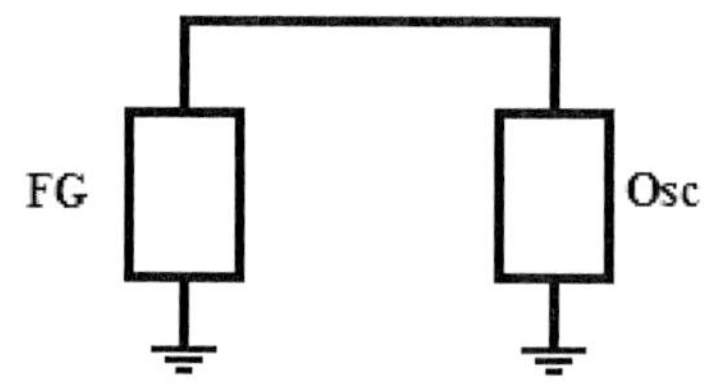

그림 2. 함수 발생기(FG)와 오실로스코프(Osc)의 직접 연결 회로.

함수 발생기의 출력 전압 진폭	V
오실로스코프의 측정 전압 진폭	V
오실로스코프의 측정 전압 진폭 이론 값	V

- 실험 결과 분석: 측정 회로의 등가 회로를 이용한 이론 값과 측정 값을 비교하여 실험을 분석한다.

2. 함수 발생기에 연결된 부하가 1.1 MΩ인경우

- 함수 발생기 출력 신호: sine파, 진폭=1 V, 주기=0.5 ms, OFFSET=0 V

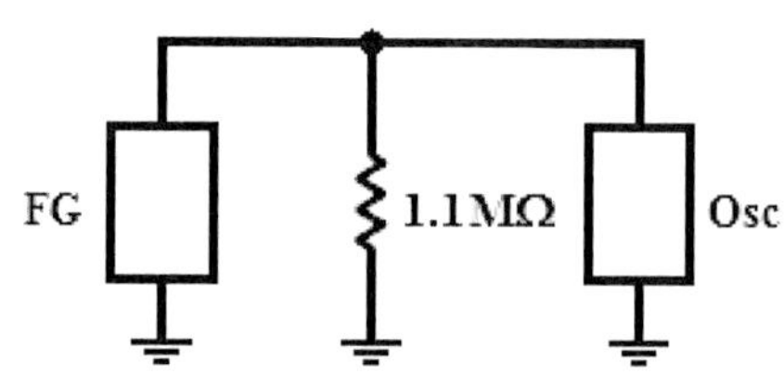

그림 3. 함수 발생기기의 부하가 1.1 MΩ일 때의 측정 회로. (5% 표준 저항 사용)

함수 발생기의 출력 전압 진폭	V
오실로스코프의 측정 전압 진폭	V
오실로스코프의 측정 전압 진폭 이론 값	V

- 실험 결과 분석: 측정 회로의 등가 회로를 이용한 이론 값과 측정값을 비교하여 실험을 분석한다.

3. 함수 발생기에 연결된 부하가 51 Ω인 경우

- 함수 발생기 출력 신호: sine파, 진폭=1 V, 주기=0.5 ms, OFFSET=0 V

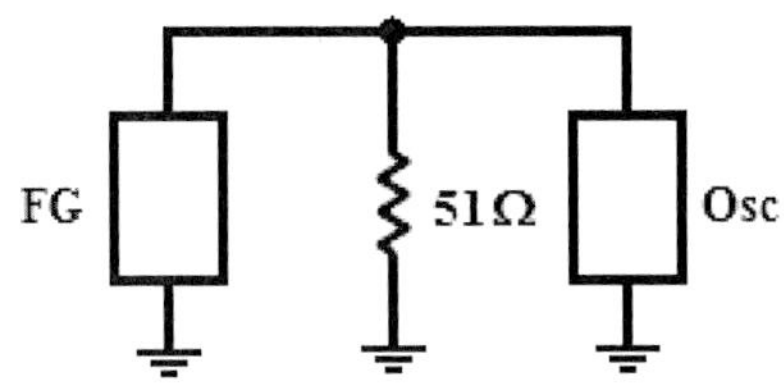

그림 4. 함수 발생기기의 부하가 51 Ω일 때의 측정 회로. (5% 표준 저항 사용).

함수 발생기의 출력 전압 진폭	V
오실로스코프의 측정 전압 진폭	V
오실로스코프의 측정 전압 진폭 이론값	V

- 실험 결과 분석: 측정 회로의 등가 회로를 이용한 이론값과 측정값을 비교하여 실험을 분석한다.

4. 함수 발생기와 오실로스코프의 직접 연결: DC OFFSET 전압이 있는 경우

- 함수 발생기 출력 신호: sine파, 진폭=1 V, 주기=0.5 ms, OFFSET=1 V

함수 발생기의 출력 신호가 OFFSET전압을 가지기 때문에, 이번 실험은 오실로스코프의 동작 모드를 DC와 AC로 분리하여 수행한다. 오실로스코프는 DC 모드에서 입력 신호의 전체 값을 측정하고, AC모드에서는 입력 신호 중 시간에 따라 변하는 신호만 측정한다. 회로의 연결은 그림 2와 동일하며 편이상 여기에 그림 5를 다시 추가한다.

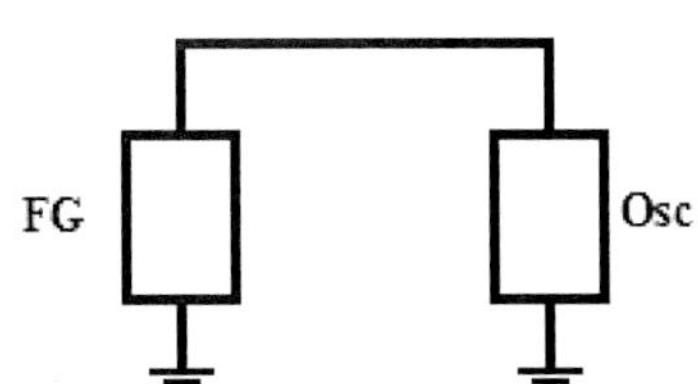

그림 5. 함수 발생기(FG)와 오실로스코프(Osc)의 직접 연결 회로.

● 오실로스코프의 DC 모드 측정

함수 발생기의 출력 전압 진폭	V
오실로스코프의 DC 모드 측정 전압 진폭	V
오실로스코프의 DC 모드 측정 OFFSET 전압	V
오실로스코프의 DC 모드 측정 전압 진폭 이론값	V
오실로스코프의 DC 모드 측정 OFFSET 전압 이론값	V

● 오실로스코프의 AC 모드 측정

함수 발생기의 출력 전압 진폭	V
오실로스코프의 AC 모드 측정 전압 진폭	V
오실로스코프의 AC 모드 측정 OFFSET 전압	V
오실로스코프의 AC 모드 측정 전압 진폭 이론 값	V
오실로스코프의 AC 모드 측정 OFFSET 전압 이론 값	V

● 실험 결과 분석: 측정 회로의 등가 회로를 이용한 이론 값과 측정값을 비교하여 실험을 분석한다.

5. 함수 발생기의 부하가 1.1 MΩ, DC OFFSET 전압이 있는 경우

● sine 신호: 진폭=1 V, 주기=0.5 ms, OFFSET=1 V

회로 연결은 그림 3과 동일하며 편이상 여기에 그림 6을 다시 추가 한다.

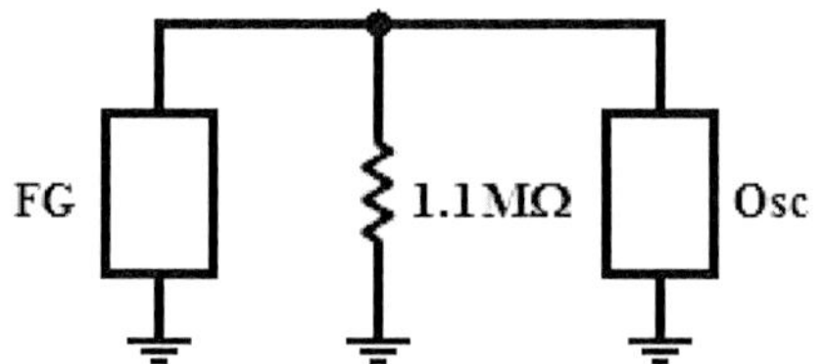

그림 6. 함수 발생기기의 부하가 1.1 MΩ일 때의 측정 회로.

● DC 모드 측정

함수 발생기의 출력 전압 진폭	V
오실로스코프의 DC 모드 측정 전압 진폭	V
오실로스코프의 DC 모드 측정 OFFSET 전압	V
오실로스코프의 DC 모드 측정 전압 진폭 이론 값	V
오실로스코프의 DC 모드 측정 OFFSET 전압 이론 값	V

● AC 모드 측정

함수 발생기의 출력 전압 진폭	V
오실로스코프의 AC 모드 측정 전압 진폭	V
오실로스코프의 AC 모드 측정 OFFSET 전압	V
오실로스코프의 AC 모드 측정 전압 진폭 이론 값	V

● 실험 결과 분석: 측정 회로의 등가 회로를 이용한 이론 값과 측정값을 비교하여 실험을 분석한다.

6. 함수 발생기의 부하가 51 Ω, DC OFFSET 전압이 있는 경우

sine 신호: 진폭=1 V, 주기=0.5 ms, OFFSET=1 V

회로 연결은 그림 4와 동일하며 편이상 여기에 그림 7을 다시 추가 한다.

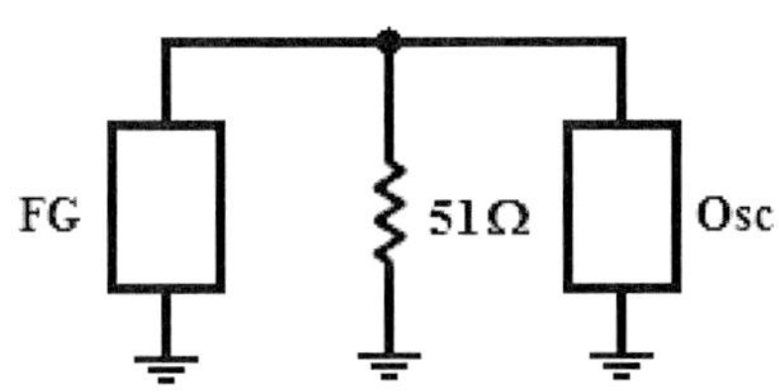

그림 7. 함수 발생기기의 부하가 51 Ω일 때의 측정 회로.

● DC 모드 측정

함수 발생기의 출력 전압 진폭	V
오실로스코프의 DC 모드 측정 전압 진폭	V
오실로스코프의 DC 모드 측정 OFFSET 전압	V
오실로스코프의 DC 모드 측정 전압 진폭 이론 값	V
오실로스코프의 DC 모드 측정 OFFSET 전압 이론 값	V

● AC 모드 측정

함수 발생기의 출력 전압 진폭	V
오실로스코프의 AC 모드 측정 전압 진폭	V
오실로스코프의 AC 모드 측정 OFFSET 전압	V
오실로스코프의 AC 모드 측정 전압 진폭 이론 값	V

● 실험 결과 분석: 측정 회로의 등가 회로를 이용한 이론 값과 측정값을 비교하여 실험을 분석한다.

실험 1.2: 저주파 통과 필터 주파수 응답 (Low Pass Filter Frequency Response)

전자회로가 입출력 신호의 주파수를 선택 하는 경우가 많다. 필요한 주파수를 선택하거나, 불필요한 주파수를 제거해야 하는 경우에 필터 회로를 사용한다. 이번 실험은 저주파 통과 특성을 가진 필터를 구성하고 주파수 특성을 측정하는 것이다. 그림 8은 저주파 통과 필터 회로이며, V_S는 함수 발생기 신호, R은 저항, C는 커패시터이다. 회로에서 R과 C의 값은 필터 회로의 동작 범위를 결정하는 파라메타 f_{3dB}을 결정하며, f_{3dB}값은 식 (2)에 의해 결정된다. 식 (2)를 이용하여 R=160 Ω일 때 f_{3dB}=5 KHz가 되는 적절한 C 값을 계산 한다.

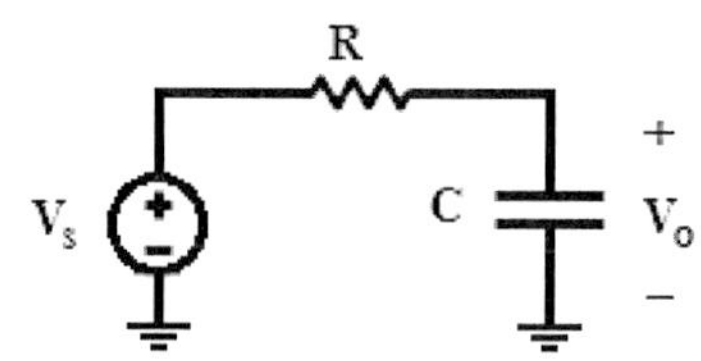

그림 8. 저주파 통과 필터 (Low Pass Filter)회로.

$$f_{3dB} = \frac{1}{2\pi RC} \tag{2}$$

C=________________F

1. 함수 발생기에서 $V_S=2\sin(2\pi ft)$ 신호를 공급한다. 그림 8의 저주파 통과 필터의 주파수 특성을 얻기 위해 주파수를 변화 시키면서 출력 신호의 전압을 측정한다. 주파수의 범위는 100 Hz~ 100 kHz로 한다

주파수 (Hz)	입력 신호 진폭 (V)	출력 신호 진폭 (V)

2. 위의 측정 결과를 이용하여 $20\log(V_o)$ vs. $\log(f)$ 그래프를 그린다. 그래프에 f_{3dB} 주파수를 표시한다.

실험 1.3: 고주파 통과 필터 주파수 응답 (High Pass Filter Frequency Response)

그림 9는 저항 R과 커패시터 C로 구성된 고주파 통과 필터 회로이며, 저주파 통과 필터와 비교해서 R과 C의 위치가 바뀌었다. R=160 Ω일 때, f_{3dB}=10 kHz이상의 주파수만 통과시키는 High Pass Filter의 C 값을 식 (3)을 이용하여 계산한다.

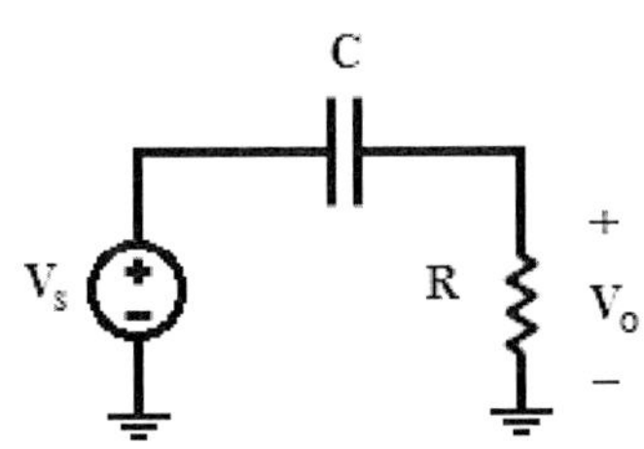

그림 9. 고주파 통과 필터 (High Pass Filter) 회로.

$$f_{3dB} = \frac{1}{2\pi RC} \tag{3}$$

C=______________F

1. 함수 발생기에서 $V_S=2\sin(2\pi ft)$ 신호를 공급한다. 주파수 특성을 얻기 위해 주파수를 변화시키면서 출력 신호의 전압을 측정한다. 주파수의 범위는 100 Hz~ 100 kHz로 한다.

주파수 (Hz)	입력 신호 진폭 (V)	출력 신호 진폭 (V)

2. 위의 측정 결과를 이용하여 $20\log(V_o)$ vs. $\log(f)$ 그래프를 그린다. 그래프에 f_{3dB} 주파수를 표시한다.

실험 2 OP amp를 이용한 반전 및 비반전 증폭기

실험목적: 아날로그 IC 칩 가운데 가장 많이 사용되는 것이 OP amp이다. OP amp는 아날로그 회로의 기본 IC로서 증폭기, 필터 등의 아날로그 회로에서 필수적인 소자이다. 실험의 목적은 OP amp.를 이용한 반전 및 비반전 증폭기 회로를 만들어 증폭기의 특성을 조사한다.

실험 기기: DC 전원 (Power Supply), 함수 발생기 (Function Generator), 오실로스코프, 브래드보드 (Bread Board)

실험 준비물: HA17741 OP amp 1개, 저항 5.1 kΩ, 51 kΩ, 각 1개씩

741 OP AMP. pin 배열

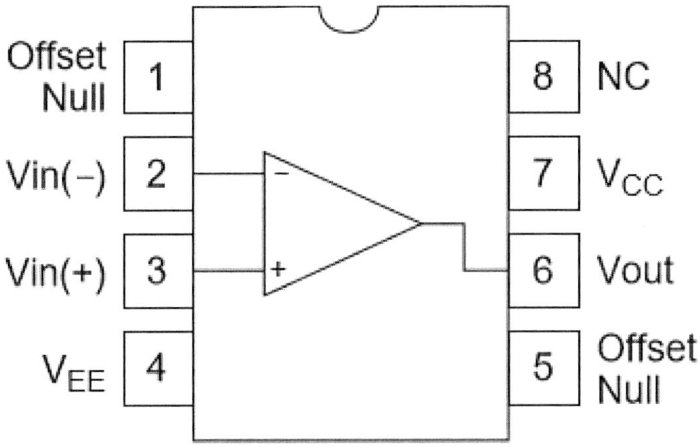

(Top view)

시뮬레이션 2.1: 반전 증폭기 회로

반전증폭기(Inverting Configuration)는 OP amp를 이용하여 만들 수 있는 가장 기본적인 증폭기 중의 하나이다. 그림 1은 반전 증폭기 회로이며, 입력신호 v_s는 저항 R_1을 거쳐 OP amp의 마이너스 단자 (-)에 입력된다. 입력 신호는 진폭이 200 mV, 주파수 1000 Hz인 정현파 이며 OP amp의 DC 전원은 15 V와 -15 V이다.

앞으로 수행되는 모든 실험에서 시뮬레이션이 실험에 선행된다. 실험에 앞선 시뮬레이션은 독자들로하여금 실험의 내용을 예습하고 보다 정확한 실험 결과를 예측할 수 있게 한다. 시뮬레이션 툴 (tool)은 SPICE를 사용한다. SPICE는 전자회로 설계에 필수적인 회로 시뮬레이션 소프트웨어이다. 회로 시뮬레이션의 정확도는 회로 각 구성소자의 모델의 정확도와 계산 알고리즘에 따라 결정된다. 현재 사용되고 있는 SPICE소프트웨어 중에서 OrCAD Capture를 이용한 시뮬레이션 과정이 이 장에서 간단하게 소개된다.

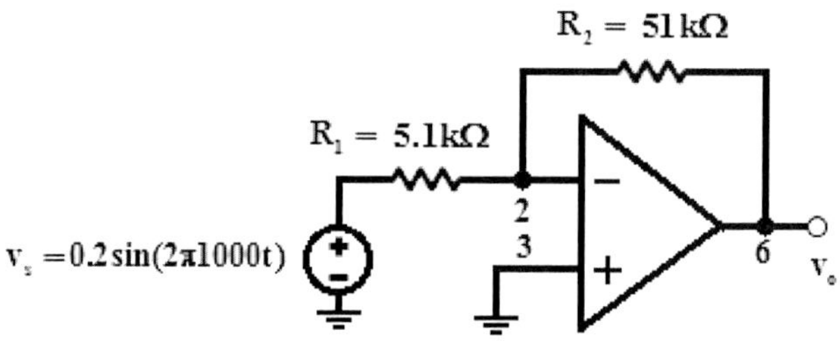

그림 1. 반전 증폭회로.

그림 1에 사용되는 OP amp가 이상적일 때, 반전 증폭기의 전압이득을 회로의 소자 값으로 표시하면 식 (1)이 된다. 이상적인 OP amp는 입력저항이 무한대이고, 전압이득이 무한대이며 출력저항이 '0'이다.

$$\mathbf{A_v} = -\frac{\mathbf{R_2}}{\mathbf{R_1}} \tag{1}$$

반전 증폭기의 동작을 분석하기 위해, 필요에 따라 SPICE의 여러 가지 분석 모드가 사용된다. 분석 모드는 Transient, AC, DC Analysis 등이 있으며, 각각의 분석모드는 회로의 각기 다른 특성을 분석하는데 사용되며, 전체 회로의 특성을 규정하는데 중요한 역할을 한다. 독자들의 OrCAD 사용을 돕기 위해, OrCAD Capture를 이용한 반전 증폭기의 시간 영역 해석(.Tran Analysis), 주파수 영역 (.AC Analysis), 그리고 직류 해석 (.DC Analysis)에 의한 시뮬레이션 과정이 간단하게 설명된다.

A. **시간 영역 해석 (Time Domain or Transient Analysis)**: Transient Analysis는 시스템에서 시간의 함수로 변화하는 전압 혹은 신호 전류를 분석한다. 즉 Transient Analysis는 증폭기의 Small Signal Response (소신호 응답)을 얻기 위한 시뮬레이션이다. 증폭기의 가장 중요한 파라메타 중의 하나인 전압 이득 A_V는 입력된 신호 전압 v_s와 출력 신호 전압 v_o 의 비이며, 다음 식 (2)에 의해 계산된다.

$$\mathbf{A_v = -\frac{v_o}{v_s}} \tag{2}$$

여기에서 v_o와 v_s는 Transient Analysis로 구한 출력과 입력 전압 신호의 진폭이다.

시뮬레이션의 요점

- 시간에 따라 변하는 입력 신호 v_s와 출력 신호 v_o의 파형을 같은 그래프에 표시한다.
- 입력 신호와 출력 신호를 비교하여 구한 전압 이득 (식 2)과 이론 값 (식 1)에 의한 전압 이득을 비교한다.
- 그림 1 회로의 시간 영역 해석에서 입력 신호의 진폭이 5 V 이면, 출력 파형이 왜곡 된다. 이때 최대 출력 전압 값 v_{oMAX}를 구하고, 신호 왜곡 이유를 설명하라.
- 최대 출력 전압 값과 전원 전압 V_{DD}=±15 V를 비교하여 차이가 생기는 이유를 또한 설명한다.

OrCAD Capture (16.5 Version) 사용법

다음은 OrCAD Capture를 이용하여 시뮬레이션을 수행하는 과정을 설명한다. OrCAD Capture는 PSpice를 기반으로 하고, 소자와 칩을 graphic interface를 이용하여 실제의 회로처럼 연결하여 시뮬레이션을 수행한다.

I. OrCAD 프로그램 중에서 Capture를 선택하여 OrCAD Capture를 시작한다.

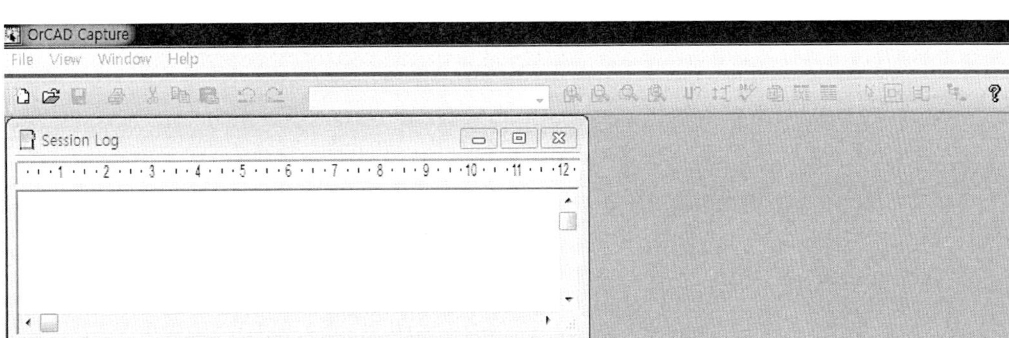

II. 새로운 프로젝터(Project)를 시작하기 위해 **File→New→Project...**를 선택하면 [New Project]창이 생성된다.

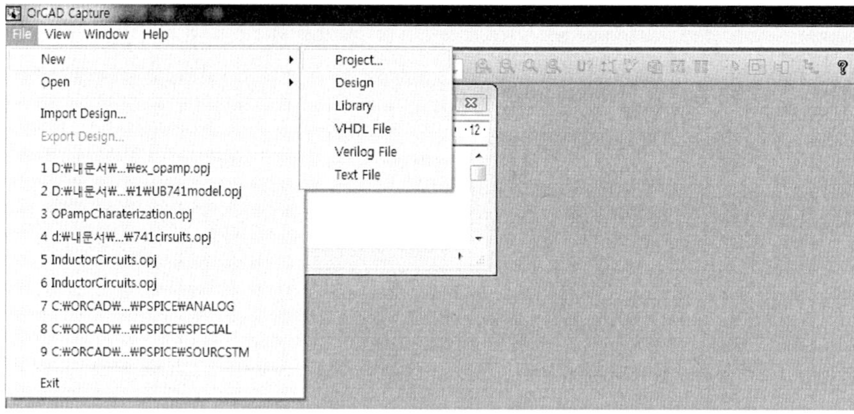

III. [New Project]창에 Analog or Mixed A/D 버튼을 선택하고, Name (project의 이름: (예) InvertingAmp)과 Location (project가 저장될 위치: (예) D:\Capture)을 입력한다 (주의: 폴더 이름, 파일 이름 모두 영어로 해야 함!)

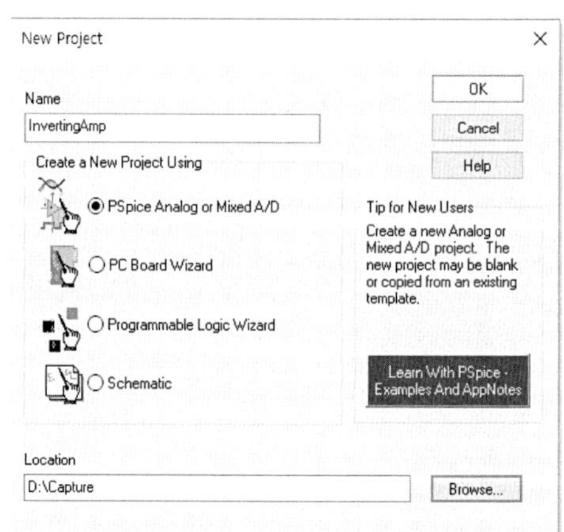

IV. [New Project] 창에서 이름과 위치를 입력하고 'OK'를 선택하면 [Create PSpice Project] 창이 생성된다. [Create PSpice Project] 창에서 'Create a blank project'를 선택한다.

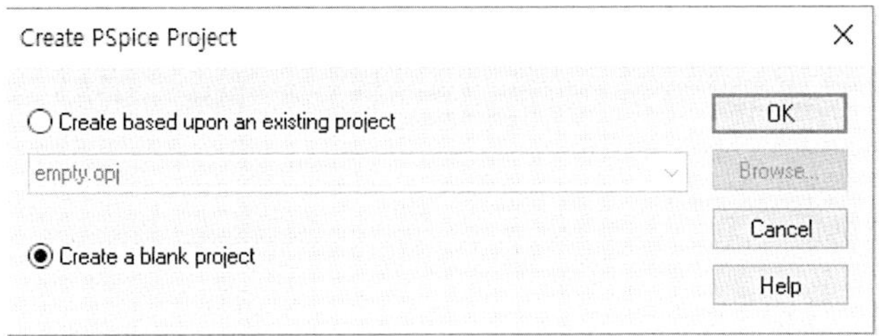

V. 위의 [Create PSpice Project] 창에서 'OK'를 선택하면 회로가 입력되는 [(SCHEMATIC1:PAGE1)]창이 열리고, 회로를 입력할 준비가 완료 된다.

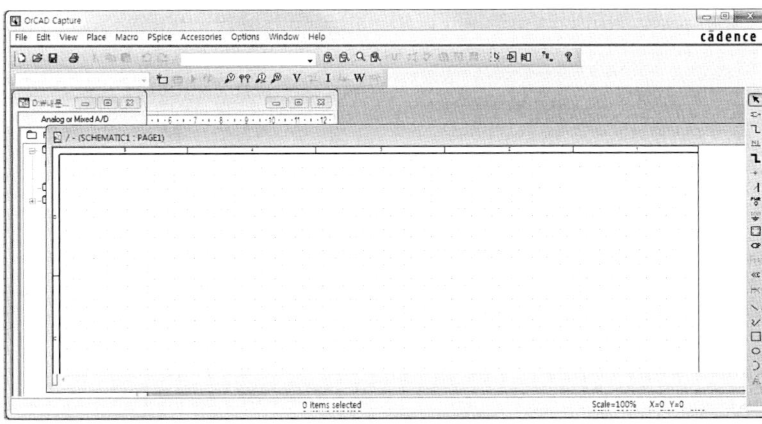

VI. OrCAD Capture창의 오른 쪽 가장자리의 제일 위에 있는 'Place part' 심볼을 선택하면 [Place Part] 창이 열린다. 그리고 [Place Part]창에 필요한 소자의 이름을 입력하면 소자의 심볼이 하단 오른 쪽에 나타난다.

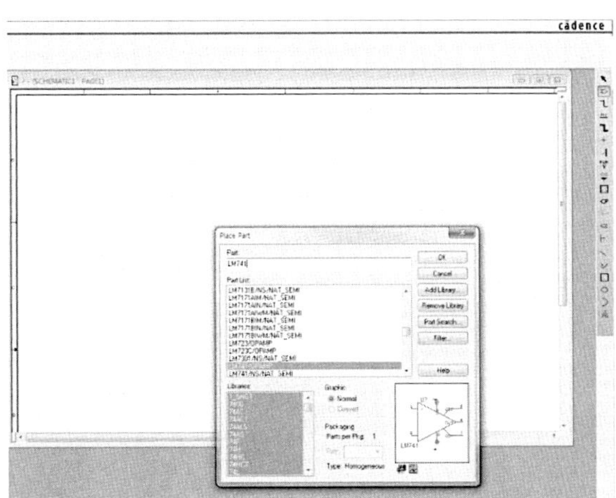

VII. 소자의 심볼이 나타난 [Place Part]창에서,'OK'를 선택하면 선택된 소자의 심볼을 [SHEMATIC1:PAGE1]의 적당한 자리에 입력할 수 있게 된다.

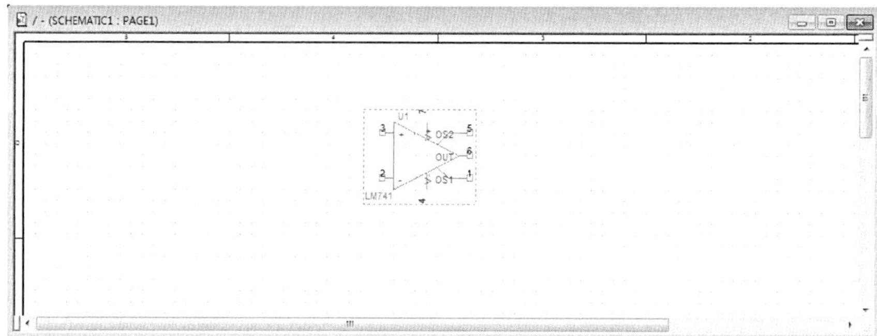

그림 2는 이러한 과정을 거쳐 완성된 반전증폭기 회로이며, 시뮬레이션을 위해 준비가 된 회로이다.

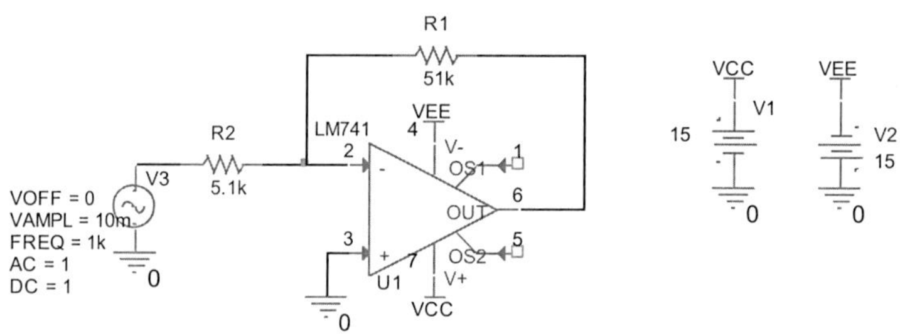

그림 2. Capture에 입력된 반전 증폭기회로. LM741 OP amp 사용.

시뮬레이션을 위해 입력된 그림 2의 회로에는 입력 신호 V3, 저항 R1과 R2, DC전원 VEE와 VCC가 있다. 각 소자의 값이 그림 1의 회로와 같이 입력되어 있다. 저항과 전원은 필요한 값을 입력하면 되지만, 정현파 신호원 V3의 동작을 규정하는 특성 값들(진폭, 주파수, 오프세트, 등) 입력을 위해서는 약간의 설명이 필요하다. 특히 AC analysis와 DC analysis를 위해 V3의 신호원 특성에 각각 AC와 DC값이 입력되어야 한다. 다음에 두 값을 입력하는 과정이 설명된다. V3 심볼에 왼쪽 마우스를 더블 클릭하면 그림 3의 [Property Editor] 창이 열린다.

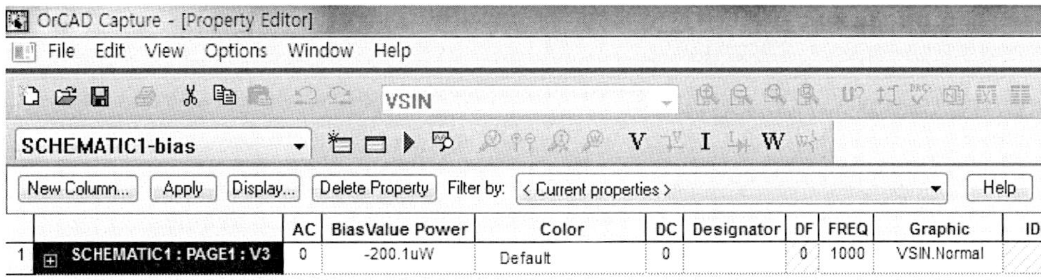

그림 3. V3의 Property Editor 창.

VIII. AC 와 DC analysis를 위해 임의의 AC (예:1 V) 와 DC (예:1 V) 값을 입력하고 'Apply'버튼을 선택한다. 그리고 그 값을 회로 상에 나타내기 위해 각 항목을 선택하여 'Display...'를 체크 하면, 그림 4와 같이 [Display Properties] 창이 나타난다. [Display Properties] 창에서 'Name and Value' 선택하고 'OK'를 선택하면 회로상에 AC 혹은 DC 값이 그림 2와 같이 회로 상에 표시된다.

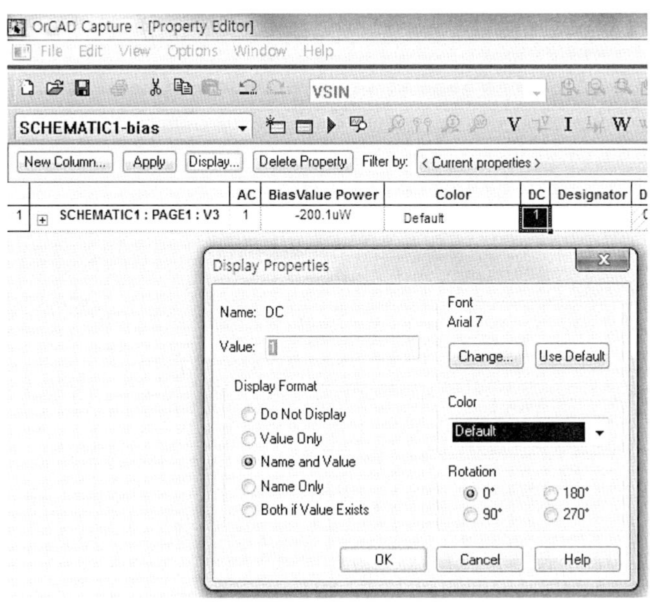

그림 4. AC 와 DC 지정 값을 회로에 심볼과 함께 나타나게 하는 방법. 여기에서는 '1'을 입력하였다. '1'은 출력과 입력의 상대적인 비교를 쉽게 하기 때문에 편리하다.

IX. 지금까지의 과정은 시뮬레이션을 위한 회로를 입력하는 것이었다. 이제 입력된 회로의 동작을 시뮬레이션하는 과정이 이어진다. 메뉴에서 PSPICE→Edit Simulation Profile을 선택하면 그림6의 Simulation Settings 창이 나타난다. [Simulation Settings] 창에서 Analysis type의 선택을 통해 4가지의 Analysis가 가능하다. 4가지 Analysis는 Time

Domain (Transient), DC Sweep, AC Sweep/Noise, 그리고 Bias Point이다. 여기에서 우선 Transient analysis에 대해서 설명한다.

Transient Analysis: 시간의 함수로 회로의 노드 전압 혹은 가지 전류 값을 관찰하는 Transient Analysis를 수행하기 위해 그림 5 [Simulation Settings] 창에, 다음과 같이 파라메타를 입력한다.

- Analysis type: **Time Domain (Transient)**
- Run to time: 파형을 관찰하는 최종 시간 (예: 4m)
- Start saving data after: 시뮬레이션 결과를 저장하기 시작하는 시간(예: 0)
- Maximum step: 시뮬레이션을 수행하는 시간 사이의 최대 간격 (예: 1u)

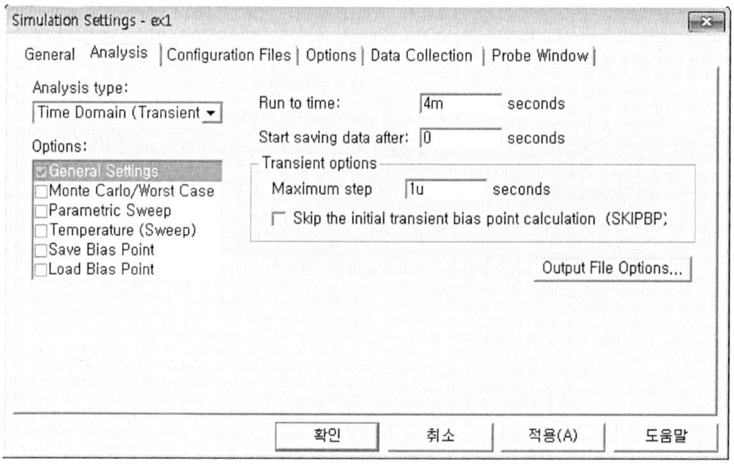

그림 5 Simulation Settings 창.

위의 예와 같이 Simulation Setting을 입력하고 확인 버튼을 누른 다음에, 메뉴에서 **Pspice→Run**을 선택하면 Transient analysis 시뮬레이션이 수행된다. 그림 6 (a)는 시뮬레이션 측정 지점을 지정해 주는 voltage/level marker가 표시된 회로와, 그림 6 (b)는 voltage/level marker가 표시된 노드 즉 입력과 출력 노드의 전압변화를 시간의 함수로 보여준다.

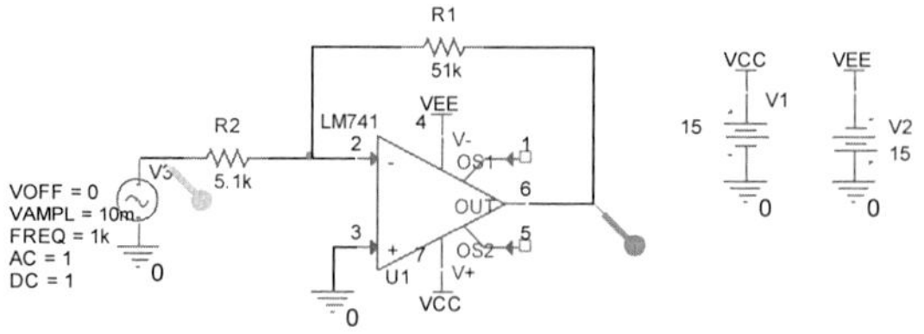

(a)

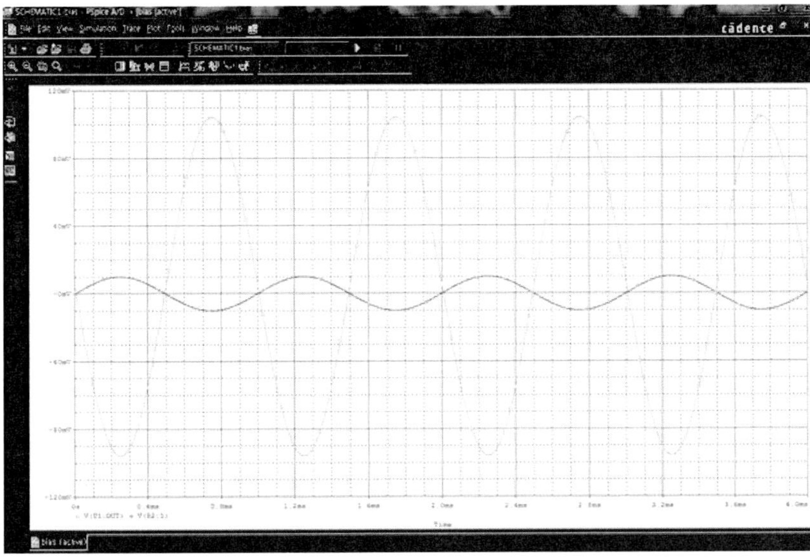

(b)

그림 6. (a) 측정 전압을 지정하는 voltage/level marker가 있는 회로 (b) 증폭기의 입력과 출력의 Transient Analysis의 결과.

그림 6의 시뮬레이션 결과로부터 식 (2) (A_v=-v_o/v_S) 를 이용하여 전압이득 A_v를 구하고, 식 (1) (A_v=-R_2/R_1)을 이용하여 이론 값 A_v를 구한다. 시뮬레이션에서 입력 신호 V3의 진폭을 계속 증가시키면 최종에는 출력 전압이 전원 전압과 근접한 값에 포화된다. 이 포화된 출력 전압 값이 최대 출력 전압 값 v_{oMAX}가 된다. 다음 표에 이 세가지 값을 입력한다.

A_v 이론값 (V/V)	A_v 시뮬레이션값 (V/V)	v_{oMAX} 최대출력전압 (V)

B. **주파수 영역 해석 (AC Analysis)**: AC analysis는 입력 신호 주파수의 변화에 따른 측정 회로 변수 값 (전압 혹은 전류)의 변화를 분석한다. 증폭기 내부 커패시터와 인덕터의 리액턴스는 주파수에 따라 변화하며, 결과적으로 회로의 동작 특성 중의 하나인 전압이득도 주파수의 함수가 된다. 증폭기 전압 이득의 주파수 특성은 증폭기의 성능을 결정하는 가장 중요한 특성 중의 하나이다. 주파수 응답 특성은 증폭기의 대역폭 (Bandwidth), 전압 이득의 최고 값에서 3dB 감소하는 주파수 f_{3dB}의 값에 의해 결정된다. 대역폭 BW는 다음 식 (3)으로 주어진다.

$$\mathbf{BW = f_{3dBH} - f_{3dBL}} \quad (3)$$

여기에서 f_{3dBH}와 f_{3dBL}는 주파수 응답 그래프에서 구한 각각 고주파와 저주파 3dB 주파수이다.

시뮬레이션의 요점

- 전압이득의 주파수 응답 그래프 (20log(A_v) vs. log(f))를 그려라. 여기에서 A_v는 전압이득, f는 주파수를 의미한다.
- 전압이득 주파수 응답 그래프로부터 f_{3dBL}, f_{3dBH}값을 얻어서 식 (3)을 이용하여 증폭기의 대역폭을 계산한다.

f_{3dBL} (Hz)	f_{3dBH} (Hz)	BW (Hz)

OrCAD Capture 입력

주파수의 함수로 출력신호 변화를 관찰하는 .AC Analysis를 수행하기 위해 Simulation Setting(그림7)에서, 다음과 같이 파라메타를 입력한 후 '확인'을 클릭한다. 이 보다 먼저 입력신호원에 AC 파라메타 값이 주어져 있어야 하며, 이 값은 그림 2에 표시되어 있다. AC 값이 신호원에 주어지지 않으면 AC 해석이 불가능하다.

- Analysis type: AC Sweep/Noise
- AC Sweep Type:
  - Logarithmic-Decade (수평 축의 눈금 정의)
  - Start Frequency: 시뮬레이션의 시작 주파수 (예: 3 Hz)
  - End: 시뮬레이션의 최종 주파수 (예: 100 meg)
  - Points/Decade: 주파수 10배 변화에 대한 시뮬레이션 점의 숫자 (예: 10)

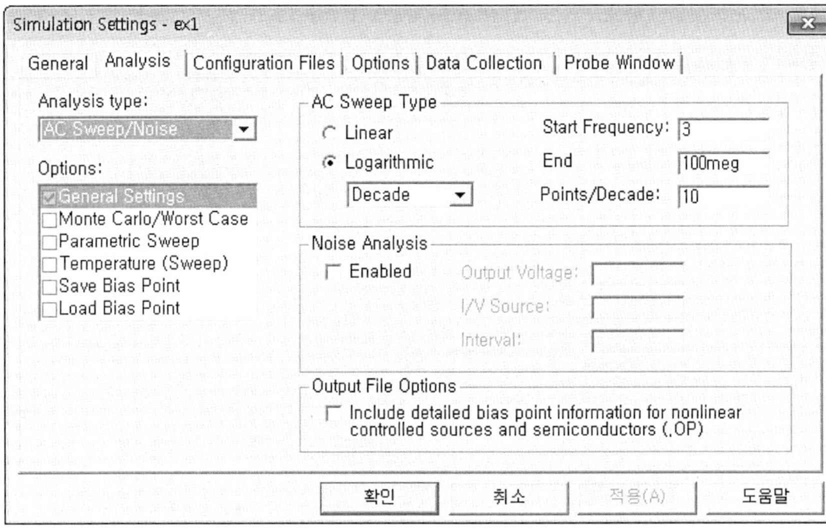

그림 7. AC analysis를 위한 Simulation Settings창.

Simulation setting을 마친 후, 시뮬레이션을 수행(PSpice→Run)하면 출력 전압에 대한 .AC analysis 시뮬레이션 결과가 그림 8의 그래프로 표시된다. 이 그래프가 증폭기의 주파수 응답이 된다.

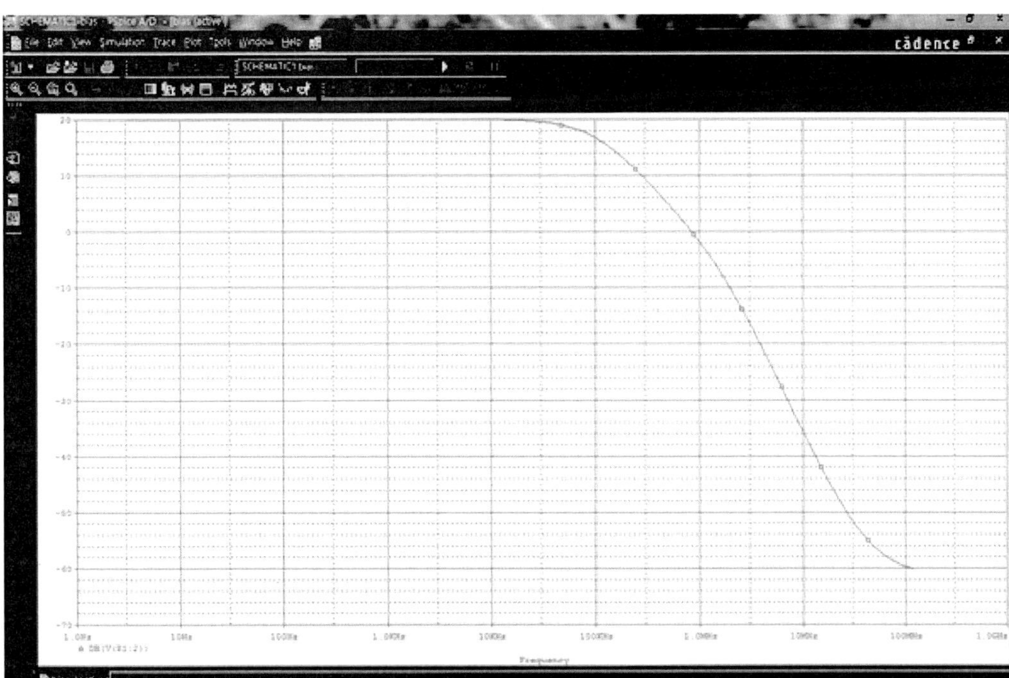

그림 8. AC analysis 결과를 보여주는 Probe Window.

C. **직류 해석 (.DC Analysis)**: .DC Analysis는 독립 전원의 DC 값을 특정한 범위 내에서 변화시키면서 회로의 동작을 분석한다. .DC analysis의 가장 중요한 응용 중의 하나는 회로의 대신호 응답 (Large Signal Response)을 얻는 것이다. 대신호 응답은 입력신호의 DC 값 변화에 따른 출력 전압 변화를 관찰한 그래프이다. 그림 9는 반전 증폭기의 대신호 응답그래프의 예이다. 대신호 응답은 증폭기 회로의 기본적인 특성(입력 오프셋 전압, 전압이득, 최대 입력 신호의 크기 등)을 얻는데 사용된다.

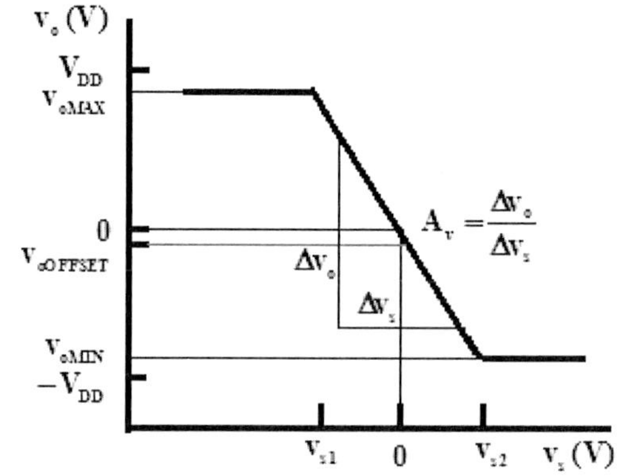

그림9. 비반전 증폭기의 대신호 응답.

그림 9에서 입력 전압 범위 v_{s1}~v_{s2}에서 출력 전압 v_o가 v_{oMAX}~v_{oMIN}의 범위에서 비례해서 변화하고 있다. 입력과 출력이 비례하는 범위에서의 기울기가 전압이득 A_v가 된다. v_{s1}과 v_{s2} 중 작은 값의 절대값이 최대 입력신호 v_{sMAX}의 크기가 된다. 입력 오프셋 전압 ($v_{sOFFSET}$) 은 다음 식 (4)와 같이 그림 9의 $v_{oOFFSET}$값을 전압이득 A_v로 나누면 된다.

$$\left|\mathbf{v_{sOFFSET}}\right| = \frac{\left|\mathbf{v_{oOFFSET}}\right|}{\mathbf{A_v}} \tag{4}$$

시뮬레이션의 요점

- 입력신호의 DC 값을 -6 V~6 V 범위 안에서 변화시키면서 대신호 응답 그래프 (출력 전압 vs. 입력전압)를 그려라.
- .DC analysis에 통해 얻은 대신호 응답그래프로부터 반전증폭기의 전압이득 A_v, 출력 오프셋 전압 $v_{oOFFSET}$, 입력 오프셋 전압 $v_{sOFFSET}$ (식 4), 최대 입력 신호의 크기 v_{sMAX}, 최대 출력 전압을 구한다.

A_v (V)	$v_{oOFFSET}$	$v_{sOFFSET}$ (V)	v_{sMAX} (V)	최대출력전압 (V)

OrCAD Capture 입력

DC 입력 값(전압 혹은 전류)에 따라 변화하는 변수(전압 혹은 전류)를 관찰하는 .DC Analysis를 수행하기 위해 Simulation Settings (그림10)에서, 다음과 같이 파라메타를 입력한 후 '확인'을 선택한다. 이 보다 먼저 입력신호원의 DC 파라메타 값이 주어져 있어야 하며, 이 값은 그림 2에 표시되어 있다. DC 값이 신호원에 주어지지 않으면 DC 해석이 불가능하다.

- Analysis type: DC Sweep
- Options: Primary Sweep
- Sweep variable: Voltage source Name 'V3' (주어진 회로에서, V3에 DC 값이 정의되어 있다.)
- Sweep Type:
    - Linear (DC 값을 선형적으로 증가시킨다)
    - Start value: 시뮬레이션의 시작 전압 (예: -6 V)
    - End: 시뮬레이션의 최종 전압 (예: 6 V)
    - Increment: DC 전압의 단위 증가량(예: 0.1)

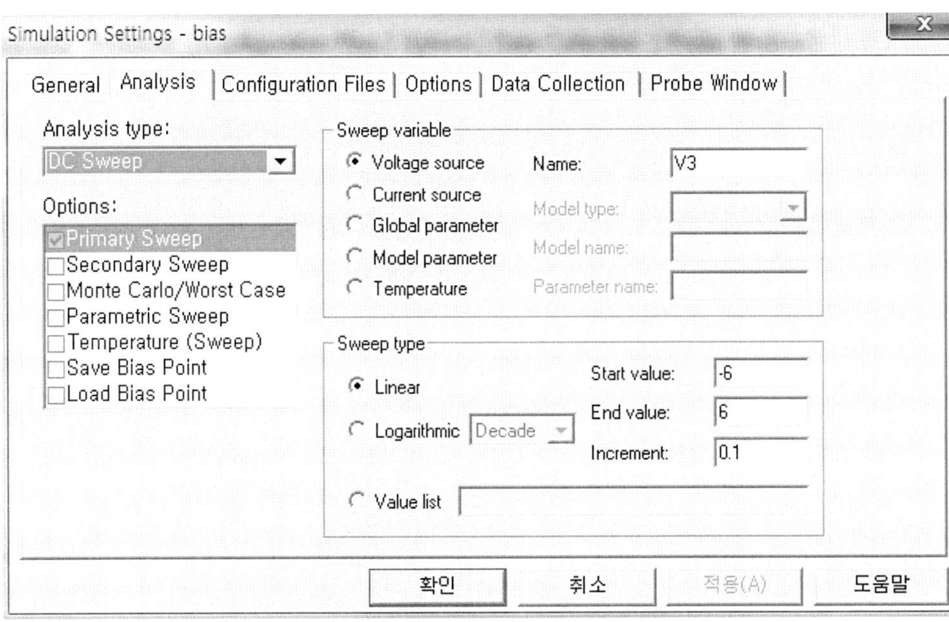

그림 10. DC analysis를 위한 Simulation Setting창

Simulation setting을 마친 후, 시뮬레이션을 수행 (Pspice→Run)하면 Probe Window에 .DC Analysis 시뮬레이션 결과가 보여진다 (그림 11). 즉 입력 DC 전압의 변화 (-6 V~ 6 V)에 따른 출력 전압의 크기 변화를 얻는다. 입력과 출력이 선형인 범위

내에서 입력 전압의 변화에 따른 출력 전압 변화률 즉 기울기는 전압 A_v가 된다. 이 값은 Transient Analysis에 얻은 전압이득 값과 동일하다. 이외에도 .DC analysis는 DC 입력 전압 v_s=0 V일 때의 출력 전압 $v_{oOFFSET}$, 입력 전압과 출력 전압이 비례 관계가 유지되는 최소 및 최대 최대 입력 전압 v_{sMIN}과 v_{sMAx}을 제공 한다. v_{sMIN}과 v_{sMAX}의 절대값 중 작은 값이 최대 입력 신호의 진폭이 된다.

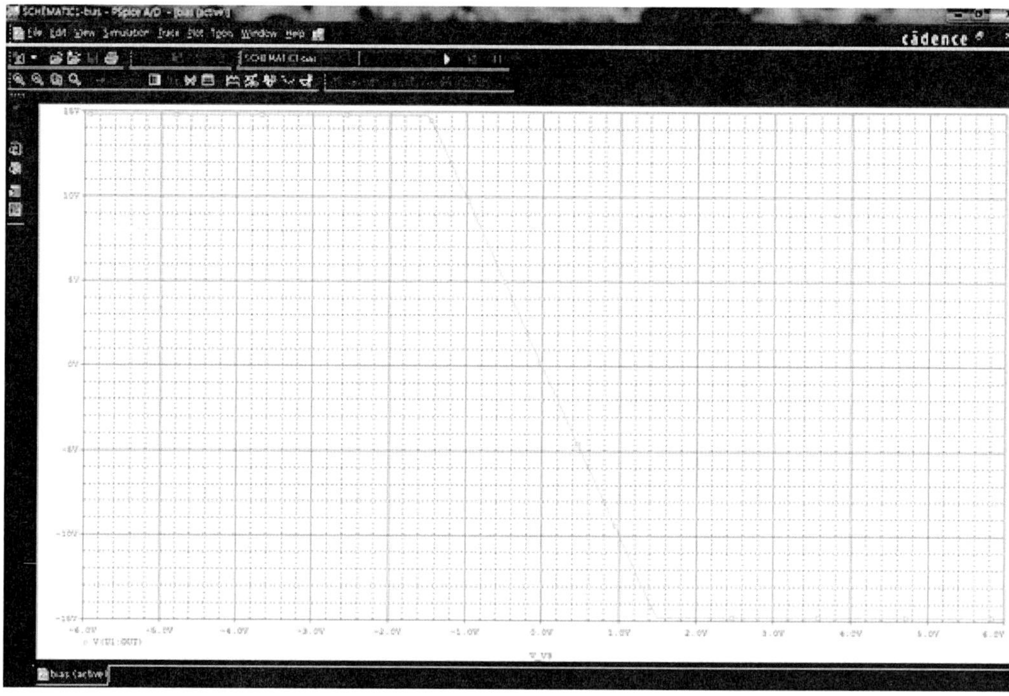

그림 11. DC analysis 결과를 보여주는 Probe Window.

이상이 OrCAD Capture를 사용한 반전 증폭기 시뮬레이션에 대한 간단한 설명이다. 제조사에서 공급하는 OrCAD Capture manual이 OrCAD Capture사용에 대한 보다 자세한 설명을 제공한다.

시뮬레이션 2.2: 비반전 증폭기 회로

그림 12는 741 OP amp를 이용한 비반전증폭기 (Non-inverting Configuration)회로이다. 입력 신호는 반전증폭기와 달리 OP amp의 플러스 (+) 단자에 입력되고, 입력 신호 v_s는 진폭이 200mV, 주파수 1000 Hz인 정현파이다. OP amp의 DC 전원은 15 V와 -15 V를 사용한다.

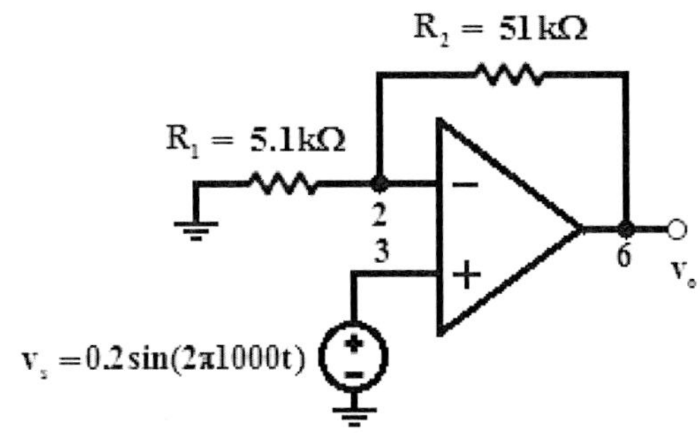

그림 12. 비반전증폭기 (Non-inverting Configuration Amplifier) 회로.

이상적인 비반전 증폭기의 전압이득을 회로의 함수로 표시하면 다음과 같다.

$$A_v = 1 + \frac{R_2}{R_1} \tag{5}$$

OrCAD Capture를 이용한 비반전 증폭기에 대한 Transient Analysis, AC Analysis, DC Analysis를 수행한다.

A. **시간 영역 해석** (Time Domain or Transient Analysis): 그림 12의 비반전 증폭기 회로의 시간 영역 동작을 시뮬레이션하여 전압이득, 최대 출력전압을 구한다.

시뮬레이션의 요점

- 시간에 따라 변하는 입력신호 v_S와 출력신호 v_o의 파형을 같은 그래프에서 비교하라.
- 입력과 출력 신호를 비교하여 구한 전압 이득 ($A_v=v_o/v_S$) 과 이론 값 (식 5)에 의한 전압 이득을 비교한다.
- 그림 12 회로의 Transient Analysis에서 입력 신호의 진폭이 5 V 이면, 출력 파형이 왜곡된다. 이때 최대 출력전압 값 v_{oMAX}를 구하고, 신호 왜곡 이유를 설명하라

A_v 이론 값 (V/V)	A_v 시뮬레이션 값 (V/V)	v_{oMAX} 최대 출력 전압 (V)

B. **주파수 영역 해석** (AC Analysis): 그림 12의 비반전 증폭기 회로의 주파수 변화에 따른 전압 이득의 변화를 시뮬레이션 한다.

시뮬레이션의 요점

- 전압이득의 주파수 응답 그래프 (20log(A_v) vs. log(f))를 그려라.
- 전압이득 주파수 응답 그래프로부터 f_{3dBH}값을 얻어서 식 (3)을 이용하여 증폭기의 대역폭을 계산한다.

f_{3dB} (kHz)

C. **직류 해석** (DC Analysis): 그림 12의 비반전 증폭기 회로의 대신호 동작을 시뮬레이션한다.

시뮬레이션의 요점

- 입력신호의 DC 값을 -6 V~6 V 범위 안에서 변화시키면서 대신호 응답 그래프 (출력 전압 vs. 입력 전압)를 그려라.
- 대신호 응답 그래프로부터, 전압 이득, 출력 오프셋 전압 $v_{oOFFSET}$, 입력 오프셋 전압 $v_{sOFFSET}$, 최대 입력 전압의 크기 v_{sMAX}, 최대 출력 전압의 크기를 구하라.

A_v (V)	$v_{oOFFSET}$	$v_{sOFFSET}$ (V)	v_{sMAX} (V)	최대출력전압 (V)

실험 2.1: 반전 증폭기

그림 13은 그림 1의 반전 (Inverting Configuration) 증폭기 회로를 편의상 다시 그린 것이다. 실제 실험에 사용되는 소자들은 동작이 이상적이지 않고, 그 값도 허용 오차를 가지고 있다. 따라서 실험 결과도 이론과 완전하게 일치 하지 않을 수 있다. 정확한 실험 결과 분석을 위해 사용하는 소자의 규격 혹은 실제 값을 알고 실험을 수행하는 것이 중요하다. 예를 들어 저항의 경우는 실험 결과 분석에 측정된 값이 사용되어야 한다.

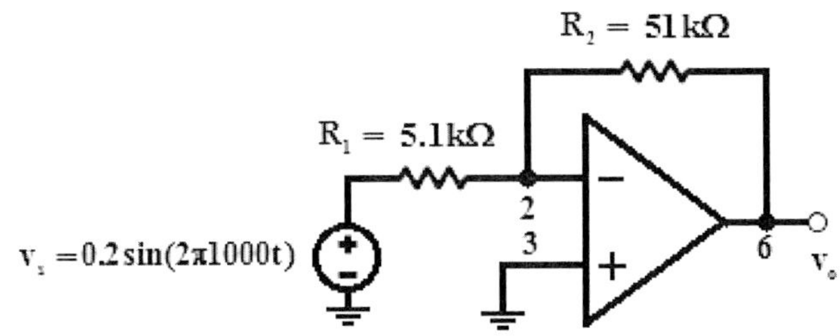

그림 13. 반전 증폭 회로 (Inverting Configuration Amplifier).

실제 저항 값.

R_1 (kΩ)	R_2 (kΩ)

A. **시간 영역 (Time Domain or Transient Analysis) 측정**: 그림 13의 회로를 이용하여 시간에 따라 변하는 신호에 대한 반전 증폭기의 동작을 실험한다. 시뮬레이션의 경우와 같은 입력 신호 v_s가 공급된다. 입력 신호 v_s는 진폭이 200mV, 주파수 1000Hz인 정현파이다.

- 오실로스코프를 이용하여 입력 전압 v_s와 출력 전압 v_o을 측정하여 전압 이득 A_v를 구한다. 실험으로 구한 A_v값, 이론 식 (1)에 의한 A_v 값, 시뮬레이션에 의한 A_v 값을 비교 설명한다.

v_s 진폭 (V)	v_o 진폭 (V)	A_v 실험 값 (V/V)	A_v 이론 값 (V/V)	A_v 시뮬레이션 값 (V/V)

- 입력신호의 진폭이 5 V일 때의 출력 파형을 관찰하여 파형이 왜곡된 이유를 설명하고, 실제 회로에서의 최대 출력 전압 값을 관찰한다.

최대출력전압 (V)

B. **주파수 영역 측정**: 주파수 변화에 따른 반전 증폭기의 응답을 실험한다.

- 그림 13의 정현파 신호의 주파수를 50 Hz에서 500 MHz까지 증가시키면서 전압이득 A_v를 측정하여 $20\log(A_v)$ vs. $\log(f)$ 즉 주파수 특성 그래프를 그린다.
- 주파수 특성 그래프로부터 f_{3B}값을 구한다. f_{3dB} 값은 전압이득이 저주파에서의 값에서 3dB 감소하는 주파수를 의미한다. $\mathbf{20\log\left(A_v/\sqrt{2}\right)=20\log\left(A_v\right)-3\ dB}$

f_{3dB} (Hz)

C. **대신호 측정**: 직류 입력 전압에 대한 반전 증폭기의 응답을 실험한다.

- 그림 13의 정현파 신호를 DC 전원으로 교체하고, 입력신호 범위 -6 V~+6V에서 출력 전압을 측정하여 대신호 특성 그래프(Large Signal Characteristic Curve) v_o vs. v_s 그래프를 그린다.
- 대신호 특성 그래프로부터 반전 증폭기의 전압이득 A_v, 출력 오프셋 전압 $v_{oOFFSET}$, 입력 오프셋 전압 $v_{sOFFSET}$ (식 4), 최대 입력 신호의 크기 v_{sMAX}, 최대 출력 전압 v_{oMAX}을 구한다. 그리고 A_v과 V_{sMAX} 값에 대해서, 앞의 시간 영역 측정에서 구한 값과 비교한다.

A_v (V)	$V_{oOFFSET}$	$V_{sOFFSET}$ (V)	V_{sMAX} (V)	V_{oMAX} (V)

실험 2.2: 비반전 증폭기

그림 14는 741 OP amp를 이용한 비반전 (Non-inverting configuration) 증폭기이다. 반전 증폭기의 경우와 같이 다음 실험들을 수행한다.

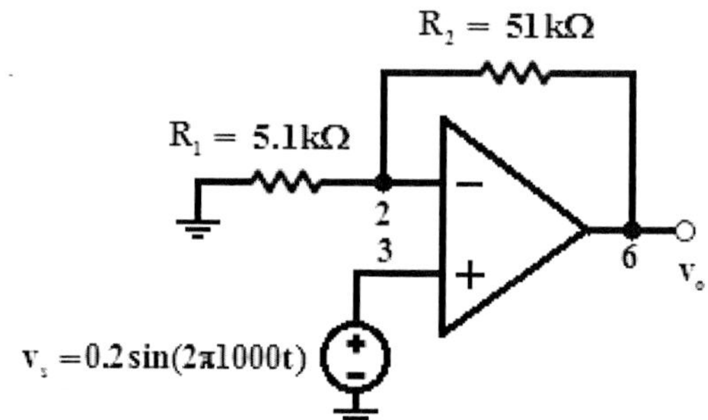

그림 14. 비반전 증폭기 (Non-inverting Configuration Amplifier)

실제 저항 값

R_1 (kΩ)	R_2 (kΩ)

A. **시간영역 (Transient Analysis) 측정**: 그림 14의 회로를 이용하여 시간에 따라 변하는 신호에 대한 비반전 증폭기의 동작을 실험한다.

- 입력 신호 v_s는 진폭이 200mV, 주파수 1000Hz인 정현파이다. 오실로스코프를 이용하여 입력 전압 (v_s)과 출력 전압(v_o)을 측정하여 전압 이득 A_v를 구한다. 그리고 전압 이득의 실험 값을 식 (5)에 의한 이론 값, 시뮬레이션 값과 비교 설명한다.

v_s 진폭 (V)	v_o 진폭 (V)	A_v 실험 값 (V/V)	A_v 이론 값 (V/V)	A_v 시뮬레이션 값 (V/V)

- 또한 입력 신호의 진폭이 5 V일 때의 출력 파형을 관찰하여 파형이 왜곡된 이유를 설명하고, 실제 회로에서의 최대 출력 전압 값을 관찰하라.

최대 출력 전압 (V)

B. **주파수 영역 측정**: 주파수 변화에 따른 반전 증폭기의 응답을 실험한다.

- 그림 14의 정현파 신호의 주파수를 50 Hz에서 500 MHz까지 증가시키면서 전압 이득을 측정하여 20log(A_v) vs. log(f) 주파수 특성 그래프를 그린다.
- 주파수 특성 그래프로부터 f_{3B}값을 구한다. f_{3dB} 값은 전압 이득이 저주파에서의 값에서 3dB 감소하는 주파수를 의미한다. $\mathbf{20\log\left(A_v/\sqrt{2}\right)=20\log\left(A_v\right)-3\ dB}$

f_{3dB} (Hz)

C. **대신호 응답 측정**: 직류 입력 전압에 대한 반전 증폭기의 응답을 실험 한다.

- 그림 14의 정현파 신호를 DC 전원으로 교체하고, 입력 신호 범위 -6 V~+6V에서 출력 전압을 측정하여 대신호 특성 그래프(Large Signal Characteristic Curve) v_o vs. v_s 그래프를 그린다.

- 대신호 특성 그래프로부터 비반전 증폭기의 전압 이득 A_v, 출력 오프셋 전압 $v_{oOFFSET}$, 입력 오프셋 전압 $v_{sOFFSET}$ (식 (4)), 최대 입력 신호의 크기 v_{sMAX}, 최대 출력 전압 v_{oMAX}를 구한다. 그리고 A_v과 V_{sMAX} 값에 대해서, 앞의 시간 영역 측정에서 구한 값과 비교한다.

A_v (V)	$v_{oOFFSET}$	$v_{sOFFSET}$ (V)	v_{sMAX} (V)	v_{oMAX} (V)

실험 3 OP amp를 이용한 가중치 합 회로, 차동 증폭기 그리고 계측 증폭기

실험목적: OP amp를 사용하여 가중치 합 회로, 차동 증폭기, 그리고 계측 증폭기를 구성하고 회로의 특성을 실험 한다.

실험 기기: DC 전원(Power Supply), 함수 발생기(Function Generator), 오실로스코프, 브래드 보드 (Bread Board)

실험 준비물: 741 OP amp 1개, 저항 다수

741 OP AMP. pin 배열

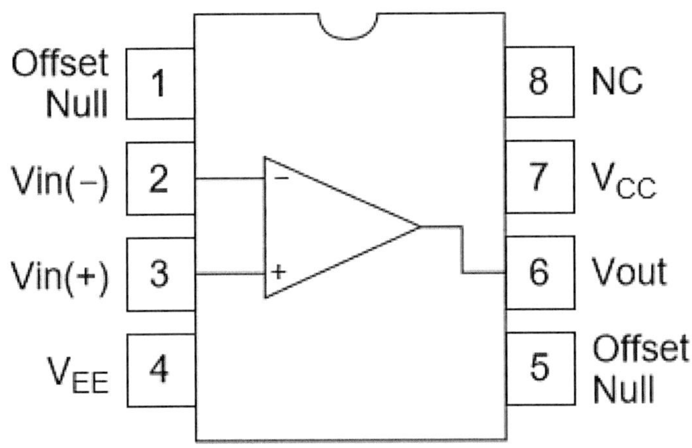

(Top view)

시뮬레이션 3.1: 가중치 합 (Weighted Summer) 회로

가중치 합 회로는 다수의 입력을 가지고, 그 입력 값의 가중치 합이 출력이 되는 회로이다. 그림 1은 2개의 입력 v_{s1}과 v_{s2}가 OP amp의 플러스 입력단에 각각 저항 R_3와 R_4를 거쳐 입력되는 가중치 합 회로이다.

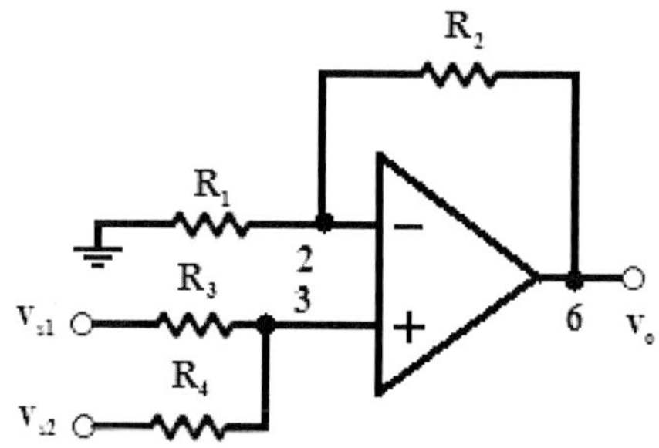

그림 1. 두 개의 입력을 가진 가중치 합 회로.

그림 1에서 입력과 출력의 관계는 비반전 증폭기의 전압이득 식과 저항의 전압분배 법칙에 의해 다음 식으로 계산된다.

$$v_o = \left(v_{s1} \frac{R_4}{R_3 + R_4} + v_{s2} \frac{R_3}{R_3 + R_4} \right) \left(1 + \frac{R_2}{R_1} \right) \tag{1}$$

가중치 회로의 입력신호가 직류 혹은 교류임에 따라 다음 3가지 시뮬레이션을 수행 한다. 이 장에서 OP amp의 DC 전원은 15 V와 -15 V이다.

A. 하나의 직류신호 입력만 있는 경우

그림 2는 직류 신호 v_{s1}=0.5 V, v_{s2}=0 V가 연결된 회로이다.

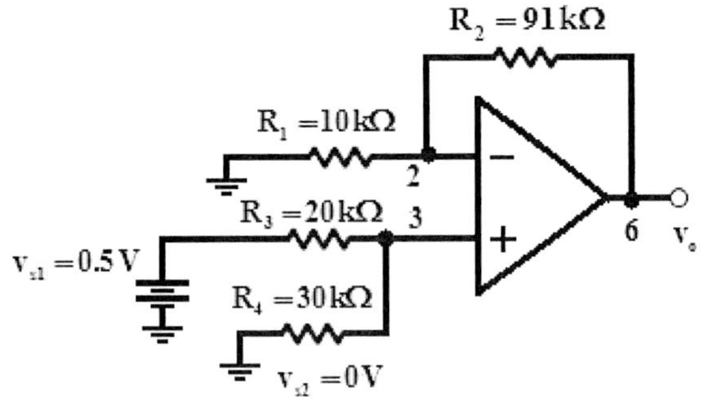

그림 2. 가중치 합 시뮬레이션 회로: 입력이 직류인 경우.

시뮬레이션의 요점

- 입력신호 v_{s1}, v_{s2}와 출력신호 v_o의 관계가 식 (1)과 일치하는지 확인한다.

v_{s1} (V)	v_{s2} (V)	v_o (V)

B. 하나의 교류 신호 입력만 있는 경우

그림 3은 그림 2의 회로에v_{s1}=0 V, v_{s2}=0.5sin(2π1000t) V를 연결한 회로이다. 정현파 신호의 경우, 입력과 출력 신호의 크기는 진폭으로 표시 한다.

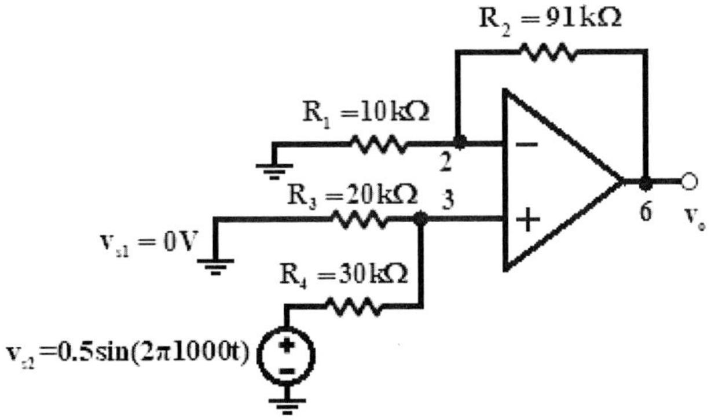

그림 3. 가중치 합 시뮬레이션 회로: 입력이 교류인 경우.

시뮬레이션의 요점

- 입력신호 v_{s1}, v_{s2}와 출력신호 v_o의 관계가 식 (1)과 일치하는지 확인한다.

v_{s1} (V)	v_{s2} 진폭 (V)	v_o 진폭 (V)

C. 두 입력이 각각 직류와 교류인 경우

그림 4는 v_{s1}=0.5 V, v_{s2}=0.5sin(2π1000t) V를 연결한 회로이다.

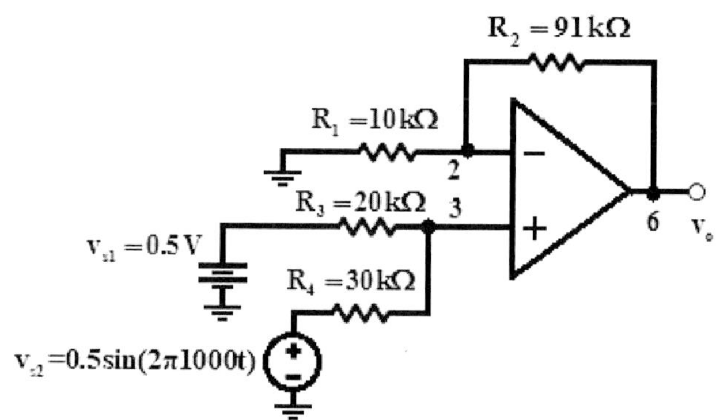

그림 4. 가중치 합 시뮬레이션 회로: 직류와 교류가 동시에 입력인 경우.

시뮬레이션의 요점

- 입력신호 v_{s1}, v_{s2}와 출력신호 v_o의 관계가 식 (1)과 일치하는지 확인한다.
- 앞의 시뮬레이션 1과 시뮬레이션 2의 출력전압 v_o의 합이 시뮬레이션 3의 출력전압 v_o와 일치함을 확인한다.

v_{s1} (V)*	v_{s2} (V)*	v_o (V)*

* 직류와 교류신호의 진폭을 구분해서 표시 할 것. 예: $V_{DC}+v_{amp}$ (V_{DC}=직류 전압, v_{amp}=교류신호 진폭)

시뮬레이션 3.2: 차동 증폭기 (Difference Amplifier)

차동 증폭기는 두 입력 신호의 차이에 비례하는 신호를 출력하고, 두 입력 신호의 공통 신호의 영향을 출력에서 제거하는 기능을 한다. 그림 5는 OP amp를 사용한 차동 증폭기 (Difference Amplifier) 회로이다.

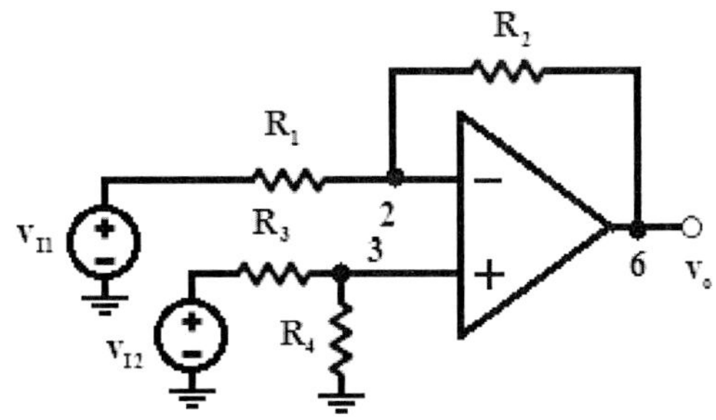

그림 5. 차동 증폭기 (Difference Amplifier).

그림 5의 회로가 차동 증폭기로 동작하기 위해서는 다음의 조건을 만족해야 한다.

$$\frac{R_2}{R_1} = \frac{R_4}{R_3} \tag{2}$$

위의 조건을 만족시키는 가장 간단한 방법은 $R_1=R_3$, $R_2=R_4$가 되도록 저항 값을 정하는 것이다. 차동 증폭기의 시뮬레이션과 실험에 이 조건을 적용한다. 그림 5의 회로가 차동 증폭기가 되기 위한 조건 식 (2)를 만족하고 OP amp가 이상적인 경우, 차동 증폭기의 출력 v_o는 다음 식과 같이 차동 신호 v_{Id}와 공통 신호 v_{cm}에 의해 결정된다.

$$v_o = A_d v_{Id} + A_{cm} v_{cm} \tag{3}$$

여기에서 차동 입력 신호 v_{Id}는 두 입력 신호의 차이 $v_{I2}-v_{I1}$이고 공통 입력 신호 v_{cm}은 두 입력 신호의 평균 $(v_{I1}+v_{I2})/2$이다. A_d는 차동 입력 신호에 대한 전압 이득이며, A_{cm}은 공통 입력 신호에 대한 전압 이득이다. A_d를 실험이나 시뮬레이션으로 구하는 방법으로는 v_{cm}을 일정하게 유지하면서, v_o vs. v_{Id}그래프의 기울기를 구하면 된다. 그리고 차동 증폭기 ($R_1=R_3$, $R_2=R_4$)의 차동 전압이득 A_d를 회로의 저항의 함수로 표시하면 다음과 같다.

$$A_d = \frac{R_2}{R_1} \tag{4}$$

차동 전압이득 A_d와 공통 전압이득 A_{cm}의 비율인 Common-Mode Rejection Ratio (CMRR)는 차동 증폭기의 성능을 결정하는 중요한 규격 중의 하나이다. 식 (5)는 CMRR 정의 식이다.

$$\mathbf{CMRR = \frac{A_d}{A_{cm}}} \tag{5}$$

이상적인 차동 증폭기는 공통 신호를 완전히 제거하기 위해 공통 전압 이득이 '0'이어야한다. 결과적으로 이상적인 차동 증폭기의 CMRR은 '∞'이다.

그리고 차동 증폭기의 차동 입력 전압 v_{Id}에 대한 입력 저항 역시 회로의 중요한 특성 중의 하나이다. 그림 5에서 R_1=R_3, R_2=R_4일 경우 입력 저항 R_i는 다음 식으로 주어진다.

$$\mathbf{R_i = 2R_1} \tag{6}$$

식 (4)로부터 큰 차동 전압이득A_d를 얻기 위해서는 R_1을 R_2에 비해 작게 해야 하는데, 작은 R_1은 식 (6)에 의해 차동 증폭기의 입력저항을 작게 하는 결과를 초래한다. 이 점은 이러한 구조의 차동 증폭기의 단점 중의 하나가 된다.

A. 차동 증폭기의 설계

차동 입력에 대한 입력저항이 40 kΩ이 되고, 차동 증폭기의 전압이득이 10 V/V가 되도록 회로의 저항 값을 정한다.

표 1. 차동 증폭기 회로의 저항 값.

R_1 (kΩ)	R_2 (kΩ)	R_3 (kΩ)	R_4 (kΩ)

B. 차동 전압이득 A_d 시뮬레이션

차동 전압이득 A_d를 구하기 위해 공통 전압 v_{cm}을 일정하게 유지하면서 차동 전압 v_{Id}를 -1.6 V~1.6 V로 범위로 변화시키면서 출력 전압 v_o의 변화를 관찰한다.

표 2. 차동 증폭기의 입력 및 출력값 (v_{cm}=5 V).

v_{I1} (V)	v_{I2} (V)	$v_{Id}=v_{I2}-v_{I1}$ (V)	v_o(V)
5.8	4.2		
5.7	4.3		
5.6	4.4		
5.5	4.5		
5.4	4.6		

5.3	4.7		
5.2	4.8		
5.1	4.9		
5	5		
4.9	5.1		
4.8	5.2		
4.7	5.3		
4.6	5.4		
4.5	5.5		
4.4	5.6		
4.3	5.7		
4.2	5.8		

시뮬레이션의 요점

- 표 2를 이용하여 v_o vs. v_{Id}의 그래프를 그리고 $v_{Id}= v_{I2}-v_{I1}=0$ V일 때 $v_o \neq 0$이면 v_o값의 의미와 생성원인을 설명한다.
- v_o vs. v_{Id}의 그래프의 기울기로부터 차동 증폭기의 전압이득 A_d값을 구하고 이론 식 ($A_d=R_2/R_1$)에 의한 결과와 비교한다.

C. 차동 증폭기의 공통 전압이득 A_{cm}과 CMRR을 시뮬레이션

실제 실험에서 보다 시뮬레이션에서 A_{cm}과 CMRR을 구하는 것이 그 개념을 이해하는데 유리하다. 실험에서는 출력신호에 영향을 미치는 여러 가지 불확실성이 존재하지만, 시뮬레이션은 그 불확실성을 최소화하여 특정한 요소에 의한 출력의 변화가 직접적으로 관찰된다. 그 예로서 **시뮬레이션 3.2**에서 사용한 회로의 저항 값 중에 $R_3=(1+0.1)R_1$으로 바꾸어 시뮬레이션을 수행하면 저항 R_3의 변화에 의한 회로의 불균형으로 인해 차동 증폭기의 A_{cm}값이 크게 증가함을 관찰 할 수 있다. 공통 신호에 의한 차동 증폭기의 공통 전압이득 A_{cm}을 구하기 위한 시뮬레이션은 그림 6과 같이 두 입력단에 하나의 입력을 공통으로 연결한 회로를 사용한다. 회로에서 R_1=10 kΩ, R_2=100 kΩ이다.

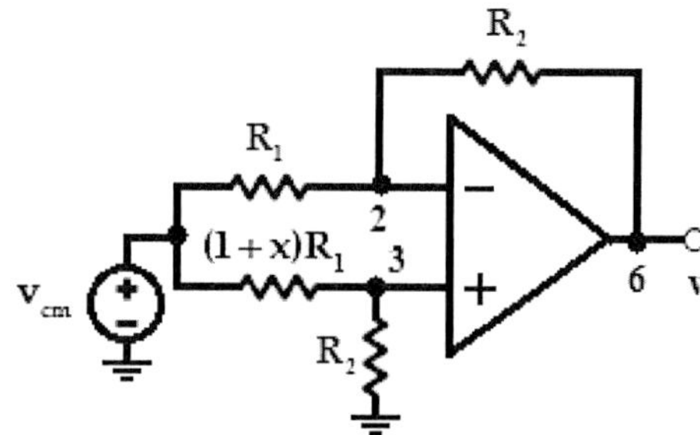

그림 6. 차동 증폭기 (Difference Amplifier) 회로에서 공통 전압이득 A_{cm}을 구하기 위한 회로.

시뮬레이션의 요점

- 그림 6에서 x=0과 x=0.1일 때 각각 v_o vs. v_{cm} 그래프를 시뮬레이션으로 구한 다음, 그래프의 기울기로부터x=0일 때와 x=0.1일 때의 A_{cm}을 구하여 비교하라. v_{cm}의 범위는 -5 V~5 V로 한다.
- 식 (5)를 이용하여x=0일 때와 x=0.1일 때의 CMRR을 구하여 비교하라. 그리고 차동 증폭기의 조건이 CMRR에 미치는 영향을 이론적으로 고찰하라.

x	A_{cm} (V/V)	CMRR=A_d/A_{cm}
0		
0.1		

시뮬레이션 3.3: 계측 증폭기 (Instrumentation Amplifier)

계측 증폭기는 하나의 OP amp를 사용하는 차동 증폭기 (Difference Amplifier)의 단점인 낮은 입력저항을 개선하고, 높은 전압 이득 구현하기 회로이다. 그림 7은 3개의 OP amp를 사용하는 계측 증폭기 회로이다. OP amp A_1과 A_2는 높은 입력 저항과 전압이득의 증가에 기여하고 OP amp A_3는 차동 신호 증폭의 역할을 담당한다. 차동 전압이득 A_d를 두 가지 방법 (전달 함수의 기울기, 시간 영역 시뮬레이션)으로 구하여 비교하고, 공통 전압이득 A_{cm}을 구하여 CMRR을 얻는다. 저항 값은 $2R_1$=20 kΩ, $R_{21}=R_{22}$=100 kΩ, $R_{31}=R_{32}$=20 kΩ, $R_{41}=R_{42}$=100 kΩ이다.

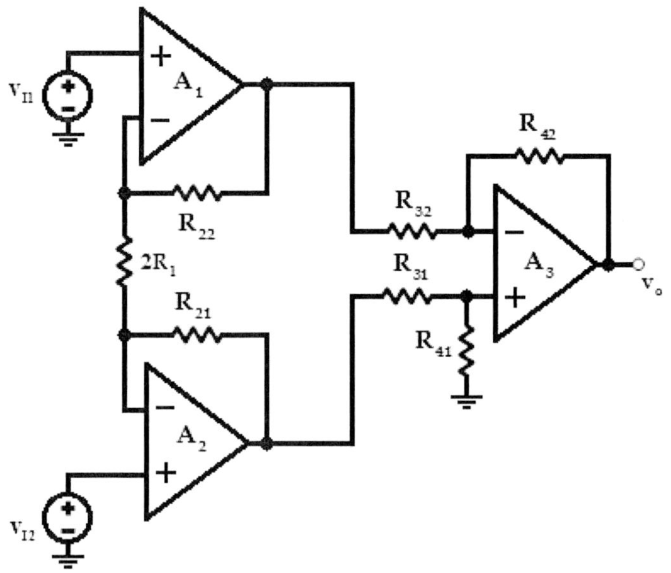

그림 7 계측 증폭기 (Instrumentation Amplifier)회로.

그림 7의 계측 증폭기의 출력 전압 v_o는 다음 식으로 주어진다.

$$\mathbf{v_o = \frac{R_4}{R_3}\left(1 + \frac{R_2}{R_1}\right)\left(v_{I2} - v_{I1}\right)} \tag{7}$$

여기에서 $R_2=R_{21}=R_{22}$, $R_3=R_{31}=R_{32}$, $R_4=R_{41}=R_{42}$이다. 따라서 차동 증폭기의 입력신호 $v_{Id}=v_{I2}-v_{I1}$에 대한 전압이득 A_d는 다음과 같다.

$$\mathbf{A_d = \frac{v_o}{v_{Id}} = \frac{R_4}{R_3}\left(1 + \frac{R_2}{R_1}\right)} \tag{8}$$

A. 전달 함수에 의한 차동 전압이득 A_d 시뮬레이션

전달 함수 (v_{Id} vs. v_o)의 선형 영역 기울기로부터 차동 전압이득 A_d를 구한다. 전달 함수를 그리기 위해 다음의 입력 전압들에 의한 출력 전압 값을 시뮬레이션 한다. 공통 전압 v_{cm} (=5 V)을 일정하게 유지하면서 차동 전압 v_{Id}를 -1 V~+1 V로 범위로 변화시키면서 출력 전압 v_o의 변화를 관찰한다.

표 3. 계측 증폭기의 입력 (v_{I1}, v_{I2}) 및 출력 (v_o) 값.

v_{I1} (V)	v_{I2} (V)	$v_{Id}=v_{I2}-v_{I1}$ (V)	v_o(V)
5.5	4.5		
5.4	4.6		
5.3	4.7		
5.2	4.8		
5.1	4.9		
5	5		
4.9	5.1		
4.8	5.2		
4.7	5.3		
4.6	5.4		
4.5	5.5		

시뮬레이션의 요점

- 표3를 이용하여 v_o vs. v_{Id}의 그래프를 그리고 $v_{Id}=v_{I2}-v_{I1}=0$ V일 때 $v_o=0$임을 확인 한다.
- v_o vs. v_{Id}의 그래프에서 선형 영역의 기울기로부터 계측 증폭기의 차동 전압이득 A_d값을 구하고 식 (8)의 이론 값과 비교한다.

A_d (V/V)	
이론값	시뮬레이션값

B. 계측 증폭기의 공통 입력 전압이득 A_{cm}과 CMRR

계측 증폭기의 공통 입력 전압이득 A_{cm}과 CMRR을 시뮬레이션으로 구한다. 그림 8은 공통 입력 v_{cm}을 가진 계측 증폭기 회로이다. 저항 값은 $2R_1=20$ kΩ, $R_{21}=R_{22}=100$ kΩ, $R_{31}=R_{32}=20$ kΩ, $R_{41}=R_{42}=100$ kΩ이다.

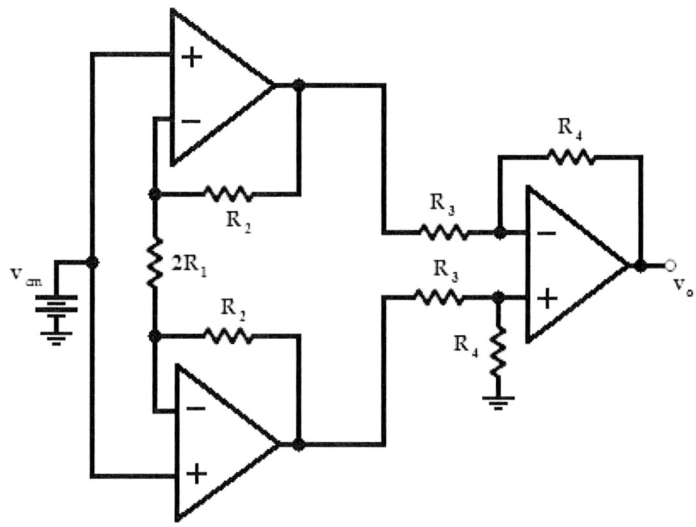

그림 8 공통 입력 v_{cm}을 가진 계측 증폭기

시뮬레이션의 요점

- 공통 입력전압v_{cm}=-5 V~+5 V 범위에서 v_o vs. v_{cm} 그래프를 그려 공통 전압이득 A_{cm}구하고 앞에서 구한 차동 전압이득 A_d 값을 식 (5)에 적용하여 CMRR을 구한다.

A_{cm} (V/V)	CMRR

C. 시간 영역 시뮬레이션에 의한 차동 전압이득A_d

Spice의 Transient Analysis를 이용하여 입력 신호와 출력 신호의 진폭을 비교하여 전압이득을 구한다. 그림 7의 회로에서 v_{I1}=2+0.1sin(2π1000t) V, v_{I2}=2 V을 인가하였을 때 v_o를 transient analysis로 구하여 차동 전압이득A_d를 구한다.

시뮬레이션의 요점

- Transient analysis에서 입력과 출력의 진폭을 비교해서 구한 계측 증폭기의 차동 전압이득 $A_d=v_o/v_{Id}$를, 이론식 (8)에 의한 A_d 값, 전달함수v_o vs. v_{Id}의 그래프에서 구한 A_d 값과 비교하고 설명한다.

A_d (V/V)		
transient analysis	이론 값 (식 (8))	전달 함수 기울기 (A 절)

실험 3.1: 가중치 합 (Weighted Summer) 회로 실험

시뮬레이션 3.1에서 사용한 가중치 합 회로를 실제 소자를 사용하여 실험한다.

A. 하나의 직류신호 입력만 있는 경우

입력이 직류 신호인 가중치 합 회로는 그림 9에 주어진다. 그림 9는 시뮬레이션 회로인 그림 2를 편이상 옮겨온 것이다. 노드 전압 V(3)는 비반전 증폭기의 전압이득을 이용하여 출력 전압을 확인하는데 중요한 값이다.

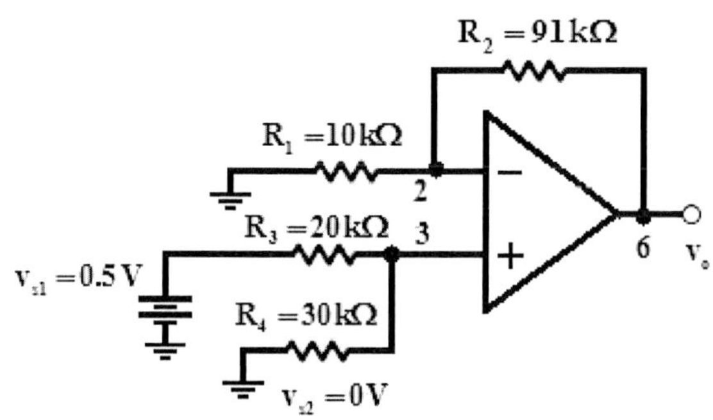

그림 9. 가중치 합 실험 회로: 입력이 직류인 경우.

표 4. 실제 저항 값.

R_1 (kΩ)	R_2 (kΩ)	R_3 (kΩ)	R_4 (kΩ)

실험의 요점

- 실험에서 입력신호 v_{s1}, v_{s2}와 출력신호 v_o의 관계가 식 (1)과 일치하는지 확인한다.

v_{s1} (V)	v_{s2} (V)	V(3) (V)	v_o (V)

B. 하나의 교류신호 입력만 있는 경우

입력이 교류 신호인 가중치 합 회로는 그림 10에 주어진다. 그림 10은 시뮬레이션 회로인 그림 3을 편이상 옮겨온 것이다.

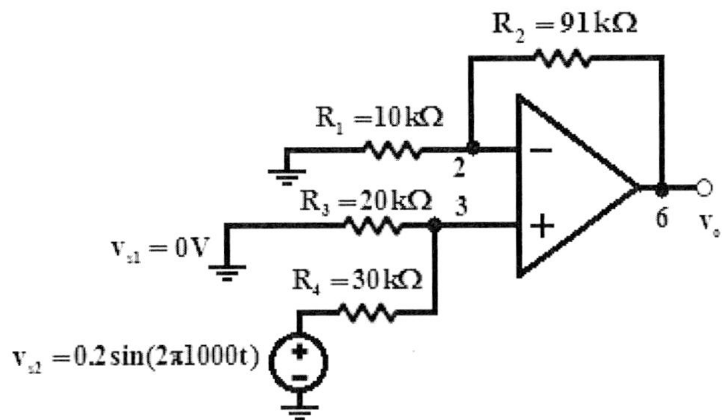

그림 10. 가중치 합 실험 회로: 입력이 교류인 경우.

실험의 요점

- 실험에서 입력신호 v_{s1}, v_{s2}와 출력신호 v_o의 관계가 식 (1)과 일치하는지 확인한다.

v_{s1}의 진폭 (V)	v_{s2}의 진폭 (V)	V(3)의 진폭 (V)	v_o의 진폭 (V)

C. **두 입력이 각각 직류와 교류인 경우**

그림 11은 입력신호가 직류와 교류의 합인 가중치 합 회로이다. 그림 11은 시뮬레이션 회로인 그림 4를 편이상 옮겨온 것이다.

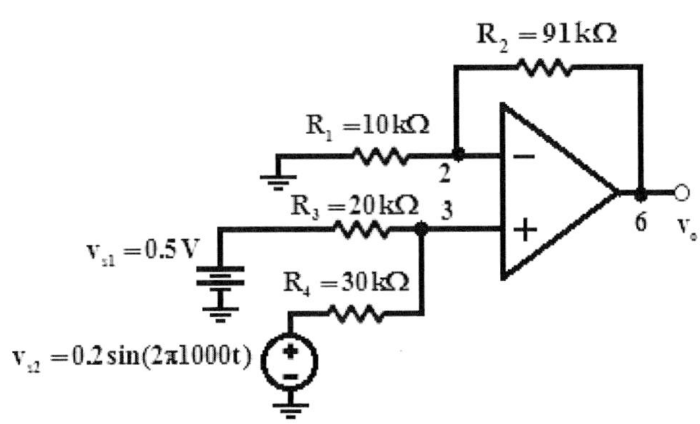

그림 11. 가중치 합 실험 회로: 직류와 교류가 동시에 입력인 경우.

실험의 요점

- 실험에서 입력신호 v_{s1}, v_{s2}와 출력신호 v_o의 관계가 식 (1)과 일치하는지 확인한다.

v_{s1} (V)*	v_{s2} (V)*	V(3) (V)*	v_o (V)*

* 직류와 교류신호의 진폭을 구분해서 표시 할 것. 예: $V_{DC}+v_{amp}$ (V_{DC}=직류 전압, v_{amp}=교류신호 진폭)

- 또한 앞의 실험 A와 실험 B의 출력전압 v_o의 합이 실험 C의 출력전압 v_o와 일치함을 확인한다.

실험 3.2: 차동 증폭기 (Difference Amplifier)

시뮬레이션 3.2에서 사용한 차동 증폭기 회로를 실제 소자를 사용하여 차동 증폭기를 구성하고 실험 한다. 그림 12은 시뮬레이션 회로인 그림 5를 편이상 옮겨온 것이다.

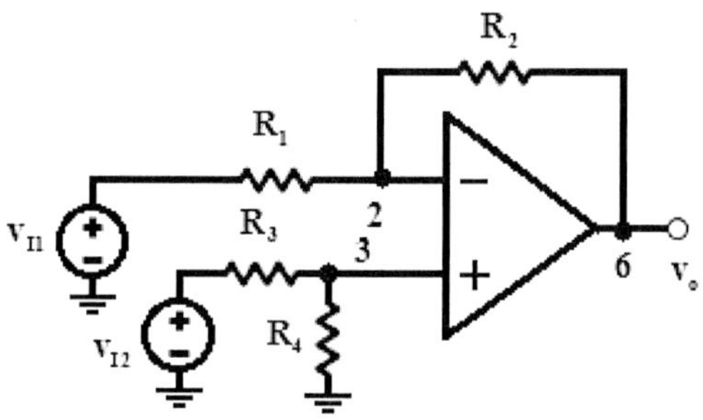

그림 12. 차동 증폭기 (Difference Amplifier).

A. 차동증폭기의 설계

차동 입력 v_{Id}에 대한 입력저항이 40 kΩ, 전압이득(A_v)이 10 V/V가 되도록 저항 값을 결정한다.

표 5. Difference Amplifier회로의 저항 값.

R_1(kΩ)	R_2(kΩ)	R_3(kΩ)	R_4(kΩ)

B. v_o vs. v_{Id} 실험

다음의 입력전압에 대한 출력 전압 값을 측정한다.

표 6. Difference Amplifier의 입력 및 출력 값.

v_{I1} (V)	v_{I2} (V)	$v_{Id}=v_{I2}-v_{I1}$ (V)	v_o(V)
5.5	4.5		
5.4	4.6		
5.3	4.7		
5.2	4.8		
5.1	4.9		
5	5		
4.9	5.1		
4.8	5.2		
4.7	5.3		
4.6	5.4		
4.5	5.5		

실험의 요점

- 표 6의 데이터를 이용하여 v_o vs. v_{Id} 그래프를 그리고 $v_{Id}=0$ 일 때의 v_o 값 즉 출력 오프셋 전압 $v_{oOFFSET}$을 구한다.
- v_o vs. v_{Id} 그래프로부터 그래프의 기울기 즉 차동 전압이득 A_d를 구한다.

$v_{oOFFSET}$ (V)	A_d (V/V)

실험 3.3: 계측 증폭기 (Instrumental Amplifier)

시뮬레이션 3.3 에서 사용한 계측 증폭기를 실제 소자로 구현하여 실험한다.

그림 13은 시뮬레이션 회로인 그림 7을 편이상 다시 그린 것이다. 회로의 저항 값은 $2R_1$=20 kΩ, $R_{21}=R_{22}$=100 kΩ, $R_{31}=R_{32}$=20 kΩ, $R_{41}=R_{42}$=100 kΩ이다. 이 회로 구성 시 주의 할 점은 동일한 저항 값을 가진 두 개의 저항을 얻기가 힘들므로 최대한 같은 값을 구하여 소자를 구성하여 A_3 OP amp로 구성된 차동 증폭기의 균형이 맞도록 한다.

표 7. 계측 증폭기회로의 실제 저항 값.

$2R_1$(kΩ)	R_{21}(kΩ)	R_{22}(kΩ)	R_{31}(kΩ)	R_{32}(kΩ)	R_{41}(kΩ)	R_{42}(kΩ)

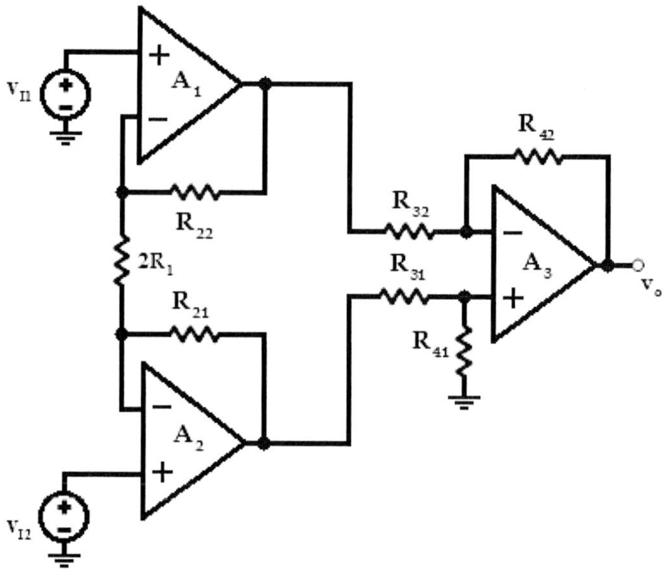

그림 13 계측 증폭기 (Instrumentation Amplifier)회로.

실험의 요점

- v_{I1}=2 V, v_{I2}=2 + 0.1sin(2π1000t) V을 인가하여 차동 전압이득$A_d=v_o/v_{Id}$를 구한 다음 이론 식 (8)에 의한 값과 비교 한다.

A_d (V/V)	
실험값	이론값

실험 4 OP amp를 이용한 Voltage Follower 및 AC-coupled 증폭기

실험목적: OP amp를 사용한 전압 팔로워 (Voltage Follower)와 입력Offset 전압의 영향을 최소화하는 AC-coupled 증폭기 회로를 실험하여 분석한다.

실험 기기: 전원 공급 장치 (DC Power Supply), 함수 발생기(Function Generator), 오실로스코프, 브레드보드 (Bread Board)

실험 준비물: HA17741 OP amp 1개, 저항 다수

741 OP amp pin 배열

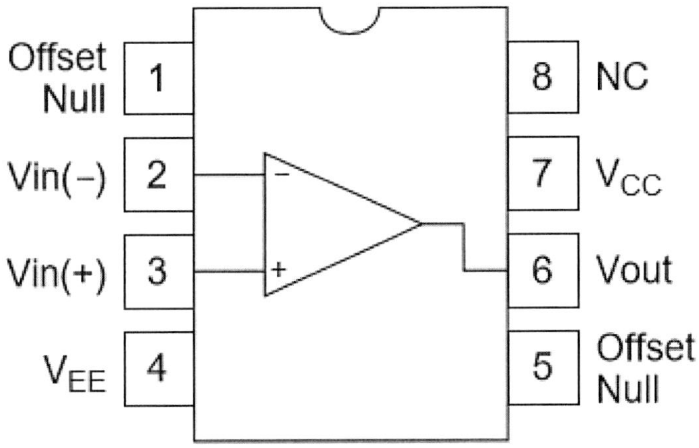

(Top view)

시뮬레이션 4.1: 전압 팔로워 (Voltage Follower)

전압 팔로워 (Voltage Follower)는 비반전 증폭기의 회로 (2장, 그림 13)에서 $R_1=\infty$, $R_2=0\ \Omega$인 회로이다. 그림 1은 그 결과인 전압 팔로워 회로이다. 이상적인 OP amp의 경우 전압 팔로워는 입력저항이 무한대이고 출력 저항이 '0'이며 전압이득이 '1'인 회로이다. 따라서 출력 저항이 큰 신호원이 저항이 작은 부하를 구동해야 할 때 완충 역할을 하는 버퍼 회로로 유용하게 사용된다. 이 장에서 사용되는 모든 741 OP amp의 DC 전원은 15 V와 -15 V이다.

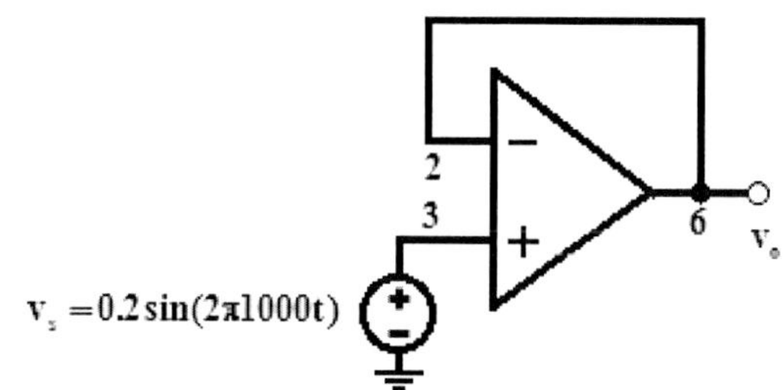

그림 1. 전압 팔로워 (Voltage Follower) 회로.

시뮬레이션의 요점

- 그림 1의 전압 팔로워 회로를 시간 영역 분석 (Time Domain Analysis or Transient Analysis) 시뮬레이션을 수행하여, 회로의 입력과 출력 신호의 진폭을 비교함으로써 전압이득 A_v를 구한다.
- 입력저항, 출력 저항, 전압 이득을 구하기 위해 .TF analysis (Transfer Function Analysis)를 사용한다. .TF는 지정된 입력과 출력 사이의 이득, 입력 저항, 출력 저항을 계산한다. OrCAD Capture에서 이 기능을 사용하기 위한 방법은 다음과 같다. PSpice→Edit Simulation Profile→ Bias Point→Calculate small signal DC gain(.TF). 그리고 결과를 확인하기 위해서는 Pspice→ View Output File을 지정한다.

A_v (.tran) V/V	A_v (.TF) V/V	입력저항 (kΩ)	출력저항 (kΩ)

시뮬레이션 4.2: 전압 팔로워 (Voltage Follower)의 버퍼 기능

전압 팔로워의 높은 입력 저항과 낮은 출력 저항은, 높은 출력 임피던스를 가진 신호원과 낮은 임피던스를 가진 부하를 연결시켜 주는 기능을 한다. 그림 2 (a)의 회로에는 출력 저항 R_S를 가진 신호원 v_s가 부하 R_L에 직접 연결되어 있다. 여기에서 R_S가 R_L보다 훨씬 큰 값일 경우 부하에 전달되는 신호의 크기는 전압 분배 법칙에 의해 아주 작은 값이 된다. 이러한 문제를 극복하기 위해 그림 2 (b)의 등가 회로를 가진 버퍼 회로를 그림 2 (c)와 같이 부하와 신호원 사이에 연결한다. 그림 2 (b) 버퍼 회로는 이상적인 경우이며 입력 저항이 무한대 이고 출력 저항은 ‘0’이다. 그림 2 (c)의 신호원 v_s는 버퍼의 역할로 인해 부하 R_L에 거의 완전한 크기로 전달된다.

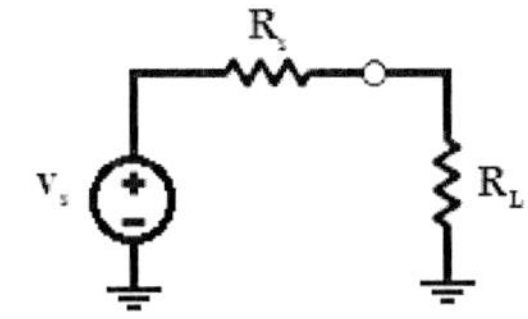

(a)

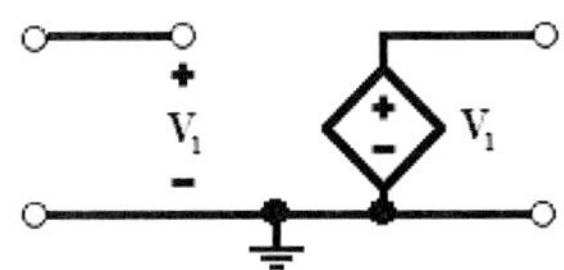

(b)

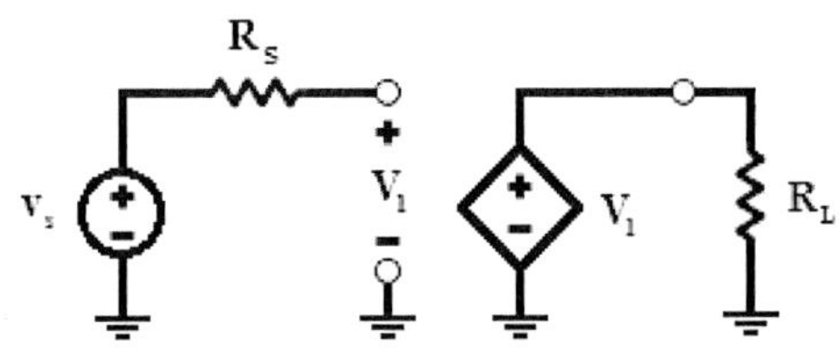

(c)

그림 2. 신호원 v_s와 부하 R_L 사이의 신호 전달을 개선하기 위한 회로. (a) 신호원 v_s와 부하 R_L의 직접 연결 회로 (R_L>>R_S), (b) 이상적인 버퍼의 등가 회로(입력 저항=∞, 출력 저항=0, 전압이득=1), (c) 신호원과 부하 사이에 버퍼 회로가 연결된 회로.

그림 2 (b)의 버퍼 등가 회로를 실제로 구현한 회로가 그림 1의 전압 팔로워 회로이다. 그림 3은 신호원에서 부하로 신호 전달이 어려운 그림 2 (a) 회로를 전압 팔로워 회로를 이용하여 개선한 회로이다.

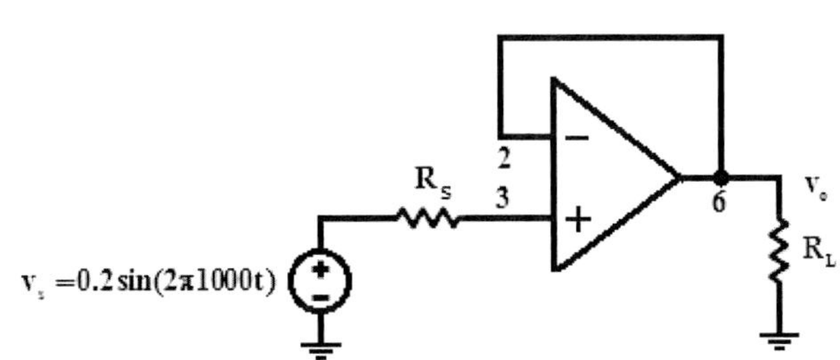

그림 3. 높은 출력저항 R_S를 가진 신호원 v_s와 부하 R_L 사이에 전압 팔로워 회로가 버퍼로 연결된 회로.

시뮬레이션의 요점

- 버퍼가 없는 경우: 그림 2 (a)의 회로에서 v_s=0.2sin(2π1000t), R_S=9.1 kΩ, R_L=1 kΩ 일 때 v_o를 시뮬레이션 한다.
- 버퍼가 있는 경우: 그림 3의 회로에서 R_S=9.1 kΩ, R_L=1 kΩ 일 때 출력 신호 v_o를 시뮬레이션하여 버퍼 기능을 확인한다.

v_o 진폭 (V)	
버퍼가 없는 경우	버퍼가 있는 경우

시뮬레이션 4.3: 교류 결합 비반전 증폭기 (ac-coupled Inverting Amplifier)

그림 4의 커패시터 C는 OP amp의 입력 오프세트 전압이 출력에 미치는 영향을 최소화 한다. DC신호에 대해 커패시터의 임피던스는 무한대이므로 DC인 오프셋 전압에 대해 반전 증폭기는 전압 팔로워 (Voltage Follower)가 된다. 결과적으로 오프세트 전압은 증폭되지 않고 아주 작은 값 그대로 출력에 전달되어 미미한 영향을 미칠 뿐이다. 그러나 시간에 따라 변화하는 신호에 대해서는 C는 단락을 의미하여 회로는 비반전 증폭기가 된다.

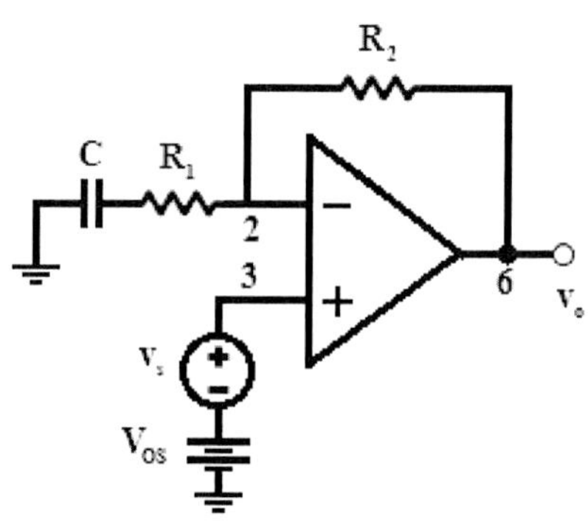

그림 4. 교류 결합 비반전 증폭기. V_s=0.2sin(2π3000t), C=0.16 μF, R_1=10 kΩ, R_2=51 kΩ, V_{OS}=1 V, 3 V.

시뮬레이션의 요점

- 교류 결합 (ac-coupling)이 입력 V_{OS}에 의한 출력에 미치는 영향을 관찰 한다. V_{OS}가 각각 1 V와 3 V일 때, 시뮬레이션을 수행하여 출력의 DC 값과 전압이득 A_v를 구한다. 그리고 시뮬레이션으로 구한 A_v값을 이론값 A_v와 비교한다.

V_{OS} (V)	출력의 DC 값 (V/V)	A_v(시뮬레이션) (V)	A_v(이론값)
1			
3			

시뮬레이션 4.4: 교류 결합 반전 증폭기 (ac-coupled Inverting Amplifier)

그림 4의 교류 결합 비반전 증폭기 회로에서 OP amp의 플러스 단자는 접지 시키고, 입력신호를 커패시터 C에 연결하면 그림 5의 교류 결합 반전 증폭기 회로가 된다.

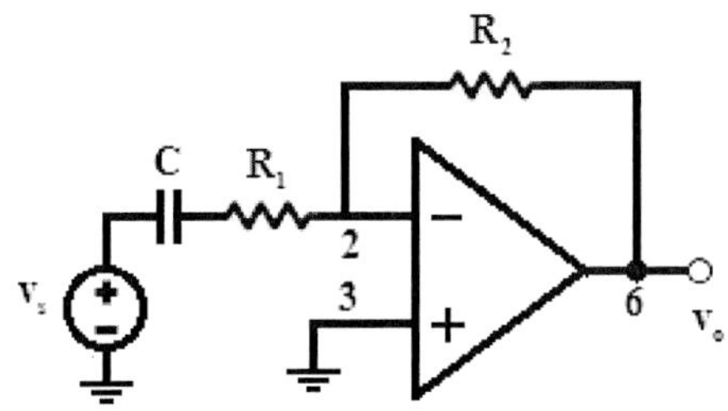

그림 5. 교류 결합 반전 증폭기 (ac-coupled Inverting amplifier). v_s=sin(2π3000t), R_1=10 kΩ, R_2=51 kΩ, C=0.16 μF.

그림 5 회로는 커패시터를 연결함으로써 낮은 주파수 영역에서는 증폭기로서의 역할을 하지 못하고 커패시터 C와 저항 R_1에 의해 다음 식으로 결정되는 저주파 f_{3dB}를 가진다.

$$f_{3dB} = \frac{1}{2\pi C R_1} \tag{1}$$

주파수가 충분히 높을 때 커패시터의 임피던스는 무시될 만큼 작고 그림 5 회로는 반전 증폭기로 동작한다. 증폭기의 고주파 f_{3dB} 주파수는 OP amp의 특성과 출력단에 연결되는 부하에 의해 결정된다.

시뮬레이션의 요점

- 그림 5 회로에서 입력과 출력 신호를 비교하여 전압이득 A_v를 구하고 반전 증폭기의 전압 이득 이론 값과 비교한다.

A_v (시뮬레이션 값) (V/V)	A_v (이론 값) (V/V)

- 주파수를 3 Hz~10 MHz 범위에서 변화 시켜, 저주파 및 고주파 f_{3dB}을 구한다.

저주파 f_{3dB} (Hz)	고주파 f_{3dB} (Hz)

실험 4.1: 전압 팔로워 (Voltage Follower)

전압 팔로워 (Voltage Follower)회로를 구성하고 그 동작을 실험 한다. 그림 6은 그림 1을 편이상 다시 그린 전압 팔로워 회로이다.

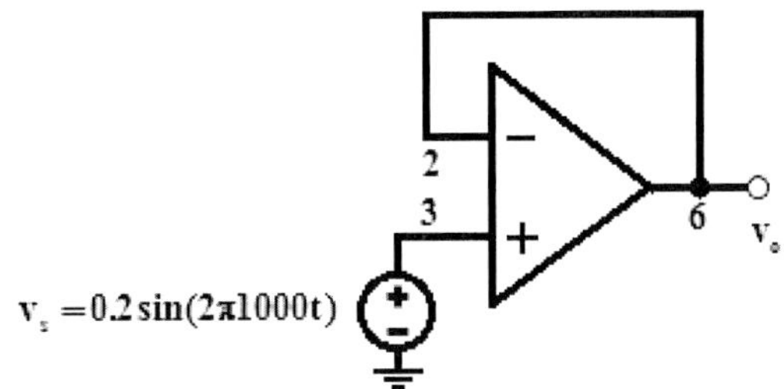

그림 6. 전압 팔로워 (Voltage Follower) 회로.

실험의 요점

- 그림 6의 전압 팔로워 회로의 입력과 출력 파형을 관찰하여 전압이득 A_v를 구하고 시뮬레이션에 의한 A_v값, 이론에 의한 A_v 값과 비교한다.

A_v (V/V)	
실험	시뮬레이션

실험 4.2 전압 팔로워 (Voltage Follower)의 버퍼 기능

그림 7은 (a) 높은 출력 저항 R_S를 가진 신호원 v_s를 낮은 저항을 가진 부하 R_L에 직접 연결한 회로와 (b) 신호원과 부하 사이에 버퍼로 전압 팔로워가 연결된 회로이다. 그림 7의 두 회로의 동작을 비교하여 전압 팔로워의 버퍼 기능을 확인 한다.

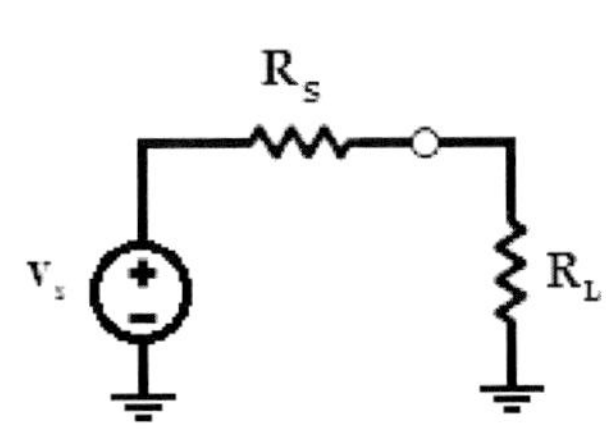

(a)

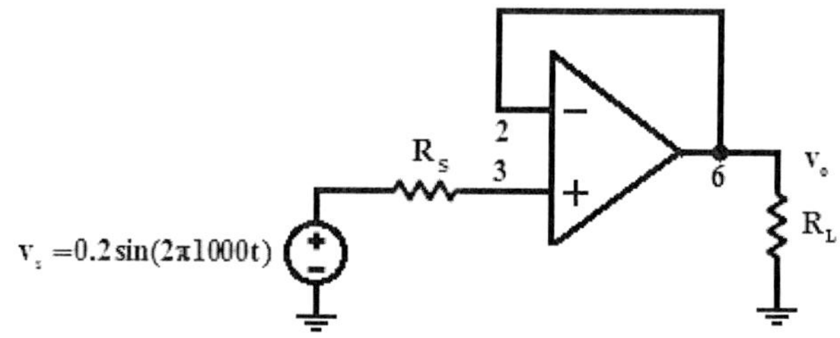

(b)

그림 7 (a) 신호원 v_s와 부하 R_L의 직접 연결 회로, (b) 신호원과 부하 사이에 버퍼 회로가 연결된 회로. R_S=9.1 kΩ, R_L=1 kΩ.

실제 저항값

R_S(kΩ)	R_L (kΩ)

실험의 요점

- 버퍼가 없는 경우: 그림 7 (a)의 회로에서 출력 신호 v_o를 측정 한다.
- 버퍼가 있는 경우: 그림 7 (b)의 출력 신호 v_o를 측정하여 버퍼 기능을 확인한다.

v_O 진폭 (V)	
버퍼가 없는 경우	버퍼가 있는 경우

실험 4.3: 교류 결합 비반전 증폭기 (ac-coupled Inverting Amplifier)

그림 8의 교류 결합 비반전 증폭기를 구성하고 그 동작을 실험한다.

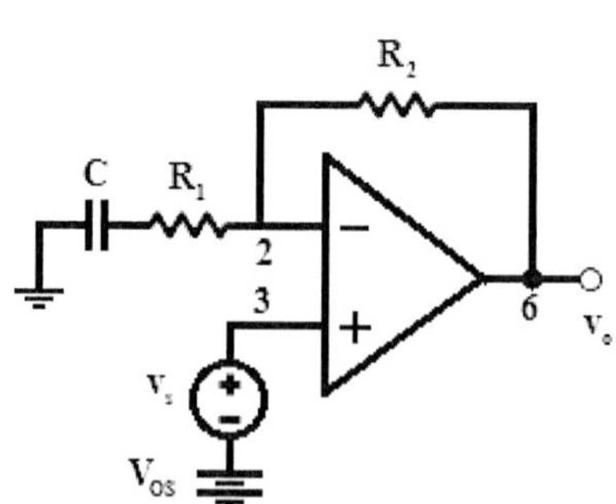

그림 8. 교류 결합 비반전 증폭기. V_s=0.2sin(2π3000t), C=0.16 μF, R_1=10 kΩ, R_2=51 kΩ, V_{OS}=1, 3 V.

실제 저항값

R_1 (kΩ)	R_2 (kΩ)

실험의 요점

● 교류 결합 (ac-coupling)회로에서 DC입력 V_{OS}가 출력에 미치는 영향을 관찰한다. V_{OS}=1 V와 3 V일 때, 실험을 수행하여 출력 신호로부터 출력의 DC 값과 전압이득 A_v를 구한다. 그리고 실험으로 구한 A_v값을 시뮬레이션에 의한 A_v, 이론에 의한 A_v 값을 비교한다. 실험의 의미를 명확하게 하기 위해 V_{OS} 값을 실제의 값보다 훨씬 큰 값을 사용하고 있다.

V_{OS} (V)	출력 DC 값 (V/V)	A_v(실험) (V/V)	A_v(시뮬레이션) (V/V)	A_v(이론 값) (V/V)
1				
3				

실험 4.4: 교류 결합 반전 증폭기 (ac-coupled Inverting Amplifier)

그림 9는 교류 결합 반전 증폭기 회로이며 그림 5를 편이상 다시 그린 것이다. 교류 결합 반전 증폭기를 구성하고 그 동작을 실험한다.

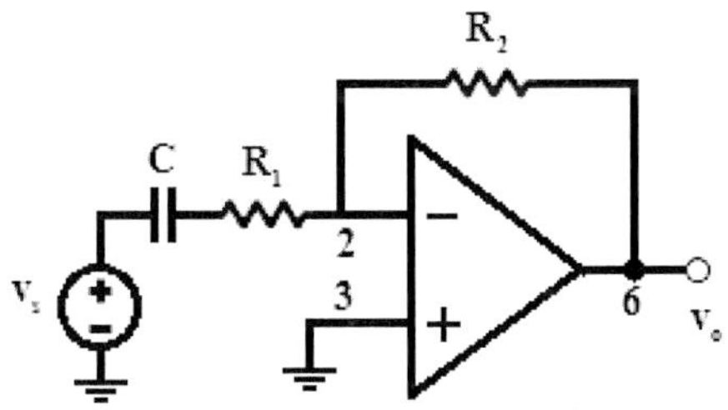

그림 9. 교류 결합 반전 증폭기 (ac-coupled Inverting amplifier). $v_s=\sin(2\pi 3000t)$, R_1=10 kΩ, R_2=51 kΩ, C=0.16 μF.

실제 저항값

R_1 (kΩ)	R_2 (kΩ)

실험의 요점

● 그림 9 회로에서 입력과 출력 신호를 비교하여 전압이득을 구하고 그 값을 반전 증폭기의 전압이득 이론 값과 비교한다.

A_v (V/V)	
실험	이론

- 주파수 3 Hz~10 MHz 범위에서 주파수 응답 그래프를 그려 저주파 및 고주파 f_{3dB}을 구한다. 그리고 앞에서 구한 시뮬레이션 값과 비교하여 설명한다.

저주파 f_{3dB} (Hz)		고주파 f_{3dB} (Hz)	
시뮬레이션 값	실험 값	시뮬레이션 값	실험 값

실험 5 다이오드 회로 특성과 정전압원

실험 목적: 다이오드의 I-V 특성 그래프과 다이오드를 사용한 정전압 회로에 대한 실험을 수행하고 그 결과를 분석한다.

실험 기기: DC 전원(Power Supply), 함수 발생기(Function Generator), 오실로스코프, 브래드 보드

실험 준비물: IN4004 4개, 제너 다이오드 1N4683 (V_z=3 V) 1개, 저항 100 Ω 1개, 저항 1 kΩ 1개

시뮬레이션 5.1: 다이오드 I-V 특성 그래프

다이오드의 비선형 I-V 관계를 시뮬레이션 한다. 다이오드는 반도체의 PN 접합에 의해 생성된 2단자 소자이다. 그림 1 (a)의 다이오드 회로에서 다이오드 전류와 전압의 관계는 PN 접합의 특성에 의해 그림 1 (b)와 같다. 그림 1 (b)의 V_{D0}는 I_D vs. V_D 곡선의 동작점 (V_D', I_D') 를 지나는 접선이 수평축과 만나는 점의 수평 좌표를 표시하며, 일반적으로 'ON' 상태의 순방향 다이오드에 인가되는 전압을 표시한다. V_{D0}는 0.5 V ~0.8 V 범위에 있으며, 다이오드의 모델링에 이용된다.

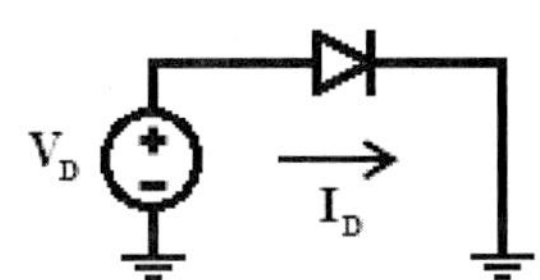

(a)

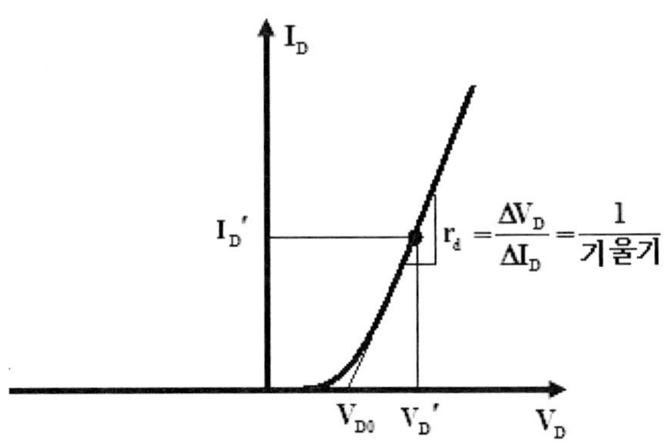

(b)

그림 1. (a) 다이오드 I_D vs. V_D 특성곡선 측정회로와 (b) I_D vs. V_D 특성곡선

또한 그림 1 (b)에서 특정 동작점 (V_D', I_D')에서 기울기의 역수는 다음 식 (1)과 같이 'ON' 상태 다이오드의 소신호 저항 값 r_d가 된다.

$$r_d = \frac{\Delta V_D}{\Delta I_D} = \frac{1}{\text{기울기}} = \frac{V_T}{I_D{}'} \tag{1}$$

전류와 전압의 관계가 선형인 저항과는 달리, 다이오드는 전류와 전압의 관계가 그림 1 (b)와 같이 비선형이다. 다이오드의 전류 I_D와 전압 V_D의 관계는 다음 식으로 주어진다.

$$I_D = I_S e^{V_D/V_T} \tag{2}$$

여기에서 I_S는 포화전류, V_T는 열전압 (25 mV @ T=25 °C)이다. 다이오드의 이러한 비선형 특성을 이용하여 정류기, 정전압원 (Voltage Regulator) 등 여러 가지 응용에 다이오드가 사용된다. 이러한 지수 함수의 관계는 작은 V_D의 변화로 큰 I_D의 변화를 얻을 수 있음을 의미한다.

시뮬레이션의 요점

- 그림 1의 다이오드 회로에서 V_D 전원을 DC -1V에서 0.8V까지 증가시키면서 I_D vs. V_D의 특성 곡선을 그린다.
- V_D=0.7 V일 때 전류 I_D를 구하여 식 (1)에 의해 소신호 저항 r_d를 구한다. 또한 그 동작점에서의 접선인 다음의 직선 식을 이용하여 순방향 다이오드 인가 전압 V_{D0}를 구한다.

$$V_D = V_{D0} + r_d I_D$$

V_D (V)	I_D (mA)	r_d (Ω)	V_{D0} (V)
0.7			

시뮬레이션 5.2: 다이오드 정전압원

다이오드의 정전압원 응용을 시뮬레이션 한다. 다이오드의 I-V 특성 그래프로부터 넓은 범위의 다이오드 전류에 대응하는 다이오드 순방향 전압 V_D는 상대적으로 좁은 범위를 가지는 것을 알 수 있다. 다이오드의 이러한 특성은 일정한 전압을 공급하는 정전압원 (Voltage Regulator) 회로에 적합하다. 정전압원은 자체의 전원 값이 바뀌거나 연결된 부하의 전류가 변하여도 가능한 한 일정한 전압을 유지해야 한다.

그림 2(a)는 잡음 V_N을 가진 전압원 V_{DD} 가 연결된 다이오드의 정전압 기능을 확인 위한 회로이다. 1 V 전원 전압의 변화에 대한 출력 전압의 변화를 나타내는 전원 변동률 (Line Regulation)을 측정하는데 그림 2 (a)회로가 이용된다.

그림 2 (b)는 잡음이 없는 전원을 가진 정전압원에 부하 R_L이 연결된 회로이다. 부하 R_L에 흐르는 전류는 직렬 연결된 3개의 다이오드에 흐르던 전류 중 일부가 된다. 따라서 부하 R_L은 다이오드를 흐르는 전류를 감소시키고 따라서 출력 전압도 감소시킨다. 그림 2 (b)는 부하 전류 1 mA 변화에 따른 출력 전압의 변화를 표시하는 부하 변동률 (Load Regulation)을 측정하기 위한 회로이다.

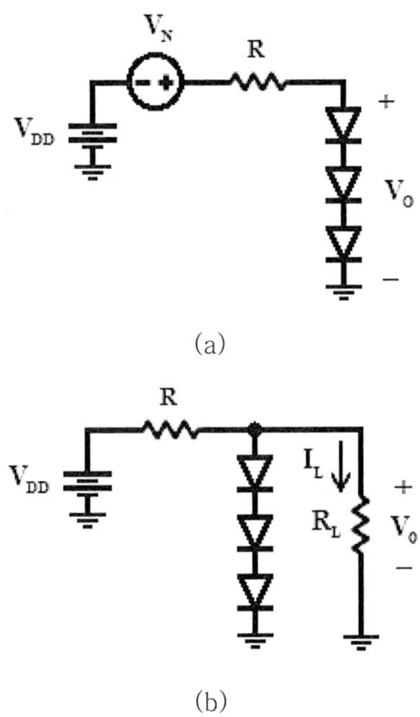

그림 2. (a) 전원에 잡음이 인가된 정전압원 회로: 전원 변동률 (Line Regulation) 측정 회로. (b) 부하 R_L이 연결된 회로: 부하 변동률 (Load Regulation) 측정 회로. V_{DD}=4 V, V_N=sin(2π1000t), R=500 Ω

그림 2 (a) 회로에서 V_N=0 일 때 정전류원의 출력 전압 V_o는 $3V_{D0}$이다. 그리고 전원에 추가된 잡음 V_N에 의한 출력 전압, V_{ON}, 은 다음 식으로 표현 된다.

$$\mathbf{V_{ON} = V_N \frac{3r_d}{R + 3r_d}} \qquad (3)$$

시뮬레이션의 요점

- R_L=∞인 그림 2 (a)회로에서 출력 전압 V_o로부터 전원 변동률 (Line Regulation)를 구한다. 전원 변동률=V_o (진폭)/V_N (진폭).

V_o (직류성분) (V)	V_o 진폭 (V)	V_N 진폭 (V)	전압 변동률 (mV/V)

- 그림 2 (b)회로에서 R_L=2 kΩ이 연결 되었을 때의 V_O 직류 성분을 측정한다. 이 값을 $R_L=\infty$일 때의 V_o 와 비교하여 부하 변동률 (Load Regulation)을 계산한다. 부하 변동률=$(V_{o1}-V_{o2})/I_L$ (mA). $V_{o1}=V_o$ (@$R_L=\infty$), $V_{o2}=V_o$ (@R_L=2 kΩ).

R_L (Ω)	I_L (mA)	V_{o1} ($R_L=\infty$) (V)	V_{o2} (R_L=2 kΩ) (V)	부하 전압 변동률 (V/mA)

시뮬레이션 5.3: 제너 다이오드 정전압원 (Zener Diode Voltage Regulator)

제너 다이오드를 이용한 정전압원의 특성을 분석한다. 다이오드의 브레이크다운 영역에서 I-V 특성 곡선의 기울기는 매우 가파르다. 따라서 이 가파른 I-V 특성은 성능이 우수한 정전류원을 가능하게 한다. 특히 브레이크다운 영역에서 동작하도록 특화된 제너 다이오드 (Zener Diode)는 안정된 정전류원의 중요한 소자이다.

그림 3 (a)는 브레이크다운 영역에서의 I-V특성 곡선의 파라메타를 기반으로 한 제너 다이오드의 심볼, 기준 전압 및 전류의 방향을 표시하고, (b)는 소자의 모델이다. 이 모델을 사용하여 회로를 해석한다.

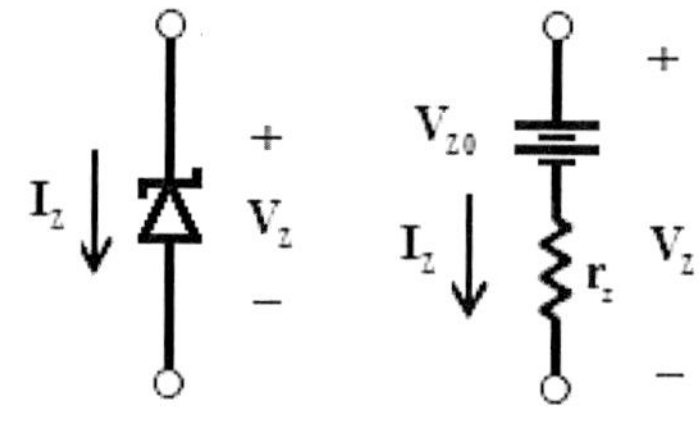

그림 3 제너 다이오드의 (a)심볼과 (b)모델

그림 3 (b)에서 모델 파라메타 V_Z, V_{Z0}, I_Z, 그리고 r_z 사이에는 다음 식이 성립한다.

$$\mathbf{V_Z = V_{Z0} + r_z I_Z} \tag{4}$$

r_z는 제너 다이오드의 I-V 곡선의 브레이크다운 영역에 있는 동작점의 기울기의 역수 이며, V_{Z0}는 동작점을 지나는 접선이 수평축 즉 전압 축과 만나는 점의 절대값이다.

그림 4는 제너 다이오드를 이용한 정전압원 회로이다. 그림 4 (a)는 전원 V_{DD}에 잡음 V_N이 추가된 것으로 정전류원에 공급되는 전원값의 변동이 정전압원의 출력에 미치는 영향을 관찰하기 위한 회로이다. 전원 전압의 변동에 따른 정전압원의 출력 전압의 변화를 나타내는 전원 변동률 (Line Regulation)이 이 회로에 의해 구해진다.
그림 4 (b)는 부하 R_L이 제너 다이오드에 병렬로 연결되어 있는 회로이다. 부하 R_L은 제너 다이오드에 흐르는 전류 중 일부를 부하로 흐르게하여 정전압원 출력 전압을 낮춘다. 제너 다이오드의 전류가 1 mA 줄어 들 때 출력 전압 즉 제너 다이오드 양단의 전압이 낮아지는 값을 부하 변동률 (Load Regulation)이라고 한다.

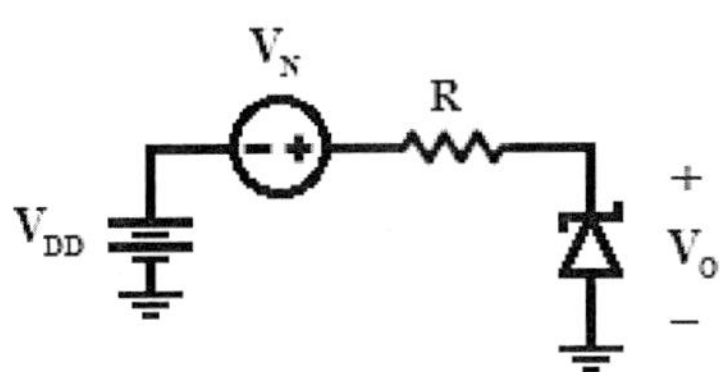

(a)

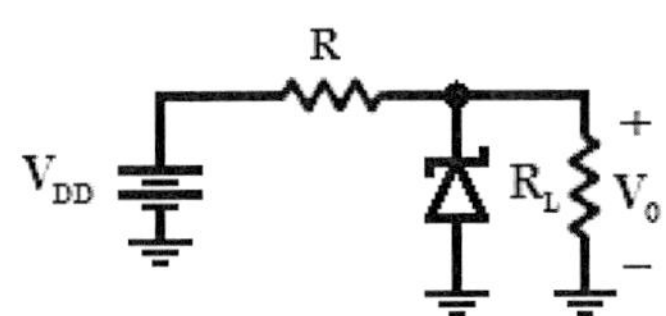

(b)

그림 4 제너 다이오드 (1N4683)에 의한 정전압원 회로 (a) V_N=0.2sin(2π1000t), V_{DD}=4 V, R=200 Ω (b) V_{DD}=4 V, R=500 Ω, R_L=3 kΩ.

시뮬레이션의 요점

- R_L=∞인 그림 4 (a)회로에서 출력 전압 V_o로부터 전원 변동률 (Line Regulation)를 구한다. 전원 변동률=V_o (진폭)/V_N (진폭).

V_o (직류성분) (V)	V_o 진폭 (V)	V_N 진폭 (V)	전압 변동률 (mV/V)

- 그림 4 (b)회로에서 R_L=3 kΩ이 연결 되었을 때의 V_o의 직류 성분을 측정한다. 이 값을 R_L=∞일 때의 V_o 와 비교하여 부하 변동률 (Load Regulation)을 계산한다. 부하 변동률=$(V_{o1}-V_{o2})/I_L$ (mA). $V_{o1}=V_o$ (@R_L=∞), $V_{o2}=V_o$ (@R_L=3 kΩ).

R_L (Ω)	I_L (mA)	V_{o1} (R_L=∞) (V)	V_{o2} (R_L=1 kΩ) (V)	부하 변동률 (V/mA)

실험 5.1: 다이오드 I-V 특성 그래프

실험을 통해 다이오드의 비선형 I-V 그린다. 그림 5는 그림 1 (a)에 저항 R을 추가한 회로이다. 회로에서 R=1 kΩ이다. 이 실험 전체에 사용되는 다이오드는 1N4004이다.

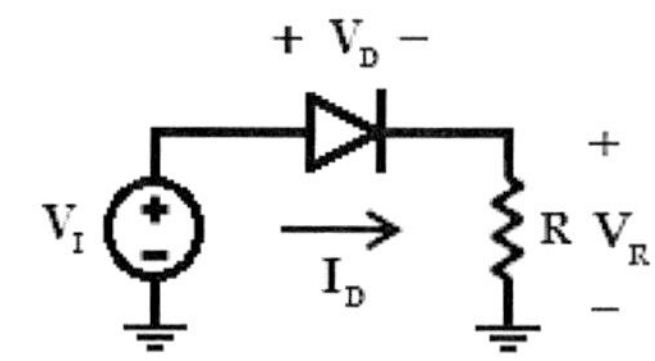

그림 5. 다이오드 I_D vs. V_D 특성곡선 측정회로.

실험의 요점

- 다이오드 전류-전압 특성 그래프: 그림 5의 다이오드 회로에서 V_I 전원을 DC -1V에서 0.8 V까지 증가시키면서 I_D vs. V_D의 특성 곡선을 그린다.
- 다이오드 모델 파라메타 측정: V_D=0.6 V일 때의 전류 I_D를 식 (1)에 대입하여 소신호 저항 r_d를 구한다. 또한 그 동작점을 지나는 접선과 전압축이 만나는 점인 순방향 다이오드 전압 V_{D0}를 구한다.

r_d (Ω)	V_{D0} (V)

실험 5.2: 다이오드 정전압원

3개의 직렬 다이오드로 구현된 정전압원의 동작을 실험하고 분석한다. 그림 6은 그림 3을 편이상 옮겨온 것이다. 그림 (a)에서는 3개의 직렬 다이오드에 인가되는 전압이 정전압원의 출력 전압이 되고, (b)에서는 부하 저항 R_L이 3 개의 직렬 다이오드에 병렬로 연결된 회로이다. 실험을 위한 회로의 소자 값은 V_{DD}=4 V, V_N=sin(2π1000t), R=500 Ω, 다이오드는 1N4004이다.

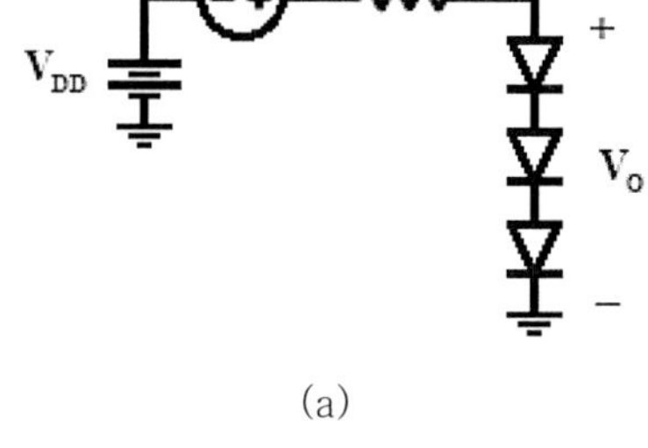

(a)

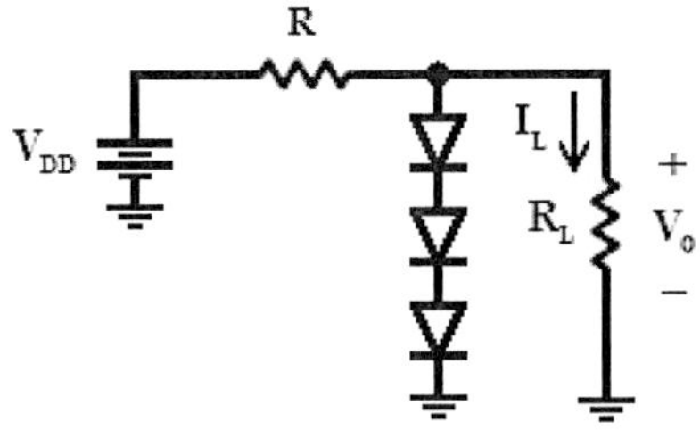

(b)

그림 6. 전원에 잡음이 인가된 정전압원 회로 (a) $R_L=\infty$ (b) $R_L=2$ kΩ. $V_{DD}=4$ V, $V_N=\sin(2\pi 1000t)$, R=500 Ω, $R_L=2$ kΩ, 다이오드는 1N4004이다.

실험의 요점

- $R_L=\infty$인 그림 6 (a)회로에서 출력 전압 V_o로부터 전압 변동률 (Line Regulation)를 측정 한다. 전압 변동률=V_o (교류성분의 진폭)/V_N (진폭)

V_o (직류성분) (V)	V_o (교류성분의 진폭) (V)	V_N 진폭 (V)	전압 변동률 (mV/V)

- 그림 6 (b)회로에서 V_o 직류 성분을 측정한다. 이 값을 $R_L=\infty$일 때의 V_o 와 비교하여 부하 변동률 (Load Regulation)을 계산한다. 부하 변동률=$(V_{o1}-V_{o2})/I_L$ (mA). $V_{o1}=V_o$ (@$R_L=\infty$), $V_{o2}=V_o$ (@$R_L=2$ kΩ)

R_L (Ω)	I_L (mA)	V_{o1} ($R_L=\infty$) (V)	V_{o2} (@$R_L=2$ kΩ) (V)	부하 변동률 (mV/mA)

- 실험의 결과를 이용하여 전원에 추가된 잡음과 부하가 정전압원의 성능에 미치는 영향을 설명한다.

실험 5.3: 제너 다이오드 정전압원 (Zener Diode Voltage Regulator)

한 개의 제너 다이오드로 구현된 정전압원의 동작을 실험하고 분석한다. 그림 7은 그림 4를 다시 그린 것이다. 제너 다이오드 정전압원에 대해 정전압원의 성능을 나타내는 주요 파라메타인 전원 변동률 (Line Regulation)과 부하 변동률 (Load Regulation)을 측정한다. 제너다이오드는 1N4683이다 ($V_z=3$ V).

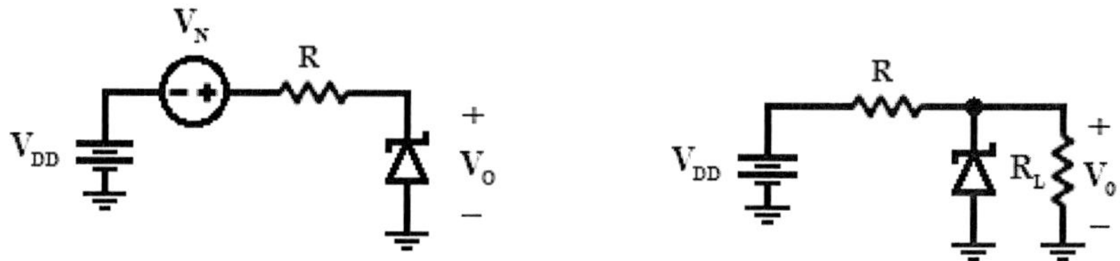

(a) (b)

그림 7 제너 다이오드 (1N4683)에 의한 정전압원 회로 (a) V_N=0.2sin(2π1000t), V_{DD}=4 V, R=200 Ω. (b) V_{DD}=4 V, R=500 Ω, R_L=3 kΩ.

실험의 요점

- R_L=∞인 그림 7 (a)회로에서 출력 전압 V_o로부터 전원 변동률 (Line Regulation)를 구한다. 전원 변동률=V_o (진폭)/V_N (진폭).

V_o (직류성분) (V)	V_o (교류성분 진폭) (V)	V_N 진폭 (V)	선로 전압 변동률 (mV/V)

- 그림 7 (b)회로에서 R_L=3 kΩ 양단의 전압 V_o의 직류 성분을 측정한다. 이 값을 R_L=∞일 때의 V_o 와 비교하여 부하 변동률 (Load Regulation)을 구한다. 부하 변동률=(V_{o1}-V_{o2})/I_L (mA). V_{o1}=V_o (@R_L=∞), V_{o2}=V_o (@R_L=3 kΩ)

R_L (Ω)	I_{RL} (mA)	V_o (@R_L=∞) (V)	V_o (@R_L=3 kΩ) (V)	부하 변동률 (mV/mA)

- 실험의 결과를 이용하여 전원에 추가된 잡음과 부하가 제너 다이오드에 의한 정전압원의 성능에 미치는 영향을 설명한다.

실험 6 다이오드 정류 회로

실험 목적: 다이오드 정류 회로에 대한 실험을 수행하고 그 결과를 분석한다.

실험 기기: DC 전원(Power Supply), 함수 발생기(Function Generator), 오실로스코프, 브래드 보드

실험 준비물: IN4500 4개, 1N752 1개, 저항 다수

시뮬레이션 6.1: 반파 정류 회로 (Half-Wave Rectifier)

반파 정류 회로의 동작과 특성을 시뮬레이션 한다. 정현파 전압의 시간에 대한 평균값은 '0'이다. 그림 1의 회로에서 정현파 전압원 v_S는 양과 음의 값을 시간에 따라 반복하지만, 정현파에서 양의 값을 가진 전압만이 다이오드 D를 통과하여 출력에 인가 된다. 따라서 v_O는 반파 전압파형이 되고 평균값은 '0'이 아닌 값을 가진다. 이러한 다이오드 정류 특성은 전자기기에 사용되는 직류 전압원 (DC Power Supply)을 만드는데 필수적이다. 반파 정류 회로에서 다이오드의 최고 역방향 전압 (PIV: Peak Inverse Voltage)은 v_S의 최대전압이다. 시뮬레이션을 위한 아래 회로에서 R=1 kΩ이다.

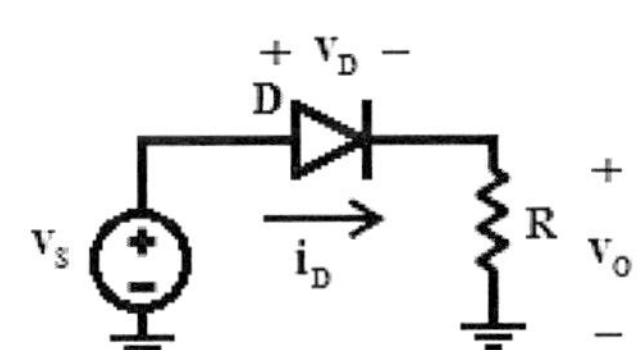

그림 1. 반파 정류 회로.

시뮬레이션의 요점

- 전달 함수 그래프: 그림 1의 반파 정류 회로에서 v_S 전원을 DC -1V에서 1V까지 증가시키면서 v_O vs. v_S의 전달함수를 그린다.
- 입력 전압이 $v_S=2\sin(2\pi1000t)$ 일 때, v_O와 i_D를 시간의 함수 그래프를 그린다. v_O와 i_D가 최고치일 때 각각의 값 v_{Opeak}, i_{Dpeak}, 최대 다이오드 순방향 전압 v_{Dpeak}, 최대 역방향 전압 PIV를 구한다.

v_{Opeak} (V)	i_{Dpeak} (V)	v_{Dpeak} (V)	PIV (V)

시뮬레이션 6.2: 전파 정류 회로 (Full-Wave Rectifier)

전파 정류 회로는 반파 정류 회로와는 달리 정현파의 전체 주기의 파형을 사용한다. 따라서 정류회로의 성능을 향상시킨다.

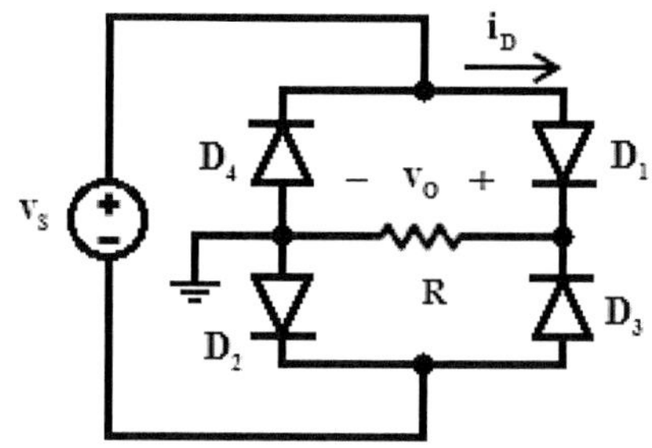

그림 2. 전파 정류 회로 (Full-Wave Rectifier), D1~D4: IN4500. R=5 kΩ.

시뮬레이션의 요점

- 전달 함수 그래프: 그림 2의 전파 정류 회로에서 v_S 전원을 DC -2V에서 2V까지 증가시키면서 v_O vs. v_S의 전달함수를 그린다.
- 입력 전압이 $v_S=2\sin(2\pi 1000t)$ 일 때, v_O와 i_D를 시간의 함수 그래프를 그린다. v_O와 i_D가 최고치일 때 각각의 값 v_{Opeak}, i_{Dpeak}, 최대 다이오드 순방향 전압 v_{Dpeak}, 최대 역방향 전압 (PIV)을 구한다.

v_{Opeak} (V)	i_{Dpeak} (V)	v_{Dpeak} (V)	PIV (V)

시뮬레이션 6.3: 첨두 전압 정류기 (Peak Rectifier)

앞에서 언급한 전압 정류기는 교류 전압을 정류하여 일정한 평균값을 가진 전압으로 바꾸기는 하지만 직류 전원으로 사용하기에는 전압의 변화가 심하다. 따라서 교류에서 정류된 전압의 변동을 줄일 수 있는 방법이 필요하다. 이 방법으로 그림 3 (a)의 회로와 같이 커패시터에 의한 필터작용을 이용해서 전압의 변동을 현저히 줄일 수 있다.

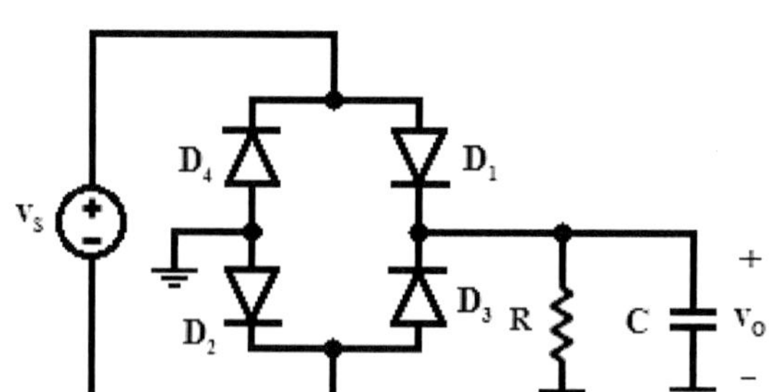

(a)

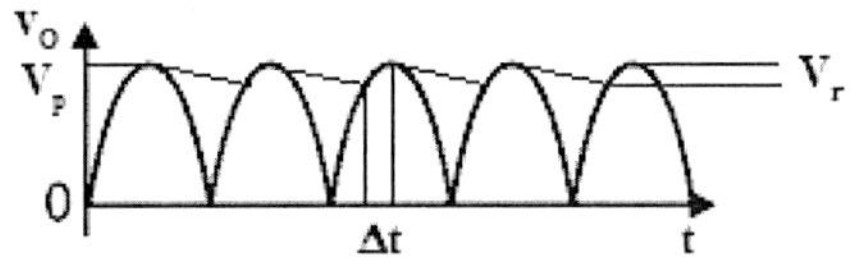

(b)

그림 3. (a) 첨두 전파 정류 회로와 (b) 출력 파형 및 관련 파라메타. R=5 kΩ, C=10 μF, 다이오드는 1N4500.

전파 정류된 전압파형은 출력에 병렬 연결된 커패시터 C에 의해 충전과 방전을 거듭하는 파형으로 바뀐다. 커패시터가 충전되는 시간 Δt 동안 V_r 만큼의 전압이 증가하여 출력 전압은 최고 전압 V_p까지 충전된다. 그림 3 (a)의 전파 정류 회로에서 충전 시간 Δt는 다음 식으로 주어진다.

$$\Delta t = \frac{1}{\omega}\sqrt{\frac{2V_p}{V_r}} \tag{1}$$

여기에서 ω는 입력 전압의 각 주파수이다. 또한 리플 (ripple) 전압 V_r은 다음 식으로 주어진다.

$$V_r \approx V_p \frac{T/2}{RC} \tag{2}$$

따라서 V_r은 V_p에 비해 작은 값을 가지며 출력파형이 일정한 값에 근접하게 된다. 여기에서 출력 최대 전압 V_p는 다음 값을 가진다.

$$V_p = V_{ip} - 2V_D \tag{3}$$

여기에서 V_{ip}는 입력 전압 v_S의 최대 값이다.

시뮬레이션의 요점

- 그림 3 (a)의 회로에서 v_S=10sin(2π1000t)일 때 출력 전압 v_O를 관찰하고 v_s와 비교 한다.
- 그림 3 (b)에 표시된 Δt, V_r, 그리고 V_p값을 시뮬레이션된 출력 전압 v_O로부터 구하여 이론 식 (1), (2), (3)의 값과 비교 한다.

Δt (s)		V_r (V)		V_p (V)	
이론	시뮬레이션	이론	시뮬레이션	이론	시뮬레이션

시뮬레이션 6.4: 직류 전원 공급기 (DC Power Supply)

지금까지 5장은 정전압원 회로들을, 6장은 전파 정류기, 첨두 전압 정류기를 다루었다. 이 회로들을 모두 연결하면 직류 전원 공급기가 완성된다. 그림 4는 전파 정류기, 첨두 전압 정류기 (Peak Rectifier), 정전압이 연결된 직류 전원 공급기 회로이다. 첨두 전압 정류기 (Peak Rectifier)의 출력 전압은 정류된 DC 전압이지만, 작은 리플 전압 V_r 때문에 직류 전원으로는 부적합하다. 이러한 리플 전압을 최소화 하기 위해 제너 다이오드 (1N752,V_Z=5.6 V)로 구성된 정전압원이 출력단에 연결 된다.

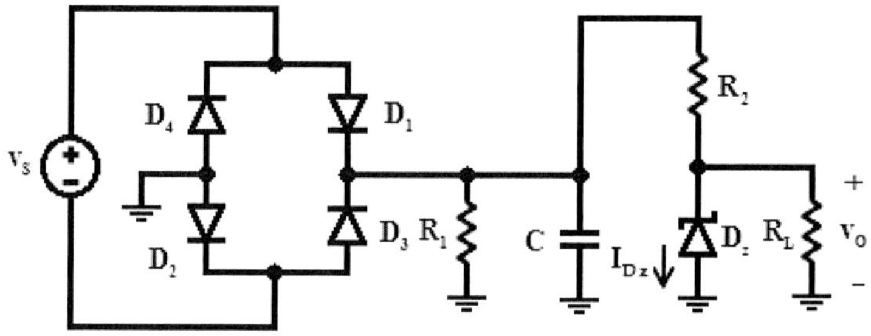

그림 4. 직류 전압 공급기 (DC Power Supply) 회로. v_S=10sin(2π1000t), R_1=5 kΩ, R_2=300 Ω, C=10 μA, R_L=10 kΩ.

시뮬레이션의 요점

- 그림 4 회로의 출력 전압 v_O와 다이오드 D_z의 전류 I_{Dz}를 관찰한다.
- 관찰한 v_O와 I_{Dz}로부터 출력 전압의 변동률을 평가 하기 위해 다음 값을 구한다.

v_{Omin} (V)	v_{Omax} (V)	v_{Oavg} (V)	V_r (V)	%v_O	I_{Dzmin} (mA)	I_{Dzmax} (mA)	I_{Dzavg} (mA)	ΔI_{Dz} (mA)	%I_{Dz}

여기에서 v_{Omin}=v_O의 최소값, v_{Omax}=v_O의 최대값, v_{Oavg}=(v_{Omin}+ v_{Omax})/2, %v_O=V_r/v_{Oavg}×100, I_{Dzmin}=I_{Dz}의 최소값, I_{Dzmax}=I_{Dz}의 최대값, I_{Dzavg}=(I_{Dzmin}+ I_{Dzmax})/2, %I_{Dz}=ΔI_{Dz}/ I_{Dzavg}×100이다.

시뮬레이션 6.5: 수퍼 다이오드 (Super Diode)

다이오드의 순방향 전압 강하 (약 0.7 V)는 그 보다 작은 신호의 정류를 불가능하게 한다. 그림 5와 같이 OP amp의 부궤환 (Feedback) 회로에 다이오드를 연결함으로써 그러한 문제를 해결할 수 있다. OP amp의 출력단에 다이오드의 'ON' 전압보다 높은 전압이 인가되면, OP amp 출력단이 다이오드를 거쳐 OP amp의 네거티브 입력단에 연결된 폐회로가 형성된다. 이 폐회로에 의해 네거티브 입력단과 포지티브 입력단은 가상 단락이 되어, 입력 전압이 출력단에 그대로 전달된다. 이 회로는 수퍼 다이오드라고 불리기도 한다.

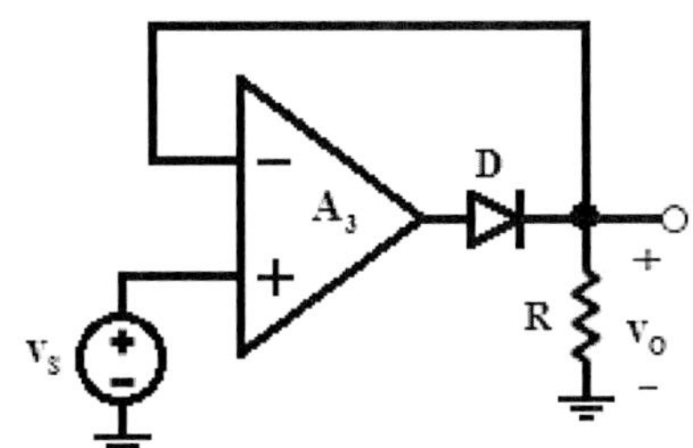

그림 5. 수퍼 다이오드 회로. D=1N4500.

시뮬레이션의 요점

- 전달 함수 그래프: 그림 5 회로에서 DC 입력 전압 v_S의 변화에 따른 출력 전압 변화 v_O, 즉 v_O vs. v_S 전달함수 그래프를 그린다.
- $v_s=0.2\sin(2\pi 1000t)$일 때 시간에 따른 출력 전압 v_O변화를 관찰한다.

실험 6.1: 반파 정류 회로 (Half-Wave Rectifier)

반파 정류 회로를 구성하고 동작과 특성을 실험을 통해 분석한다. 그림 6는 그림 1의 회로를 편이상 옮겨 온 것이다. 회로에서 R=1 kΩ이다.

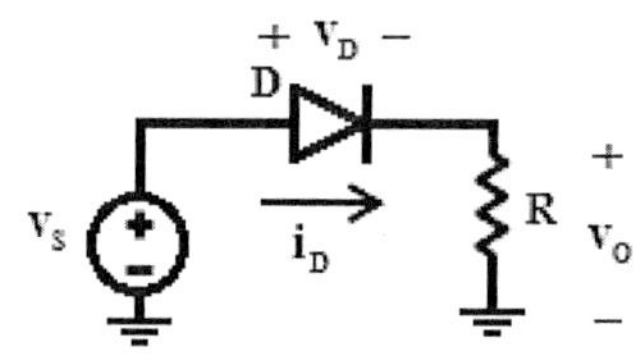

그림 6. 반파 정류 회로.

실험의 요점

- 전달 함수 그래프: 그림 6 반파 정류 회로에서 v_S 전원을 DC -5V에서 5V까지 증가시키면서 v_O vs. v_S의 전달함수를 그린다.
- 입력 전압이 $v_S=10\sin(2\pi 1000t)$ 일 때, v_O와 i_D를 시간의 함수 그래프를 그린다. v_O와 i_D가 최고치일 때 각각의 값 v_{Opeak}, i_{Dpeak}, 최고 다이오드 순방향 전압 v_{Dpeak}, 최대 역방향 전압 PIV를 구한다.

v_{Opeak} (V)	i_{Dpeak} (V)	v_{Dpeak} (V)	PIV (V)

실험 6.2: 전파 정류 회로 (Full-Wave Rectifier)

전파 정류 회로를 구성하고 동작과 특성을 실험을 통해 분석한다. 그림 7은 그림 2의 회로를 편이상 옮겨 온 것이다.

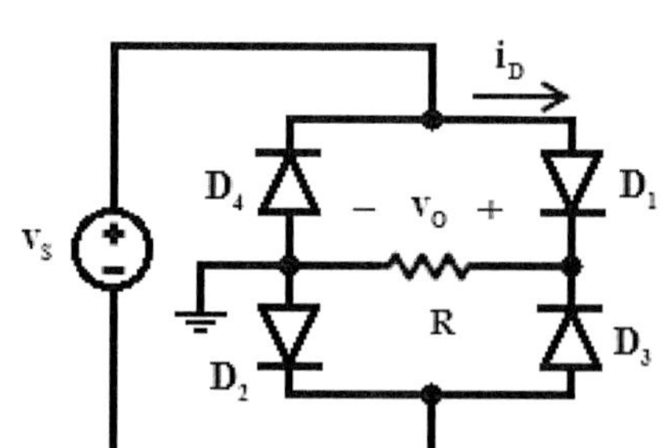

그림 7. 전파 정류 회로 (Full-Wave Rectifier). D1~D4: IN4500, R=5.1 kΩ이다.

실험의 요점

- 전달 함수 그래프: 그림 7의 전파 정류 회로에서 v_S 전원을 DC -5V에서 5V까지 증가시키면서 v_O vs. v_S의 전달함수를 그린다.
- 입력 전압이 $v_S=10\sin(2\pi1000t)$ 일 때, v_O를 시간의 함수로 측정한다. v_O의 최고치 v_{Opeak}로부터 다이오드 최고 전류값 i_{Dpeak}, 최고 다이오드 순방향 전압 v_{Dpeak}, 개별 다이오드의 최고 역방향 전압 (PIV)을 구한다.

v_{Opeak} (V)	i_{Dpeak} (V)	v_{Dpeak} (V)	PIV (V)

실험 6.3: 첨두 전압 정류기 (Peak Rectifier)

첨두 전압 정류기의 동작을 실험하고 분석한다. 그림 8은 첨두 전파 정류 회로이며, 그림 3 (a)를 편이상 다시 그린 것이다.

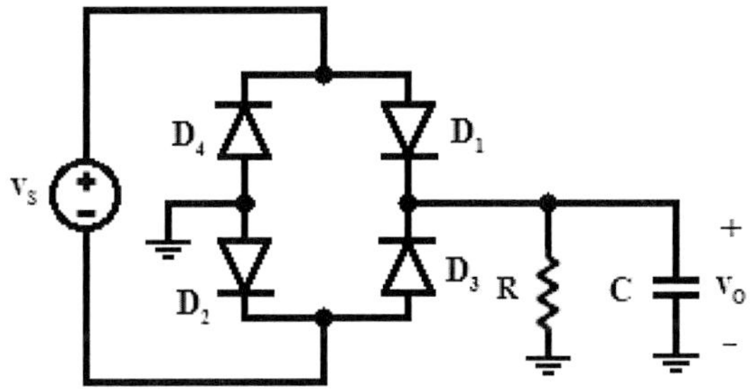

그림8. 첨두 전파 정류 회로 (Peak Rectifier). R=5.1 kΩ, C=10 μF, 다이오드는 1N4500.

실험의 요점

- 그림 8의 회로에서 $v_S=10\sin(2\pi1000t)$일 때 출력 전압 v_O를 관찰하고 v_s와 비교 한다.
- 그림 5 (b)에 표시된 Δt, V_r, 그리고 V_p값을 출력 전압 v_O로부터 구하여 시뮬레이션 결과와 비교 한다.

Δt (s)		V_r (V)		V_p (V)	
시뮬레이션	실험	시뮬레이션	실험	시뮬레이션	실험

실험 6.4: 직류 전원 공급기 (DC Power Supply)

직류 전원 공급기 회로의 동작을 실험하고 분석한다. 전파 정류기, 첨두 전압 정류기, 정전압원 회로들을 모두 연결하면 직류 전원 공급기가 완성된다. 그림 9 직류 전원 공급기 회로이며, 그림 4를 편이상 다시 그린 것이다.

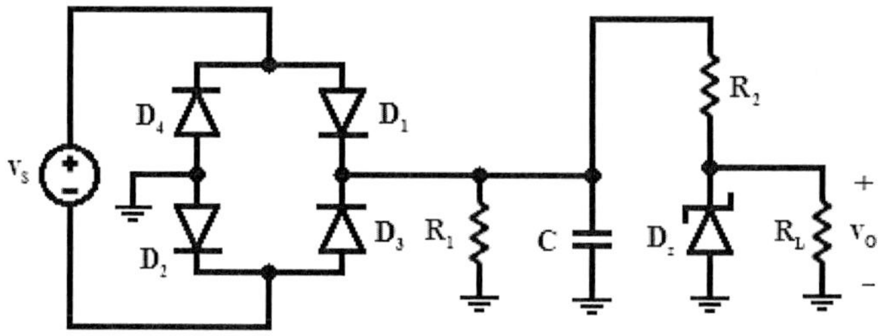

그림 9. 전압 공급기 (DC Power Supply) 회로. D_z: v_S=10sin(2π1000t), R_1=5.1 kΩ, R_2=300 Ω, C=10 μA, R_L=10 kΩ, 1N752 (V_Z=5.6 V).

실험의 요점

- 그림 9회로의 출력 전압 v_O를 시간의 함수로 측정한다.
- 관찰한 v_O로부터 출력 전압의 변동률을 평가 하기 위해 다음 값을 구한다.

v_{Omin} (V)	v_{Omax} (V)	v_{Oavg} (V)	V_r (V)	%v_O	I_{Dzmin} (mA)	I_{Dzmax} (mA)	I_{Dzavg} (mA)	ΔI_{Dz} (mA)	%I_{Dz}

v_{Omin}=v_O의 최소값, v_{Omax}=v_O의 최대값, v_{Oavg}=(v_{Omin}+ v_{Omax})/2, %v_O=V_r/v_{Oavg}×100, I_{Dzmin}=I_{Dz}의 최소값, I_{Dzmax}=I_{Dz}의 최대값, I_{Dzavg}=(I_{Dzmin}+ I_{Dzmax})/2, %I_{Dz}=ΔI_{Dz}/ I_{Dzavg}×100.

실험 6.5: 수퍼 다이오드 (Super Diode)

그림 10수퍼 다이오드 회로를 구성하여 동작 특성을 측정한다. 회로에서 저항이다.

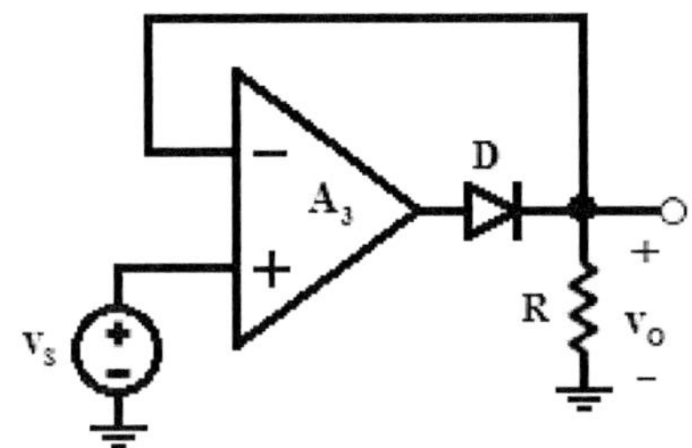

그림 10. 수퍼 다이오드 회로. R=10 kΩ, D: 1N4500.

실험의 요점

- 전달 함수 그래프: 그림 10회로에서 DC 입력 전압 v_S의 변화에 따른 출력 전압 변화 v_O, 즉 v_O vs. v_S 전달 함수 그래프를 그린다.
- $v_s=0.2\sin(2\pi 1000t)$일 때 시간에 따른 출력 전압 v_O변화를 측정한다.

실험 7 전압 제한 회로와 크램프 회로 (Voltage Limiting and Clamp Circuits)

실험 목적: 다이오드를 사용한 전압 제한 회로 (Voltage Limiting Circuit)와 크램프 회로 (Clamping Circuit)을 실습하고 그 동작을 분석한다.

실험 기기: DC 전원(Power Supply), 함수 발생기(Function Generator), 오실로스코프, 브래드 보드

실험 준비물: 1N4500 2개, 제너 다이오드 1N752 2개, 1kΩ 1개, 커패시터 1 μF 1 개.

시뮬레이션 7.1: 전압 제한 회로 (Voltage Limiting Circuit)

다이오드의 순방향 전압 강하는 일정한 전압 값에 거의 고정되어 있으며, 다이오드에 역방향 전압이 인가되면 다이오드는 개방 (OFF)된다. 전압 제한 회로는 이러한 다이오드의 I-V 특성 곡선의 비선형성을 이용하여 출력을 일정한 범위로 제한할 수 있는 회로이다. 그림 1 (a) 회로에서 출력 v_O가 다이오드 순방향 전압 강하 값까지 증가할 때까지 다이오드 D는 개방 (OFF) 상태이므로 출력은 입력과 동일하고, v_O가 다이오드 순방향 전압 강하 값에 도달하면 다이오드 D가 'ON'되어 그 이상 증가 하지 못한다. 따라서 출력의 최대 값은 다이오드 순방향 전압 강하 값이다. 그림 1 (b) 회로에서 출력 v_O가 순방향 전압 강하의 음수 값까지 감소할 때까지 다이오드 D는 개방 (OFF)이므로 출력은 입력과 동일하고, v_O가 다이오드 순방향 전압 강하의 음수 값까지 감소하면 다이오드 D가 'ON'되어 순방향 전압 강하의 음수 값 보다 낮은 전압으로 내려가지 못한다.

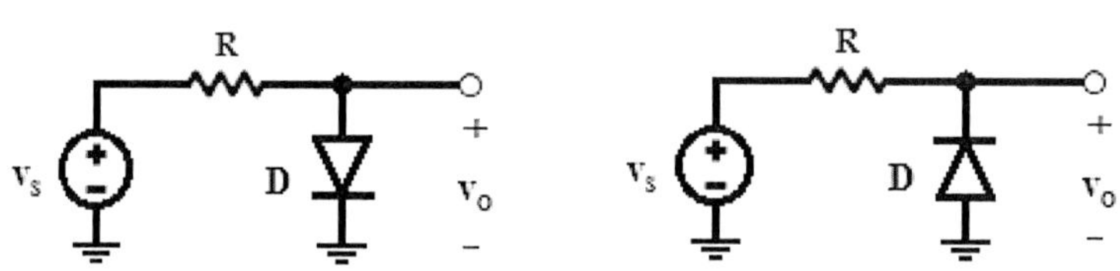

(a) (b)

그림 1. 두 가지 전압 제한 회로. R=1 kΩ, D:1N4500.

시뮬레이션의 요점

- 그림 1 (a), (b) 두 전압 제한 회로의 전달 함수 v_O vs. v_S 그래프를 그린다. v_S의 범위는 DC -1 V~+1 V이다.
- $v_S=2\sin(2\pi1000t)$일 때 그림 1 (a)와 (b) 회로 각각에 대하여 입력 신호와 출력 신호를 같은 그래프에 그려 비교하고 설명한다.

시뮬레이션 7.2: 입력 보호 회로 (Input Protection Circuits)

다이오드의 비선형 특성을 이용한 전압 제한 회로는 집적 회로 등의 시스템을 보호하기 위한 입력 보호 회로로 응용된다. 입력 보호 회로는 시스템에 입력되는 신호의 범위를 제한함으로써 과도한 입력 전압에 의한 시스템의 손상을 방지하는 역할을 한다. 그림 2는 다이오드와 제너 다이오드를 사용한 입력 보호 회로들이다. 순방향 다이오드와 제너 다이오드의 전압 강하가 각각 V_D와 V_z일 때, 그림 2 (a)의 v_O의 범위는 $-2V_D \sim +2V_D$이며, 그림 2 (b)의 v_O의 범위는 $(-V_z-V_D) \sim (V_z+V_D)$이다.

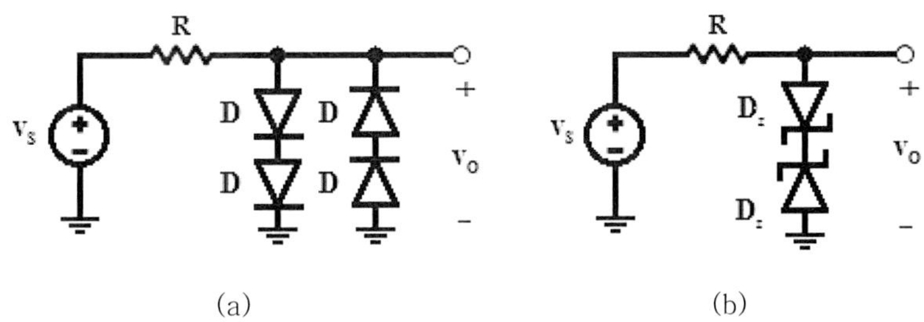

그림 2. 입력 보호 회로, R=1 kΩ. D: 1N4500, D_z: 1N752.

시뮬레이션의 요점

- 전달 함수 그래프: 그림 2 (a)의 입력 보호 회로에서 v_S 전원을 DC -3V에서 3V까지 증가시키면서 v_O vs. v_S의 전달함수를 그린다. 전달 함수 그래프에서 v_O의 최대값 및 최소값을 확인한다.

v_O의 최대값 (V)	v_O의 최소값 (V)

- 그림 2 (a)에서 입력 전압 v_S=3sin(2π1000t) 일 때, v_O의 시간의 함수 그래프를 그리고 v_O의 최대값과 최소값을 구하여 전달 함수에서 구한 값과 비교한다.

v_O의 최대값 (V)	v_O의 최소값 (V)

- 전달 함수 그래프: 그림 2 (b)의 입력 보호 회로에서 v_S 전원을 DC -7V에서 7V까지 증가시키면서 v_O vs. v_S의 전달함수를 그린다. 전달 함수 그래프에서 v_O의 최대값 및 최소값을 확인한다.

v_O의 최대값 (V)	v_O의 최소값 (V)

- 그림 2 (b)에서 입력 전압 v_S=10sin(2π1000t) 일 때, v_O의 시간의 함수 그래프를 그리고 v_O의 최대값과 최소값을 구한다.

v_O의 최대값 (V)	v_O의 최소값 (V)

시뮬레이션 7.3: 크램프 회로 (Clamping Circuits)

크램프 회로는 커패시터와 다이오드로 구성된 회로로 교류 입력 신호의 평균값을 바꾸는 역할을 한다. 그림 3은 크램프 회로이며, 다이오드가 'ON'되었을 때 커패시터 C가 충전되어 다이오드 양단의 출력 전압은 다음 식으로 주어진다.

$$\mathbf{v_O = v_S + v_C} \tag{1}$$

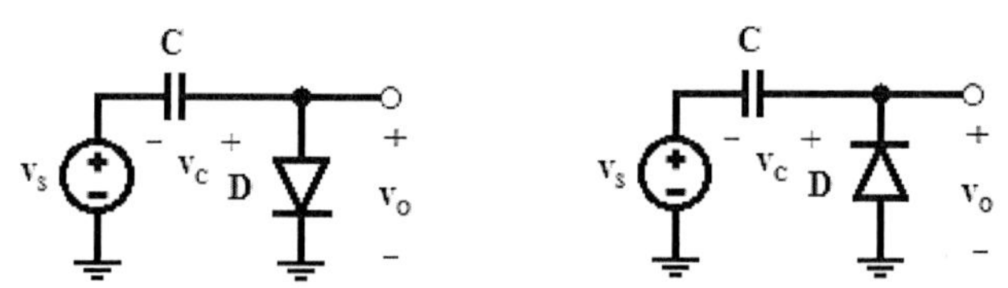

(a) (b)

그림 3. 크램프 회로 (a) v_C<0가 되어 입력신호를 음의 방향으로 이동 시키는 회로, (b) v_C>0 입력신호를 양의 방향으로 이동 시키는 회로. D: 1N4500, C=1 μF.

따라서 그림 3 (a) 회로에서 순수한 교류 입력에 대해 출력 전압의 평균이 음의 방향으로 이동하며, (b) 회로는 출력 전압의 평균이 양의 방향으로 이동한다.

시뮬레이션의 요점

- 그림 3 (a), (b)회로에서 v_S가 진폭 2V, 듀티 (duty) 50 %, 주파수 1 kHz 인 구형파 일 때, 출력 전압 v_O를 관찰하여 신호의 최소값과 최대값을 구하고 v_s와 비교하여 신호의 이동을 측정한다.

회로	v_o의 최소값 (V)	v_o의 최대값 (V)	출력신호의 이동 (V)
(a)			
(b)			

시뮬레이션 7.4: 부하가 연결된 크램프 회로

크램프 회로의 실제 사용시에 부하가 연결되어야 한다. 그림 4 (a), (b)는 부하 저항이 연결된 회로이다. 커패시터에 전하가 충전되는 기간은 다이오드가 'ON' 되어 있을 동안이다. 다이오드가 'OFF' 되면 커패시터에 충전되어 있던 전하는 부하 즉 저항을 통해 방전하게 되고, 출력 전압은 식 (2)와 같이 시정수 RC를 가진 지수 함수적으로 감소 하게 된다.

$$\mathbf{v_O = v_P e^{-t/RC}} \qquad (2)$$

여기에서 v_P는 방전을 시작할 때의 최대 전압이다.

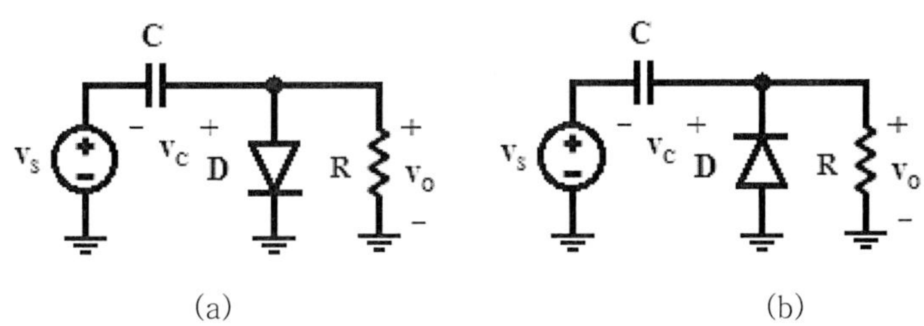

그림 4. 부하를 가진 크램프 회로. 회로에 사용되는 D: 1N4500, C=1 μF, R=1 kΩ.

시뮬레이션의 요점

- 그림 4 (a), (b)회로에서 v_S가 진폭 2V, 듀티 (duty) 50 %, 주파수 1 kHz 인 구형파 일 때, 출력 전압 v_O를 관찰하고 v_s와 비교 한다.
- 출력 전압 v_O로부터 방전을 시작할 때의 전압 v_P와 방전이 끝나고 충전이 시작될 때의 전압 v_f를 기록하고 이론 식 (2)에 의해 RC 값을 구한다. 이 RC 값을 실제 RC 값과 비교한다.

회로	v_P (V)	v_f (V)	RC (sec)	
			계산값 (식 2)	실제값
(a)				
(b)				

실험 7.1: 전압 제한 회로 (Voltage Limiting Circuit)

전압 제한 회로를 구성하여 실험하고 분석한다. 다이오드의 순방향 전압 강하를 V_D라고 하면, 그림 5 (a) 회로의 출력은 V_D값 이상 증가하지 못하고 (b) 회로의 출력은 $-V_D$이하로 감소하지 못한다.

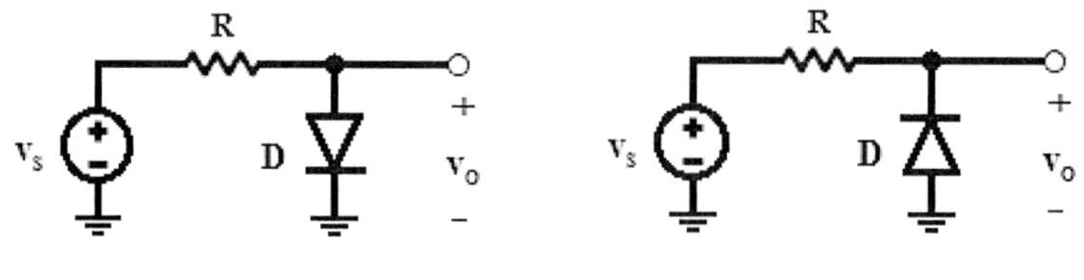

그림 5. 두 가지 전압 제한 회로. R=1 kΩ, D: 1N4500

실험의 요점

- 전달 함수 그래프: 그림 5 (a), (b) 회로 각각의 전달 함수 v_O vs. v_S 그래프를 그린다. v_S의 범위는 -1 V~+1 V이다.
- $v_S=2\sin(2\pi 1000t)$일 때 그림 5 (a), (b) 회로 각각에 대하여 입력 신호와 출력 신호를 비교하고 차이점을 설명한다.

실험 7.2: 입력 보호 회로 (Input Protection Circuits)

입력 보호 회로를 구성하고 실험하여 분석한다. 그림 6은 그림 2를 다시 그린 것이며, 그림 6 (a)에서 사용되는 다이오드는 1N4500이고, 회로 (b)에서 사용되는 제너 다이오드 1N752 (V_z=5.6 V)이다.

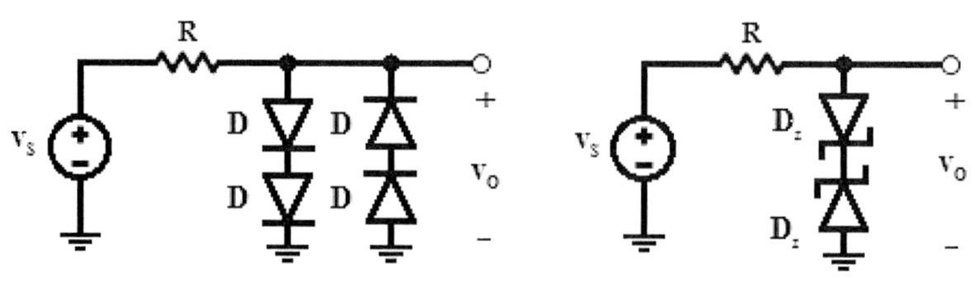

그림 6. 입력 보호 회로 (a) D: 1N4500, (b) D_z: 1N752 (V_z=5.6 V), R=1 kΩ.

실험의 요점

- 그림 6 (a)의 입력 보호 회로에서 v_S 전원을 DC -3V에서 3V까지 증가시키면서 v_O vs. v_S의 전달함수를 그린다. 전달 함수 그래프에서 v_O의 최대값 및 최소값을 확인한다.

v_O의 최대값 (V)	v_O의 최소값 (V)

- 전달 함수 그래프: 그림 6 (a)에서 입력 전압 $v_S=3\sin(2\pi 1000t)$ 일 때, v_O의 시간의 함수 그래프를 그리고 v_O의 최대값과 최소값을 구하여 전달 함수에서 구한 값과 비교한다.

v_O의 최대값 (V)	v_O의 최소값 (V)

- 전달 함수 그래프: 그림 6 (b)의 입력 보호 회로에서 v_S 전원을 DC -7V에서 7V까지 증가시키면서 v_O vs. v_S의 전달함수를 그린다. 전달 함수 그래프에서 v_O의 최대값 및 최소값을 확인한다.

v_O의 최대값 (V)	v_O의 최소값 (V)

- 그림 6 (b)에서 입력 전압 $v_S=10\sin(2\pi 1000t)$ 일 때, v_O의 시간의 함수 그래프를 측정하고 v_O의 최대값과 최소값을 구한다.

v_O의 최대값 (V)	v_O의 최소값 (V)

실험 7.3: 크램프 회로 (Clamping Circuits)

크램프 회로를 구성하고 실험하여 분석한다. 그림 7은 그림 3 회로를 다시 그린 것이며, 다이오드의 연결에 따른 두 가지 크램프 회로를 보여준다. 회로에 사용되는 다이오드는 1N4500, C=1 μF이다.

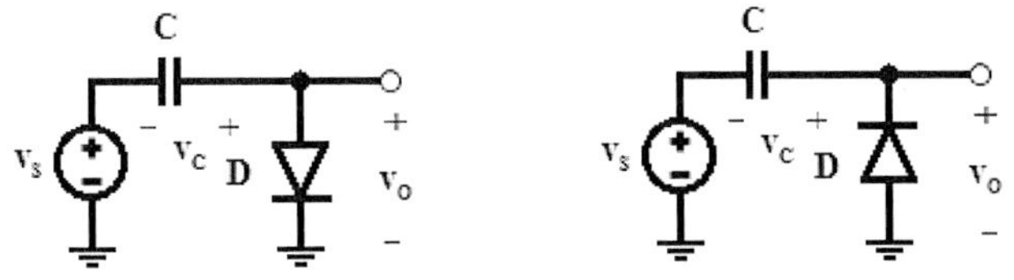

그림 7. 크램프 회로 (a) $v_C<0$가 되어 입력신호를 음의 방향으로 이동 시키는 회로 (b) $v_C>0$ 입력신호를 양의 방향으로 이동 시키는 회로.

실험의 요점

- 그림 7 (a), (b)회로에서 v_S가 진폭 2V(-1~+1 V), 듀티 (duty) 50 %, 주파수 1 kHz 인 구형파 일 때, 출력 전압 v_O를 관찰하여 신호의 최소값과 최대값을 구하고 v_s와 비교하여 신호의 이동을 측정한다.

회로	v_o의 최소값 (V)	v_o의 최대값 (V)	출력신호의 이동 (V)
(a)			
(b)			

실험 7.4: 부하가 연결된 크램프 회로

부하가 연결된 크램프 회로를 구성하고 실험하여 분석한다. 그림 8 은 그림 4를 다시 그린 것이다.

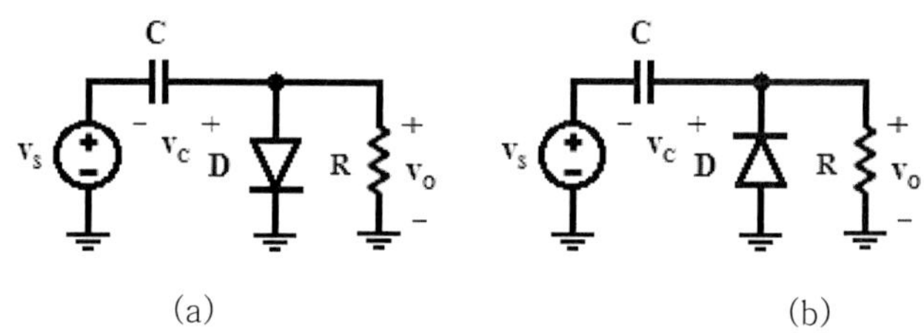

그림 8. 부하를 가진 크램프 회로. D: 1N4500, C=1 μF, R=1 kΩ.

실험의 요점

- 그림 8 (a), (b)회로에서 v_S가 진폭 2V, 듀티 (duty) 50 %, 주파수 1 kHz 인 구형파 일 때, 출력 전압 v_O를 관찰하고 v_s와 비교 한다.
- 출력 전압 v_O로부터 방전을 시작할 때의 전압 v_P와 방전이 끝나고 충전이 시작될 때의 전압 v_f를 기록하고 이론 식 (2)에 의해 RC 값을 구한다. 그리고 이 RC 값을 실제 RC 값과 비교한다.

회로	v_P (V)	v_f (V)	RC (sec)	
			계산값 (식 2)	실제값
(a)				
(b)				

실험 8 MOSFET의 전류-전압 특성 및 소자 파라메타

실험목적: MOSFET의 전압-전류 특성과 소자 파라메타, 즉 문턱 전압, 선형영역에서의 저항 값, 포화영역의 소신호 저항 값, 그리고 Early 전압 V_A를 측정한다.

실험 장비: DC 전원(Power Supply), 함수 발생기(Function Generator), 오실로스코프, 브래드보드, 멀티메타

실험 준비물: MC14007UBCP(dual complementary pair plus inverter: 3개의 NMOSFETFET와 3개의 PMOSFETFET로 구성되어 있다.)

MC14007UB의 핀 배열 및 회로연결:

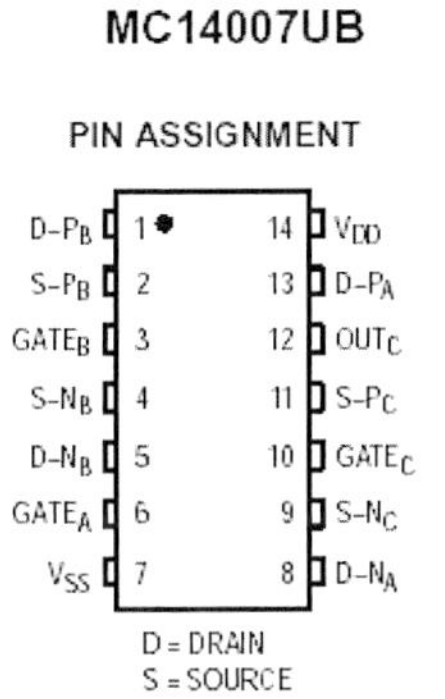

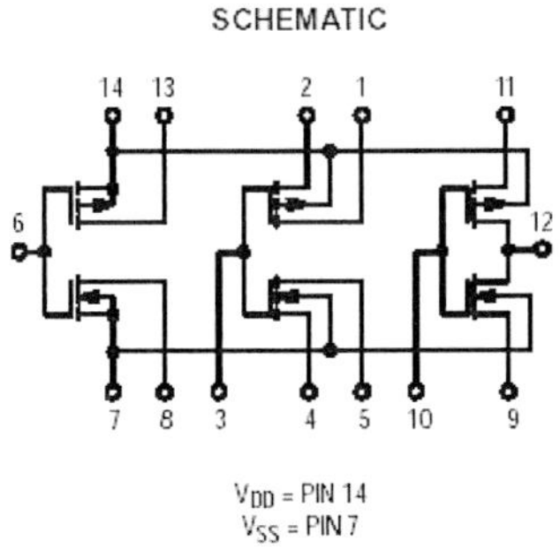

* V_{DD}는 회로에서 제일 높은 전압(ex: V_{DD}=10 V), V_{SS}는 회로에서 제일 낮은 전압(ex: 접지 혹은 V_{SS}=-10 V)를 반드시 연결하여 칩을 사용해야 한다.

시뮬레이션 8.1: NMOSFET의 I_{DS} vs. V_{DS} (매개 변수 V_{GS})

NMOSFET의 단자 전압 V_{GS} 및 V_{DS}의 함수로 변화하는 전류 I_{DS}를 시뮬레이션을 통해 관찰하고 분석한다. 주어진 문턱 전압 V_{TN}을 가진 NMOSFET의 전류 I_{DS}는 게이트와 소스간의 전압 V_{GS}와 드레인과 소스간의 전압 V_{DS}에 의해 결정된다. 그림 1은 NMOSFET의 기준 전류 방향과 전압의 극을 보여준다.

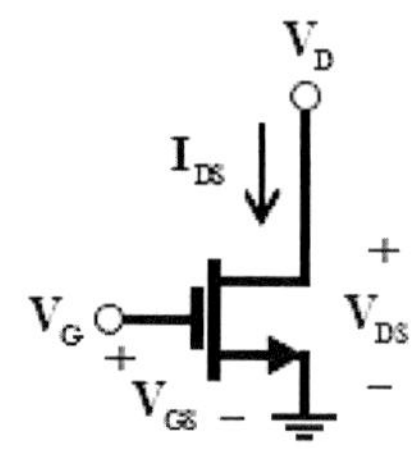

그림 1. NMOSFET의 전류 방향 및 전압의 극.

NMOSFET의 채널은 게이트와 소스간의 전압 V_{GS}가 문턱 전압 V_{TN}이상 되어야 형성된다. 일단 채널이 형성되면 드레인과 소스간의 전압 V_{DS}에 의해 드레인 전류 I_{DS}가 드레인에서 소스 방향으로 흐르게 된다. NMOSFET의 문턱전압 V_{TN}은, $V_{DS}>0$일 때, 드레인 전류 I_{DS}가 흐르기 시작할 때의 V_{GS} 전압이다. $V_{DS}<V_{GS}-V_{TN}$ 일 때, I_{DS}, V_{GS}, V_{DS}의 관계는 식 (1)로 표현된다.

$$\mathbf{I_{DS} = \mu_n C_{ox} \frac{W}{L}\left\{\left(V_{GS} - V_{TN}\right)V_{DS} - \frac{{V_{DS}}^2}{2}\right\}} \tag{1}$$

여기에서 μ_n은 채널 전자의 이동도, C_{ox}는 게이트의 단위면적당 커패시턴스, W는 NMOSFET채널의 너비, L은 NMOSFET 채널의 길이이다. V_{DS}가 아주 작은 값이면 ($V_{DS}<<V_{GS}-V_{TN}$) V_{DS}^2항이 무시되고, 식 (2)에서와 같이 I_{DS}와 V_{DS}가 선형관계를 가지게 된다. 결과적으로NMOSFET의 이러한 동작 영역은 선형영역 동작으로 불린다.

$$\mathbf{I_{DS} = \mu_n C_{ox} \frac{W}{L}\left(V_{GS} - V_{TN}\right)V_{DS}} \tag{2}$$

선형영역에서 MOSFET의 저항 값 r_{DS}는 다음 식으로 주어진다.

$$\mathbf{r_{DS} = \frac{V_{DS}}{I_{DS}} = \frac{1}{\mu_n C_{ox} \frac{W}{L}\left(V_{GS} - V_{TN}\right)}} \tag{3}$$

그리고 전압 V_{DS}와 V_{GS}의 관계에서, $V_{DS} \geq V_{GS}-V_{TN}$이면 드레인 전류 I_{DS}는 $V_{DS}=V_{GS}-V_{TN}$일 때의 전류 값 I_{DSsat}에 포화 된다. 이 때의V_{DS}가 포화 드레인-소스 전압 (Saturation Drain Voltage) V_{DSsat} 혹은 오버드라이버 전압 V_{OV}이다. 포화 영역에서의 I_{DS}를 V_{GS} 혹은 V_{OV}로 표현하면 식 (4)가 된다.

$$\mathbf{I_{DSsat} = \frac{1}{2}\mu_n C_{ox}\frac{W}{L}\left(V_{GS} - V_{TN}\right)^2 = \frac{1}{2}\mu_n C_{ox}\frac{W}{L}V_{OV}^{\ 2}} \tag{4}$$

포화영역에서 I_{DS}와 V_{DS}의 관계는 더 이상 선형이 아니다. 식 (4)에서 보는 바와 같이 I_{DS}와 V_{DS}는 서로 독립적인 관계이며, I_{DS}는 V_{GS}^2에 비례하는 관계가 된다. 따라서 포화영역에서 소자의 출력 저항 $r_o(=1/(\partial I_{DS}/\partial V_{DS}))$는 무한대이다. 그러나 실제 소자에서는 V_{DS} 값에 따른 채널 길이 변동(Channel Length Modulation)에 의해 I_{DS}는 다음 식과 같이 V_{DS}의 함수가 된다.

$$\mathbf{I_{DSsat} = \frac{1}{2}\mu_n C_{ox}\frac{W}{L}\left(V_{GS} - V_{TN}\right)^2\left(1 + \lambda V_{DS}\right)} \tag{5}$$

채널 길이 변동 효과를 포함한 드레인 전류 식 (5)로부터 소자의 출력 저항 r_o는 더 이상 무한대가 아니고 일정한 값을 가지며 다음 식으로 주어진다.

$$\mathbf{r_o = \frac{\Delta V_{DS}}{\Delta I_{DS}} = \frac{1}{\frac{\lambda}{2}\mu_n C_{ox}\frac{W}{L}\left(V_{GS} - V_{TN}\right)^2} = \frac{1}{\lambda I_{DS}} = \frac{V_A}{I_{DS}}} \tag{6}$$

여기에서 $V_A=1/\lambda$이며 얼리 전압 (Early Voltage)이다. 그리고 I_{DS}는 채널 길이 변동이 없을 때의 값이다.

지금까지 NMOSFET의 주요 특성인 전류-전압 관계, 문턱전압 V_{TN}, 선형 영역 저항 r_{DS}, 포화 영역 출력 저항 r_o에 대해 알아보았다. 이러한 특성을 분석하기 위한 시뮬레이션은 SPICE를 사용하여 수행한다.

시뮬레이션의 요점

- NMOSFET의 I_{DS} vs. V_{DS} (매개 변수 V_{GS}): 그림 1회로에서 V_{GS}=3 V와 4 V 일 때 V_{DS}를 0에서 10 V까지 증가시키면서 I_{DS} vs. V_{DS} 그래프를 얻는다. 각 V_{GS} 전압에 대해
  A. V_{DSsat}을 구한다 (V_{TN}은 model parameter의 값 사용).
  B. I_{DS} vs. V_{DS}그래프의 선형영역에서 NMOSFET의 저항 값 r_{DS}를 구한다.

C. I_{DS} vs. V_{DS}그래프에서 NMOSFET의 포화 V_{DS} 전압 V_{DSsat}와 포화 영역에서 소자의 출력 저항 $r_o=\Delta V_{DS}/\Delta I_{DS}$를 구한다.

D. I_{DS} vs. V_{DS}그래프의 포화영역에서 식 (6)을 이용하여 출력저항 r_o의 값으로부터 $\lambda(=1/V_A)$를 구한다.

E. PSpice AD를 사용한 시뮬레이션 방법이 다음에 설명된다.

V_{GS}=3 V				V_{GS}=4 V			
r_{DS} (Ω)	V_{DSsat} (V)	r_o (Ω)	λ (1/V)	r_{DS} (Ω)	V_{DSsat} (V)	r_o (Ω)	λ (1/V)

- **PSpice AD를 사용한 회로 시뮬레이션**

PSpice AD를 이용한 시뮬레이션 과정에 대해 설명한다. 모델 파라메타 (model parameters)가 주어진 소자를 사용할 때 PSpice AD를 사용하여 시뮬레이션을 수행한다. 시뮬레이션 8.1 NMOSFET의 I_{DS} vs. V_{GS} (매개 변수 V_{DS})을 예로 들어 설명한다.

(1) PSpice AD를 사용한 회로 시뮬레이션을 위해서는 먼저 시뮬레이션 하고자 하는 회로가 netlist로 변환되어야 한다. 그 netlist는 '.cir' file로 저장된다 (예. MOS_IDvsVGS.cir). 그림 1. 회로가 netlist로 변환된 MOS_IDSvsVGS.cir file의 작성은 그림 2와 같이 File→New→Text File메뉴를 사용하여 Text1 창을 생성하면서 시작한다.

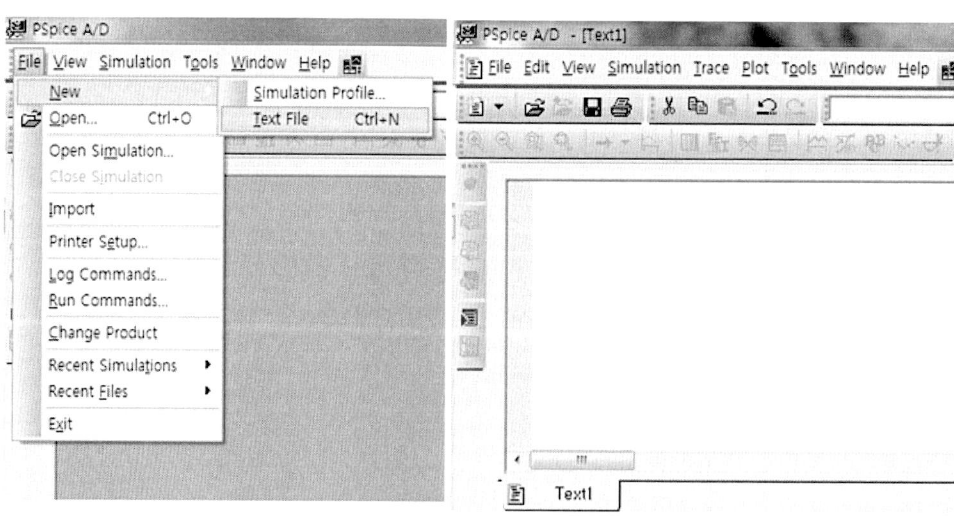

그림 2. 회로의 netlist를 입력할 Text 창 열기.

(2) 회로로부터 netlist로 변환하기 위해서는 그림 3과 같이 같이 각 노드에 번호가 부여되어야 한다. 그림 3에 임의로 부여된 번호를 이용하여 netlist가 PSpice 형식에 따라 Text1창에 netlist를 작성한다.

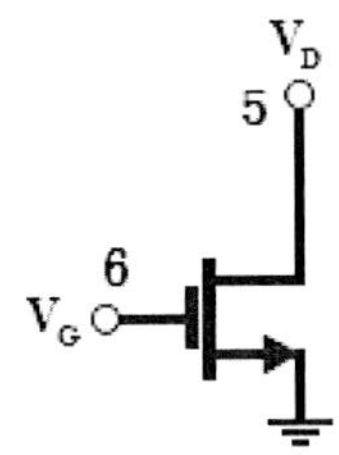

그림 3. 그림 1의 회로에 노드 번호를 부여한 회로.

그림 4는 그림 3의 회로를 PSpice AD netlist로 변환한 것이다. 첫 번째 줄은 title 혹은 comment를 적는 공간이다. 그리고 NMOSFET소자를 위해 소자의 특성 파라메타를 제공하는 model parameter(.model)가 netlist에 반드시 포함되어 있어야 한다. 나머지 PSpice Netlist 작성법은 그림 4의 파일을 참고로 하면 된다.

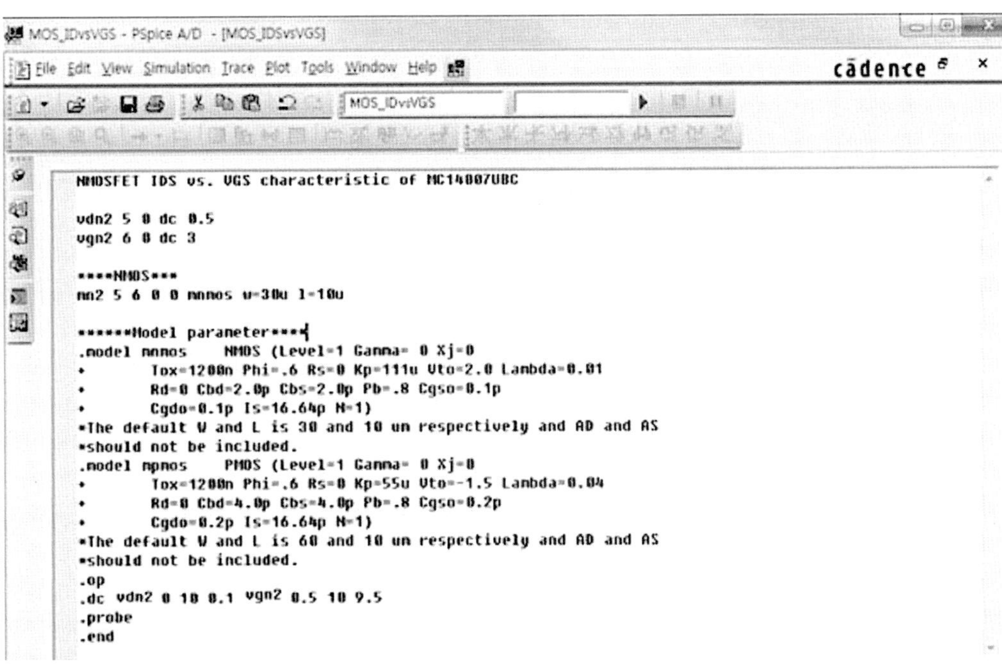


```
NMOSFET IDS vs. VGS characteristic of MC14007UBC

vdn2 5 0 dc 0.5
vgn2 6 0 dc 3

****NMOS***
mn2 5 6 0 0 mnmos w=30u l=10u

******Model parameter***
.model mnmos     NMOS (Level=1 Gamma= 0 Xj=0
+        Tox=1200n Phi=.6 Rs=0 Kp=111u Vto=2.0 Lambda=0.01
+        Rd=0 Cbd=2.0p Cbs=2.0p Pb=.8 Cgso=0.1p
+        Cgdo=0.1p Is=16.64p N=1)
*The default W and L is 30 and 10 um respectively and AD and AS
*should not be included.
.model mpmos     PMOS (Level=1 Gamma= 0 Xj=0
+        Tox=1200n Phi=.6 Rs=0 Kp=55u Vto=-1.5 Lambda=0.04
+        Rd=0 Cbd=4.0p Cbs=4.0p Pb=.8 Cgso=0.2p
+        Cgdo=0.2p Is=16.64p N=1)
*The default W and L is 60 and 10 um respectively and AD and AS
*should not be included.
.op
.dc vdn2 0 10 0.1 vgn2 0.5 10 9.5
.probe
.end
```

그림 4. 그림 3 회로의 PSpice netlist.

여기에서 주의해야 할 점은 netlist는 확장자가 '.cir'인 파일로 저장되어야 한다. 그림 4의 MOS_IDSvsVGS 파일은 File→Save As를 수행해 'MOS_IDSvsVGS.cir'의 파일 이름으로 저장되어야 한다. 그리고 파일 이름은 영어 파일 이름만 가능하다. 저장된 'MOS_IDSvsVGS.cir' file은 File→Open 명령어에 의해 활성화 (activation) 되어 시뮬레이션에 비로서 사용될 수 있다. netlist 작성에 대한 기본적인 내용은 아래에 소개된 웹사이트 'The Spice Home Page'를 참조한다.

http://bwrcs.eecs.berkeley.edu/Classes/IcBook/SPICE/

시뮬레이션 8.2: PMOSFET의 I_{SD} vs. V_{SD} (매개 변수 V_{SG})

PMOSFET의 경우에도 NMOSFET와 소자 동작 개념이 동일하다. 그러나 전류의 방향과 전압의 극이 반대가 되므로, 독자들의 이해를 돕기 위해 PMOSFET의 전류-전압 특성이 따로 설명된다. PMOSFET에서 단자 전압 V_{SG} 및 V_{SD}의 함수로 변화하는 전류 I_{SD}를 시뮬레이션을 통해 관찰하고 분석한다. PMOSFET의 전류 I_{SD}는 소스와 게이트간의 전압 V_{SG}와 소스와 드레인간의 전압 V_{SD}에 의해 결정된다. 그림 5는 PMOSFET의 기준 전류 방향과 전압의 극을 보여준다.

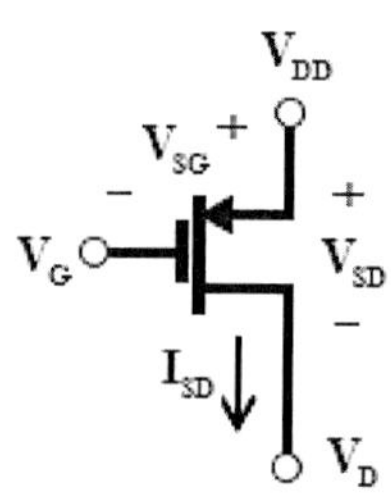

그림 5. PMOSFET의 전류 방향 및 전압의 극.

PMOSFET의 채널은 소스와 게이트간의 전압 V_{SG}가 문턱 전압 $|V_{TP}|$이상 되어야 형성된다. 일단 채널이 형성되면 소스와 드레인간의 전압 V_{SD}에 의해 드레인 전류 I_{SD}가 소스에서 드레인 방향으로 흐르게 된다. PMOSFET의 문턱전압 $|V_{TP}|$는, $V_{SD}>0$ 일 때, 드레인 전류 I_{SD}가 흐르기 시작할 때의 V_{SG} 전압이 된다. $V_{SD}<V_{SG}-|V_{TP}|$ 일 때, I_{SD}, V_{SG}, V_{SD}의 관계는 식 (7)로 표현된다.

$$\mathbf{I_{SD} = \mu_P C_{ox} \frac{W}{L}\left\{\left(V_{SG} - |V_{TP}|\right)V_{SD} - \frac{V_{SD}^{\ 2}}{2}\right\}} \tag{7}$$

여기에서 μ_p은 채널 정공의 이동도, C_{ox}는 게이트의 단위면적당 커패시턴스, W는 채널의 너비, L은 채널의 길이이다. V_{SD}가 아주 작은 값이면 ($V_{SD}<<V_{SG}-|V_{TP}|$) 식 (7)의 V_{SD}^2항이 무시되고, 식 (8)에서와 같이 I_{SD}와 V_{SD}가 선형관계를 가지게 된다. 결과적으로PMOSFET의 이러한 동작은 선형영역 동작으로 불린다. 선형영역에서 NMOSFET와 마찬가지로 PMOSFET는 저항으로도 사용된다.

$$\mathbf{I_{SD} = \mu_p C_{ox} \frac{W}{L}\left(V_{SG} - |V_{TP}|\right) V_{SD}} \tag{8}$$

선형영역에서 PMOSFET의 저항 값 r_{SD}는 다음 식으로 주어진다

$$\mathbf{r_{SD} = \frac{V_{SD}}{I_{SD}} = \frac{1}{\mu_p C_{ox} \frac{W}{L}\left(V_{SG} - |V_{TP}|\right)}} \tag{9}$$

그리고 전압 V_{SD}와 V_{SG}의 관계에서, $V_{SD} \geq V_{SG} - |V_{TP}|$이면 드레인 전류 I_{SD}는 $V_{SD} = V_{SG} - |V_{TP}|$일 때의 전류 값 I_{SDsat}에 포화 된다. 이 때의 V_{SD}가 포화 드레인-소스 전압 (Saturation Drain Voltage) V_{SDsat} 혹은 오버드라이버 전압 V_{OV}이다. 포화 영역에서의 I_{SD}를 V_{SG} 혹은 V_{OV}으로 표현하면 식 (10)이 된다.

$$\mathbf{I_{SDsat} = \frac{1}{2}\mu_p C_{ox} \frac{W}{L}\left(V_{SG} - |V_{TP}|\right)^2 = \frac{1}{2}\mu_p C_{ox} \frac{W}{L} V_{OV}^{\ 2}} \tag{10}$$

포화영역에서 I_{SD}와 V_{SD}의 관계는 더 이상 선형이 아니다. 식 (10)에서 보는 바와 같이 포화영역에서 I_{SD}는 V_{SD}와 서로 독립적인 관계이지만, V_{SG}^2에 비례하는 관계가 된다. 따라서 포화영역에서 소자의 출력 저항 $r_o(=1/(\partial I_{SD}/\partial V_{SD}))$는 무한대이다. 그러나 실제 소자에서는 V_{SD} 값에 따른 채널 길이 변동(Channel Length Modulation)에 의해 I_{SD}는 다음 식과 같이 V_{SD}의 함수가 된다.

$$\mathbf{I_{SDsat} = \frac{1}{2}\mu_p C_{ox} \frac{W}{L}\left(V_{SG} - V_{TP}\right)^2 \left(1 + \lambda V_{SD}\right)} \tag{11}$$

채널 길이 변동 효과를 포함한 드레인 전류 식 (11)로부터 소자의 출력 저항 r_o는 더 이상 무한대가 아니고 일정한 값을 가지며 다음 식으로 주어진다.

$$\mathbf{r_o = \frac{\Delta V_{SD}}{\Delta I_{SD}} = \frac{1}{\frac{\lambda}{2}\mu_p C_{ox} \frac{W}{L}\left(V_{SG} - V_{TP}\right)^2} = \frac{1}{\lambda I_{SD}} = \frac{V_A}{I_{SD}}} \tag{12}$$

여기에서 $V_A=1/\lambda$이며 얼리 전압 (Early Voltage)이다. 그리고 I_{SD}는 채널 길이 변동이 없을 때의 값이다.
지금까지 PMOSFET의 주요 특성인 전류-전압 관계, 문턱전압 V_{TP}, 선형 영역 저항 r_{SD}, 포화 영역 출력 저항 r_o에 대해 알아보았다.

시뮬레이션의 요점

- PMOSFET의 I_{SD} vs. V_{SD} (매개 변수 V_{SG}): 그림 5회로에서 V_{SG}=3 V와 4V 일 때 V_{SD}를 0에서 10 V까지 증가시키면서 I_{SD} vs. V_{SD} 그래프를 얻는다. 각 V_{SG} 전압에 대해
  A. V_{SDsat}을 구한다 (V_{TP}는 model parameter의 값 사용).
  B. I_{SD} vs. V_{SD}그래프의 선형영역에서 PMOSFET의 저항값 r_{SD}를 구한다.
  C. I_{SD} vs. V_{SD}그래프에서 PMOSFET의 포화 영역에서 소자의 출력 저항 r_o를 구한다.
  D. I_{SD} vs. V_{SD}그래프의 포화영역에서 식 (12)를 이용하여 출력저항 r_o의 값으로부터 $\lambda(=1/V_A)$를 구한다.

V_{SG}=3 V				V_{SG}=4 V			
r_{SD} (Ω)	V_{SDsat} (V)	r_o (Ω)	λ (1/V)	r_{SD} (Ω)	V_{SDsat} (V)	r_o (Ω)	λ (1/V)

시뮬레이션 8.3: Diode-Connected NMOSFET의 I_{DS} vs. V_{GS}: V_{TN}, k_n 계산

게이트를 드레인에 직접 연결한 NMOSFET을 Diode-Connected NMOSFET이라고 한다. 그림 6은 Diode-Connected NMOSFET의 전압 극과 전류 방향을 표시한다. Diode-Connected NMOSFET은 게이트와 드레인이 연결되어 있기 때문에 두 개의 단자만을 사용하며, $V_{GS}\geq V_{TN}$이면 항상 포화영역에서 동작한다.

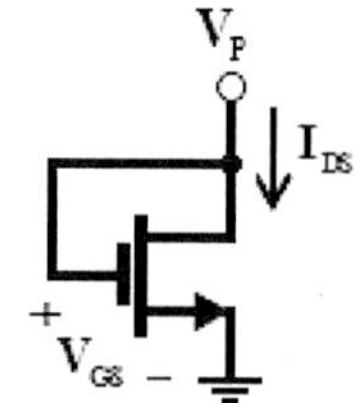

그림 6. Diode-Connected NMOSFET.

따라서 전압 V_{GS}와 전류 I_{DS}의 관계는 항상 포화영역 전류 식 (13)으로 표시된다. 식 (13)은 문제를 단순화 하기 위해 채널 길이 변동 (Channel Length Modulation) 효과를 무시한 것이다.

$$I_{DS} = \frac{1}{2}\mu_n C_{ox}\frac{W}{L}(V_{GS} - V_{TN})^2 = \frac{1}{2}k_n(V_{GS} - V_{TN})^2 \tag{13}$$

식 (13)은 또한 NMOSFET의 문턱 전압 V_{TN}과 비례 상수 k_n를 구하는 중요한 식이기도 하다. 문턱전압을 구하기 위해서는 식 (13)의 양변에 제곱근을 취하면 다음 식 (14)가 된다.

$$\sqrt{I_{DS}} = \sqrt{k_n / 2}(V_{GS} - V_{TN}) \tag{14}$$

위의 $\sqrt{I_{DS}}$ vs. V_{GS} 그래프에서 수평축과 만나는 V_{GS}값이 문턱 전압 V_{TN}이 되고, 기울기의 제곱을 두 배 하면 k_n 값이 된다.

시뮬레이션의 요점

- Diode-connected NMOSFET의 I_{DS} vs. V_{GS}: 그림 6 회로에서 V_P 전압을 0에서 6 V까지 증가시키면서 I_{DS} vs. V_{GS} 그래프를 얻는다. I_{DS} vs. V_{GS} 그래프로부터 $\sqrt{I_{DS}}$ vs. V_{GS} 그래프를 구한 다음 V_{TN}과 k_n을 구한다.

V_{TN} (V)	k_n (mA/V^2)

시뮬레이션 8.4: Diode-Connected PMOSFET의 I_{SD} vs. V_{SG}: V_{TP}, k_p 계산

게이트와 드레인을 직접 연결한 PMOSFET을 Diode-Connected PMOSFET이라고 한다. 그림 7은 Diode-Connected PMOSFET의 전압 극과 전류 방향을 표시한다. Diode-Connected PMOSFET은 게이트와 드레인이 연결되어 있기 때문에 두 개의 단자만을 사용하며, $V_{SG} \geq |V_{TP}|$이면 항상 포화영역에서 동작한다.

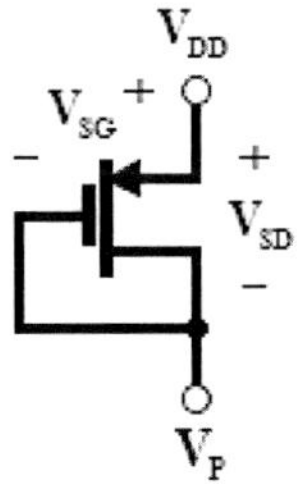

그림 7. Diode-Connected PMOSFET. V_{DD}=10 V.

따라서 전압 V_{SG}와 전류 I_{SD}의 관계는 항상 다음 포화영역 전류 식 (15)로 표시된다. 식 (15)는 NMOSFET의 경우와 같이 채널 길이 변동 (Channel Length Modulation) 효과를 무시한 것이다.

$$I_{SD} = \frac{1}{2}\mu_p C_{ox}\frac{W}{L}\left(V_{SG} - |V_{TP}|\right)^2 = \frac{1}{2}k_P\left(V_{SG} - |V_{TP}|\right)^2 \qquad (15)$$

문턱전압을 구하기 위해서는 식 (15)의 양변에 제곱근을 취하면 다음 식 (16)이 된다.

$$\sqrt{I_{SD}} = \sqrt{k_p / 2}\left(V_{SG} - |V_{TP}|\right) \qquad (16)$$

위의 $\sqrt{I_{SD}}$ vs. V_{SG} 그래프에서 수평축과 만나는 V_{SG}값이 문턱 전압 $|V_{TP}|$가 되고, 기울기의 제곱을 두 배 하면 k_p 값이 된다.

시뮬레이션의 요점

- Diode-connected PMOSFET의 I_{SD} vs. V_{SG}: 그림 7 회로에서 V_P 전압을 10에서 0 V까지 증가시키면서 I_{SD} vs. V_{SG} 그래프를 얻는다. I_{SD} vs. V_{SG} 그래프로부터 $\sqrt{I_{SD}}$ vs. V_{SG} 그래프를 구한 다음 V_{TP}과 k_p를 구한다.

V_{TP} (V)	k_p (mA/V^2)

실험8.1: NMOSFET의 I_{DS} vs. V_{DS} (매개 변수 V_{GS})

NMOSFET MC14007UBCP의 I_{DS} vs. V_{DS} (매개 변수 V_{GS})를 측정한다. 그림8은 I_{DS} vs. V_{DS} (매개 변수 V_{GS}) 특성을 측정하기 위한 회로이다.

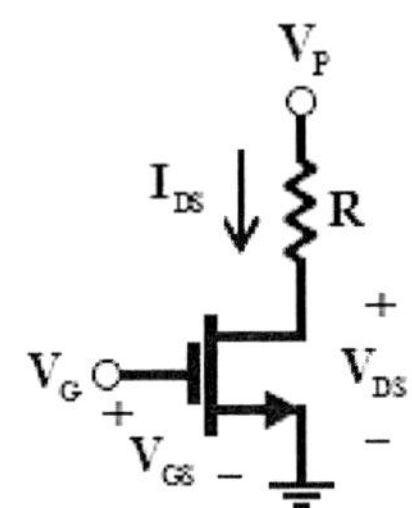

그림 8. NMOSFET의 I_{DS} vs. V_{DS} (매개 변수 V_{GS})를 측정하기 위한 회로. NMOSFET의 기판 전압 V_{SS}=0 V.

V_{DS}를 0 V에서 10 V까지 변화 시키기 위해 V_P값을 적절하게 변화 시킨다. 전류 I_{DS}를 측정하기 위해 저항 R=1 kΩ을 사용하며, 전류 값은 다음 식으로 주어진다.

$$\mathbf{I_{DS} = \frac{V_P - V_{DS}}{R}} \tag{17}$$

실험의 요점

- NMOSFET의 I_{DS} vs. V_{DS} (매개 변수 V_{GS}): 그림 8 회로에서 V_{GS}=3 V와 4 V 일 때 V_{DS}를 0에서 10 V까지 증가시키면서 다음 표를 작성하여 I_{DS} vs. V_{DS} 그래프를 얻는다.

V_{GS}=3 V			V_{GS}=4 V		
V_P (V)	V_{DS} (V)	I_{DS} (mA)	V_P (V)	V_{DS} (V)	I_{DS} (mA)
0					
:					
.					
10					

A. V_{GS}=3 V와 4 V일 때, I_{DS} vs. V_{DS}그래프의 선형영역에서 NMOSFET의 저항값 r_{DS}를 구한다.

B. I_{DS} vs. V_{DS}그래프에서 NMOSFET의 포화 V_{DS} 전압 (=V_{DSsat})과 포화 영역에서 소자의 출력 저항 r_o와 λ를 구한다. (V_{TN}값은 simulation 8.3에서 구한 값을 사용)

V_{GS}=3 V				V_{GS}=4 V			
r_{DS} (Ω)	V_{DSsat} (V)	r_o (Ω)	λ (1/V)	r_{DS} (Ω)	V_{DSsat} (V)	r_o (Ω)	λ (1/V)

실험 8.2: PMOSFET의 I_{SD} vs. V_{SD} (매개 변수 V_{SG})

PMOSFET MC14007UBCP의 I_{SD} vs. V_{SD} (매개 변수 V_{SG})를 측정한다. 그림9는 I_{SD} vs. V_{SD} (매개 변수 V_{SG}) 특성을 측정하기 위한 회로이다.

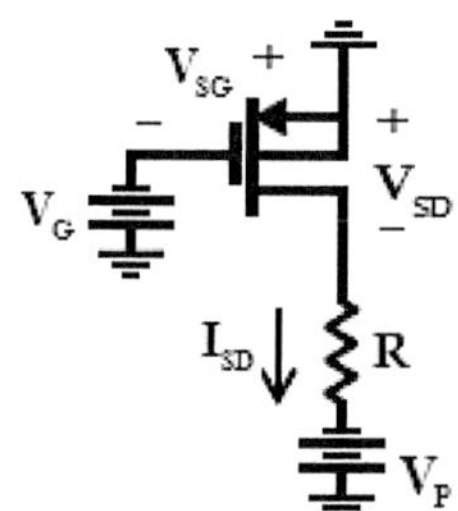

그림 9. PMOSFET의 I_{SD} vs. V_{SD} (매개 변수 V_{SG})를 측정하기 위한 회로. PMOSFET의 소스와 기판이 접지에 연결되어 있음에 유의해야 한다.

그림 9에서V_{SG}를 $|V_{TP}|$보다 큰 특정한 값에 고정 시켜 소스와 드레인 사이에 P-채널을 형성한 상태에서, V_P값을 0 V에서 10 V까지 변화 시키면V_{SD}는 10 V에서 0 V까지 변화하게 된다. 따라서 I_{SD} vs. V_{SD} 그래프를 측정할 수 있다. 회로에서 저항 R=1 kΩ을 사용하며, 전류 값은 (18) 식으로 주어진다.

$$I_{SD} = \frac{V_D - V_P}{R} \tag{18}$$

실험의 요점

- PMOSFET의 I_{SD} vs. V_{SD} (매개 변수 V_{SG}): 그림 9 회로에서 V_{SG}=3 V와 4 V 일 때 V_{SD}를 0에서 10 V까지 증가시키면서 다음 표를 작성하여 I_{SD} vs. V_{SD} 그래프를 얻는다.

V_{SG}=3 V			V_{SG}=4 V		
V_P (V)	V_{SD} (V)	I_{SD} (mA)	V_P (V)	V_{SD} (V)	I_{SD} (mA)
0					
:					
10					

A. V_{SG}=3 V와 4 V 일 때 I_{SD} vs. V_{SD}그래프의 선형영역에서 PMOSFET의 저항값 r_{SD}를 구한다.

B. I_{SD} vs. V_{SD}그래프에서 PMOSFET의 포화 V_{SD} 전압 (=V_{SDsat})과 포화 영역에서 소자의 출력 저항 r_o와 λ를 구한다. (V_{TP}값은 simulation 8.4에서 구한 값을 사용)

V_{SG}=3 V				V_{SG}=4 V			
r_{SD} (Ω)	V_{SDsat} (V)	r_o (Ω)	λ (1/V)	r_{SD} (Ω)	V_{SDsat} (V)	r_o (Ω)	λ (1/V)

실험 8.3: Diode-Connected NMOSFET의 I_{DS} vs. V_{GS}: V_{TN}, k_n 측정

Diode-Connected NMOSFET의 I_{DS} vs. V_{GS}을 측정한다. 그림 10은 I_{DS} vs. V_{GS}를 측정하기 위한 회로이다.

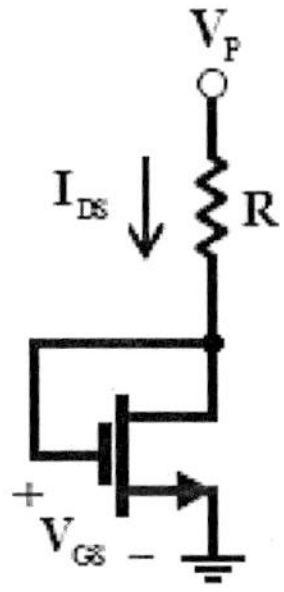

그림 10. Diode-Connected NMOSFET의 I_{DS} vs. V_{GS} 측정 회로 R=1 kΩ.

그림 10의 V_{GS}를 0 V에서 10 V까지 변화 시키기 위해 V_P값을 적절하게 변화 시킨다. 전류 I_{DS}를 측정하기 위해 저항 R=1 kΩ을 사용하며, 전류 값은 (19) 식으로 주어진다.

$$\mathbf{I_{DS}} = \frac{\mathbf{V_P - V_{GS}}}{\mathbf{R}} \tag{19}$$

실험의 요점

- Diode-connected NMOSFET의 I_{DS} vs. V_{GS}: 그림 10 회로에서 V_P를 조절하여, V_{GS} 전압 범위 0~10 V에서 다음 표를 만들어 $\sqrt{I_{DS}}$ vs. V_{GS} 그래프를 얻는다.

V_P (V)	V_{GS} (V)	I_{DS} (mA)	$\sqrt{I_{DS}}$ ($\sqrt{mA}$)
0	0		
:	:		
	10		

- $\sqrt{I_{DS}}$ vs. V_{GS} 그래프로부터 V_{TN}과 k_n을 구한다. k_n은 $\sqrt{I_{DS}}$ vs. V_{GS} 그래프의 기울기로부터 구한다 (식 (14) 참조)

V_{TN} (V)	k_n (mA/V^2)

실험 8.4: Diode-Connected PMOSFET의 I_{SD} vs. V_{SG}: V_{TP}, k_p 측정

Diode-Connected PMOSFET의 I_{SD} vs. V_{SG}을 측정한다. 그림 11은 I_{SD} vs. V_{SG}를 측정하기 위한 회로이다

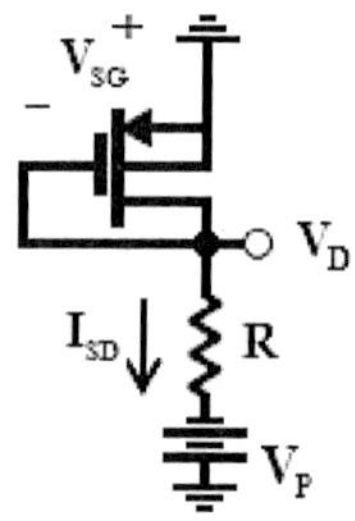

그림 11. Diode-Connected PMOSFET. R=1 kΩ.

V_{SG}를 0 V에서 10 V까지 변화 시키기 위해 V_P값을 적절하게 변화 시킨다. 전류 I_{SD}를 측정하기 위해 저항 R=1 kΩ을 사용하며, 전류 값은 (20) 식으로 주어진다.

$$I_{SD} = \frac{V_D - V_P}{R} \tag{20}$$

실험의 요점

- Diode-connected PMOSFET의 I_{SD} vs. V_{SG}: 그림 11 회로에서 V_P 전압을 변화시키면서 다음 표를 만들어 V_{SG}가 0에서 10 V의 범위에서 $\sqrt{I_{SD}}$ vs. V_{SG} 그래프를 얻는다.

V_P (V)	V_{SG} (V)	I_{SD} (mA)	$\sqrt{I_{SD}}$ ($\sqrt{mA}$)
0			
:	:		
	10		

- $\sqrt{I_{SD}}$ vs. V_{SG} 그래프로부터 V_{TP}와 k_p을 구한다. k_p는 $\sqrt{I_{SD}}$ vs. V_{SG} 그래프의 기울기로부터 구한다 (식 (16) 참조).

V_{TP} (V)	k_p (mA/V^2)

실험 9 DC MOSFET 회로

실험목적 MOSFET DC회로를 구성하고 분석한다. MOSFET DC 회로는 MOSFET의 동작점을 결정하는 중요한 역할을 한다.

실험 장비 DC 전원(Power Supply), 함수 발생기(Function Generator), 오실로스코프, 브래드 보드, 멀티메타

실험 준비물 MC14007UBCP(dual complementary pair plus inverter) 1개. 저항 1 kΩ 1개, 10 kΩ 1개, 20 kΩ 1개 51 kΩ 1개

MC14007UBCP의 핀 배열 및 회로연결:

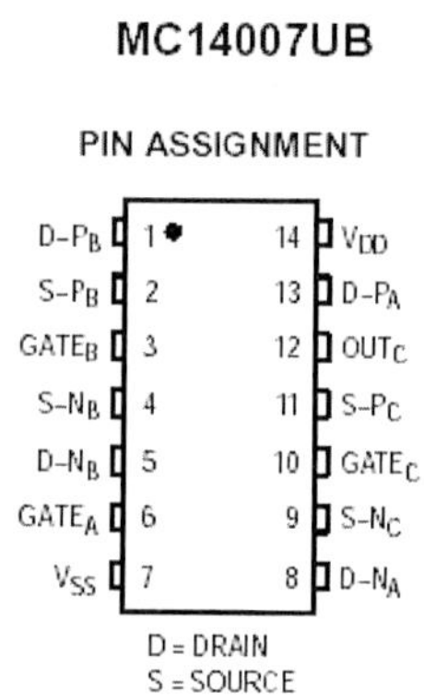

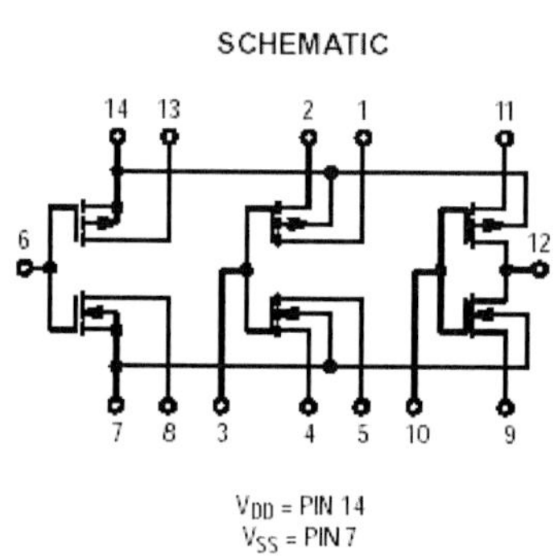

시뮬레이션 9.1: Diode-Connected MOSFET회로 특성

Diode-Connected 회로는 정전류원 등의 회로에 기본 회로로 많이 사용된다. Diode-Connected MOSFET은 소자가 'ON' 상태이면 항상 포화 영역에서 동작한다. 그림 1(a) 의 Diode-Connected NMOSFET에서 전압 V_D와 전류 I_{DS}가 다음 식 (1)과 (2)의 연립 방정식에 의해 결정된다. 여기에서 MOSFET의 채널 길이 변동 효과 (Channel Length Modulation)는 무시되었다. 그리고 드레인 저항 R은 V_D와 I_{DS}의 값을 결정하는 역할을 한다.

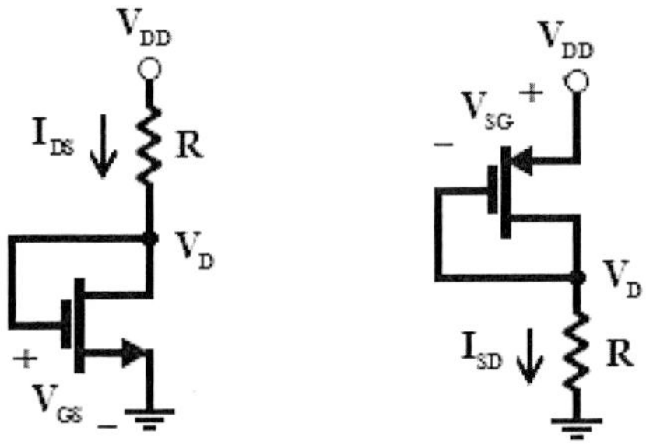

(a) (b)

그림 1. Diode-Connected 회로 (a) NMOSFET (b) PMOSFET, V_{DD}=10 V.

$$I_{DS} = \frac{1}{2}k_n\left(V_D - V_{TN}\right)^2 \quad (1)$$

$$I_{DS} = \frac{V_{DD} - V_D}{R} \quad (2)$$

그리고 그림 1 (b)의 Diode-Connected PMOSFET회로에서 전류 I_{SD}와 V_{SG}는 다음 두 식의 연립방정식에 의해 결정된다.

$$I_{SD} = \frac{1}{2}k_p\left(V_{SG} - |V_{TP}|\right)^2 \quad (3)$$

$$I_{SD} = \frac{V_{DD} - V_{SG}}{R} \quad (4)$$

시뮬레이션의 요점

- 그림 1의 회로에서 저항 R의 값이 10 kΩ, 20 kΩ, 51 kΩ 일 때의 각 소자의 전류 및 노드 전압 값을 식 (1)~(4)를 이용하여 계산한다. 계산 시 채널 길이 변동 효과는 무시하고 (λ=0), V_{TN}=1.69 V, V_{TP}=−1.1 V, k_n=1.04 mA/V^2, k_p=1.11 mA/V^2 값들을 사용한다.

	NMOSFET			PMOSFET		
R (kΩ)	10	20	50	10	20	50
V_{GS} (V_{SG}) (V)						
I_{DS} (I_{SD}) (mA)						

- 그림 1의 회로에서 저항 R의 값이 10 kΩ, 20 kΩ, 51 kΩ 일 때의 각 소자의 전류 및 노드 전압 값을 시뮬레이션으로 구한다.

	NMOSFET			PMOSFET		
R (kΩ)	10	20	50	10	20	50
V_{GS} (V_{SG}) (V)						
I_{DS} (I_{SD}) (mA)						

- 위에서 계산된 값과 시뮬레이션에 의한 값을 비교하고, 저항 R과 전류 I_{DS} (I_{SD})의 관계를 설명하라.

시뮬레이션 9.2: 정전류원 회로

정전류원 (Constant Current Source)회로는 증폭기 등 아날로그 회로에 일정한 전류를 공급하는 역할 이외에도 포화 영역에서의 높은 소신호 저항을 이용하기 위해서도 사용된다. 그림 2 (a)와 (b)는 Diode-Connected MOSFET게이트에 다른 MOSFET이 대칭으로 연결된 기본적인 정전류원 회로를 보여준다. Diode-Connected MOSFET (MN1과 MP1)과 저항 R_{REF}에 의해 정해진 I_{REF}와 V_{GS} (V_{SG})는 MN2와 MP2의 V_{GS}와 V_{SG} 그리고 I_{ON}과 I_{OP}를 결정한다. 정전류원의 기능을 유지 하기 위해 MN2와 MP2는 각각 MN1과 MP1와 같이 포화영역에서 동작해야만 한다.

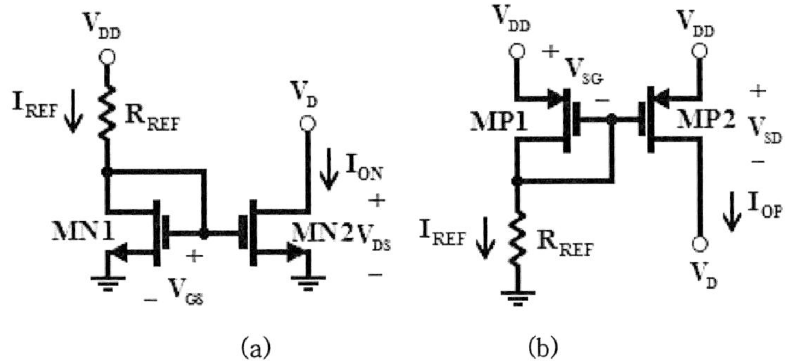

그림 2. (a) NMOSFET (b) PMOSFET 정전류원 회로. V_{DD}=10 V, R_{REF}=10 kΩ.

그림 2 (a)의 NMOSFET 정전류원에서 표준 전류 I_{REF}와 출력 전류 I_{ON}의 관계는 다음과 같다.

$$\mathbf{I_{ON}} = \frac{(\mathbf{W/L})_{\mathbf{MN2}}}{(\mathbf{W/L})_{\mathbf{MN1}}}\mathbf{I_{REF}} \tag{5}$$

여기에서 $(W/L)_{MN1}$과 $(W/L)_{MN2}$는 각각 소자 MN1과 MN2의 게이트 길이에 대한 게이트 폭의 비율이다. 그리고 그림 2 (b)의 PMOSFET 정전류원에서 표준 전류 I_{REF}와 출력 전류 I_{OP}의 관계는 다음과 같다.

$$\mathbf{I_{OP}} = \frac{(\mathbf{W/L})_{\mathbf{MP2}}}{(\mathbf{W/L})_{\mathbf{MP1}}}\mathbf{I_{REF}} \tag{6}$$

여기에서 $(W/L)_{MP1}$과 $(W/L)_{MP2}$는 각각 소자 MP1과 MP2의 게이트 길이에 대한 게이트 폭의 비율이다.

시뮬레이션의 요점

- 그림 2 (a) 회로에서 V_D를 0~10 V로 증가시키면서 전류 I_{ON}을 측정하여 I_{ON} vs. V_{DS} 그래프를 그린다.
- 그림 2 (b) 회로에서 V_D를 0~10 V로 증가시키면서 전류 I_{OP}을 측정하여 I_{OP} vs. V_{SD} 그래프를 그린다. 여기에서 $V_{SD}=V_{DD}-V_D$임을 유의 해야 한다.
- I_{ON} vs. V_{DS} 그래프에서 $V_{DS} \geq V_{GS}-V_{TN}$일 때, 포화영역이 시작됨을 확인한다.
- I_{OP} vs. V_{SD} 그래프에서 $V_{SD}>V_{SG}-|V_{TP}|$ 일 때, 포화영역이 시작됨을 확인한다.

시뮬레이션 9.3: 드레인 전류가 정전류원에 의해 공급되는 Diode-Connected MOSFET 회로

시뮬레이션 9.1의 드레인 저항 대신에 정전류원을 사용한 Diode-Connected MOSFET 회로를 분석한다. 그림 3에서 전류원 I_S에 의해 공급되는 전류와 게이트-소스 간의 전압 $V_{GS}(V_{SG})$사이의 관계는 다음 식으로 표시된다.

$$\mathbf{I_S = \frac{1}{2}k_n\left(V_{GS} - V_{TN}\right)^2} \quad (7)$$

$$\mathbf{I_S = \frac{1}{2}k_n\left(V_{SG} - |V_{TP}|\right)^2} \quad (8)$$

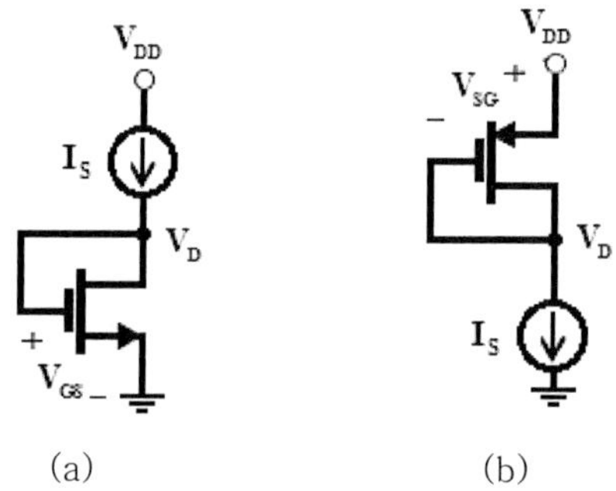

그림 3. 정전류원이 드레인에 연결된 (a) NMOSFET (b) PMOSFET 회로. V_{DD}=10 V.

시뮬레이션의 요점

- 그림 3 (a), (b) 회로에서 I_S=20 μA, 100 μA, 800 μA일 때 V_{GS}와 V_{SG} 값을 계산하라. 계산 시 채널길이 변동 효과는 무시하고 (λ=0), V_{TN}=1.69 V, V_{TP}=−1.1 V, k_n=1.04 mA/V^2, k_p=1.11 mA/V^2 값들을 사용한다.

	NMOSFET			PMOSFET		
I_S (μA)	20	100	800	20	100	800
V_{GS} (V_{SG}) (V)						

- 그림 3 (a), (b) 회로에서 I_S=20 μA, 100 μA, 800 μA일 때 V_{GS}와 V_{SG} 값을 시뮬레이션 하라.

	NMOSFET			PMOSFET		
I_S (μA)	20	100	800	20	100	800
V_{GS} (V_{SG}) (V)						

- 계산 값과 시뮬레이션 값을 비교 하라.

실험 9.1: Diode-Connected MOSFET 회로의 특성

소스와 드레인이 연결된 Diode-Connected MOSFET과 드레인에 연결된 직렬 저항에 의해 특정한 V_{GS} (혹은 V_{SG}) 값과 드레인 전류 값 I_{DS} (I_{SD})이 정해진다. 즉 주어진 Diode-Connected MOSFET을 사용할 때에는 그림 4의 저항 R에 따라 드레인 전류 값이 결정된다.

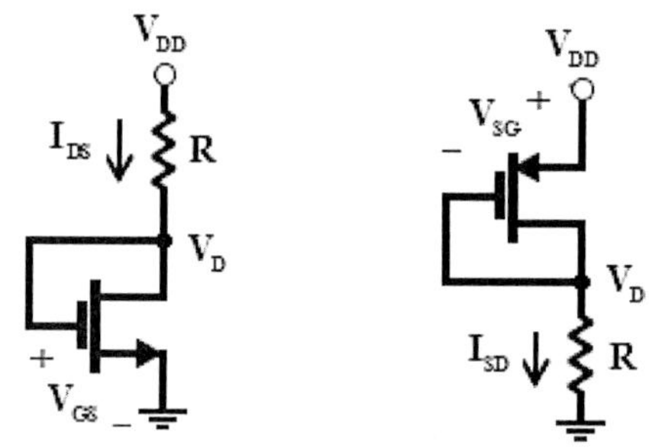

그림 4. Diode-Connected 회로 (a) NMOSFET (b) PMOSFET. V_{DD}=10 V.

저항이 증가함에 따라 드레인 전류가 감소하는 양상을 실험을 통해 관찰한다.

실험의 요점

- 그림 4의 회로에서 R=10 kΩ, 20 kΩ, 51 kΩ 일 때의 V_{DS} (V_{SD})와 I_{DS} (I_{SD})를 측정한다.

	NMOSFET			PMOSFET		
R (kΩ)	10	20	51	10	20	51
V_{GS} (V_{SG}) (V)						
I_{DS} (I_{SD}) (mA)						

- 시뮬레이션 9.1의 결과와 실험 측정 결과를 비교 분석한다.

실험 9.2: 정전류원 회로

그림 5의 정전류원 회로를 구성하여 V_{DS} (V_{SD})에 따른 출력 전류 I_{ON} (I_{OP})의 변화를 관찰한다.

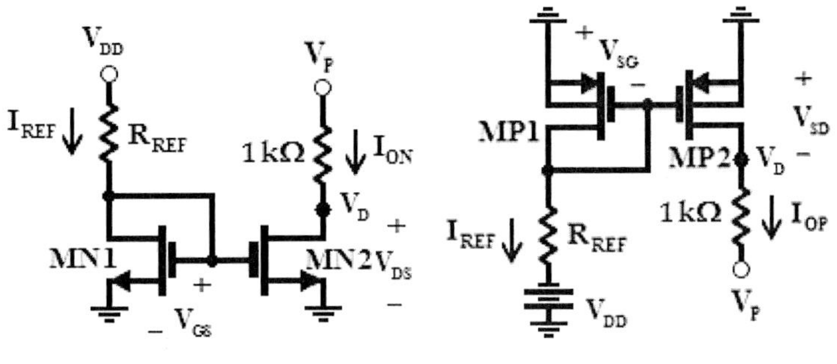

(a) (b)

그림 5. (a) NMOSFET (b) PMOSFET 정전류원 회로. R_{REF}=10 kΩ, V_{DD}=10 V.

실험의 요점

- 그림 5 (a)의 회로에서 V_P를 증가시키면서 I_{ON} vs. V_{DS} 그래프를 구한다. V_{DS}의 범위는 0~7 V로 한다. (주의! pin 7=0 V, pin 14=10 V)
- 그림 5 (b)의 회로에서 V_P를 음의 방향으로 증가시키면서 I_{OP} vs. V_{SD} 그래프를 구한다. V_{SD}의 범위는 0~7 V로 한다. (주의! 칩의 pin 7=-10 V, pin 14=0 V)
- 위의 두 그래프로부터 두 회로가 정전류원으로 동작하기 위한 V_{DS}, V_{SD}의 조건을 구하라.

실험 9.3: DC Bias 회로의 설계와 구성

주어진 드레인 전류 I_D와 V_{DS} (혹은 V_{SD})를 가진 MOSFET 회로의 DC Bias 회로를 설계, 구성하고, 그 동작을 측정한다. 그림 6은 저항 R_{G1}, R_{G2}, R_D로 구성된 DC Bias 회로를 가진 MOSFET 회로들이다.

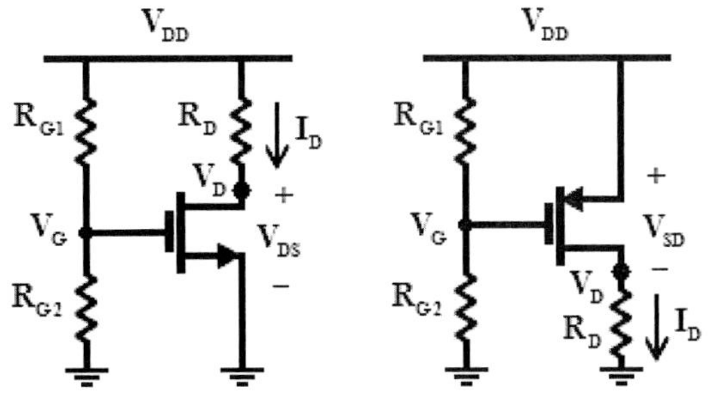

(a) (b)

그림 6. DC Bias회로를 가진 (a) NMOSFET와 (b) PMOSFET 회로. V_{DD}=10 V.

실험의 요점

- I_{DS}=1 mA, I_{SD}=1 mA, V_D=5 V, I_{RG1}=I_{RG2}=10 μA가 되도록 R_{G1}과 R_{G2}, R_D 의 값을 MOSFET 전류식을 이용하여 계산한 다음, 그 회로를 구성하고, 측정을 통해 설계를 확인한다. 계산할 때 λ=0.01 V^{-1}, V_{TN}=1.69 V, V_{TP}=-1.1 V, k_n=1.04 mA/V^2, k_p=1.11 mA/V^2 값들을 사용한다.

	NMOS 회로		PMOS회로	
	설계 값	측정 값	설계 값	측정 값
R_{G1}(MΩ)				
R_{G2} (MΩ)				
V_G (V)				
R_D (kΩ)				
I_D (mA)				
V_{DS} (V_{SD}) (V)				

- 설계 값과 측정 값이 차이가 있으면 그 이유를 분석하라
- 그림 6의 회로에서 R_D=8 kΩ으로 바꾸었을 때 이전 두 회로에 비해 어떤 변화가 있는지 설명하라.

실험 10 Common Source 증폭기

실험 목적: 다양한 Common Source증폭기 회로를 구성하고 분석한다. 각 Common Source 증폭기의 전압 이득, 입력 및 출력의 최대 진폭 등 증폭기 특성을 실습 한다.

실험 장비: DC 전원(Power Supply), 함수 발생기(Function Generator), 오실로스코프, 브래드 보드, 멀티메타

실험 준비물: MC14007UBCP(dual complementary pair plus inverter 3개의 NMOSFET과 3개의 PMOSFET로 구성), 저항 다수

MC14007UBCP의 **핀 배열 및 회로연결:**

MC14007UB

PIN ASSIGNMENT

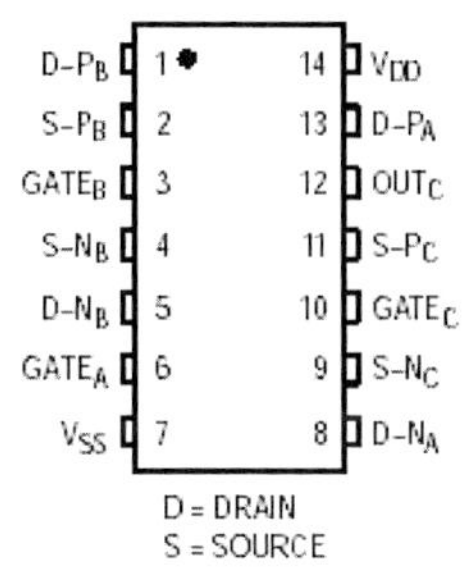

SCHEMATIC

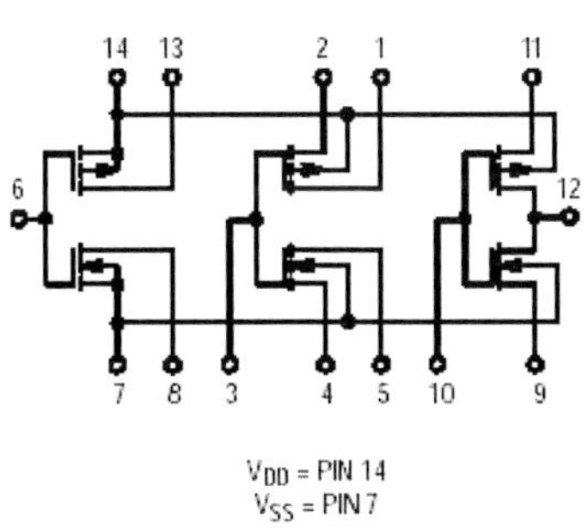

시뮬레이션 10.1: Discrete 바이어스 회로를 가진 Common-Source 증폭기

Discrete 바이어스 회로를 가진 Common-Source 증폭기를 시뮬레이션 한다.

■ 계산에 필요한 MC14007 소자의 파라메타: λ_n=0.01 V^{-1}, λ_p=0.04 V^{-1}, V_{tn}=1.69 V, V_{tp}=-1.1 V, k_n=1.04 mA/V^2, k_p=1.11 mA/V^2

A. NMOSFET Common-Source 증폭기

그림 1회로는 Discrete 바이어스 회로를 가진 NMOSFET Common-Source 증폭기 회로이다. V_{DD}와 두 직렬 저항 R_{G1}과 R_{G2}로 구성된 Discrete 바이어스 회로가 전압 분배 법칙에 의해 MOSFET의 게이트 전압 V_G 값을 결정 한다. 커플링 커패시터 C_C는 신호원을 DC 바이어스 전압과 결합하게 하는 역할을 한다.

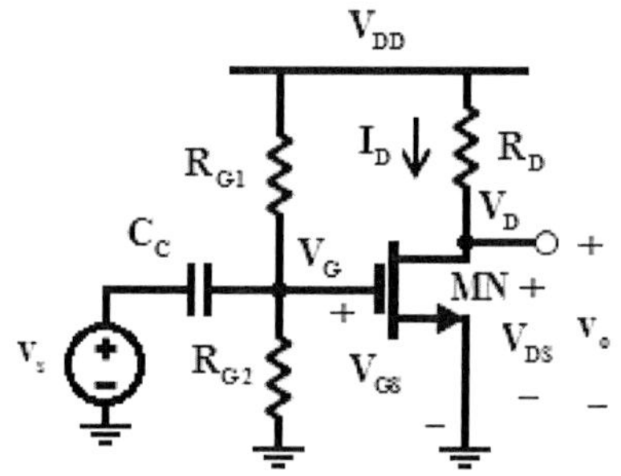

그림 1. Discrete 바이어스 회로를 가진 NMOSFET Common-Source 증폭기, V_{DD}=10 V, C_C=1 μF.

게이트 전압 V_G와 V_{DD}, R_{G1}, R_{G2}의 관계는 다음 식과 같다.

$$\mathbf{V_G = V_{DD}\frac{R_{G2}}{R_{G1}+R_{G2}}} \tag{1}$$

시뮬레이션의 요점

- 동작점 Simulation: 그림 1의 NMOSFET Common-Source 증폭기 회로에서 R_{G1}=0.68 MΩ, R_{G2}=0.20 MΩ, R_D=10 kΩ 일 때, V_{GS}, V_{DS}, I_D를 시뮬레이션으로 구한다.
- 출력 신호의 최대 진폭 $\hat{\mathbf{v}}_{\mathbf{omax}}$ 계산: $\hat{\mathbf{v}}_{\mathbf{omax}}$를 구하기 위해 V_{tn}과 앞에서 구한 V_{GS}, V_{DS} 값을 이용한다.

$$\hat{\mathbf{v}}_{\mathbf{omaxP}} = \mathbf{V_{DD} - V_{DS}} \tag{2-1}$$

$$\hat{v}_{omaxN} = V_{DS} - (V_{GS} - V_{tn}) \qquad (2-2)$$

식 (2-1)은 NMOSFET의 'ON' 상태 동작을 보장해 주는 양 (positive) 방향 최대 신호 스윙 (Swing)을 표시하고 식 (2-2)는 NMOSFET의 포화영역 동작을 보장해주는 음 (negative) 방향 최대 신호 스윙 (Swing)을 의미한다. $\hat{v}_{omax}$ 값은 두 값 중 작은 값이 된다.

- 소자 파라메타에 의한 전압 이득 A_v 계산: $g_m=2I_D/V_{OV}$, $r_o=1/(\lambda_n I_D)$ 를 이용하여 전압 이득 A_v를 다음 식으로 계산한다. $V_{OV}=V_{GS}-V_{tn}$

$$A_v = -g_m(R_D // r_o) \qquad (3)$$

- 입력 신호의 최대 진폭 $\hat{v}_{imax}$ 계산: 식 (2)의 $\hat{v}_{omax}$ 와 식 (3)에 의해 계산된 A_v 값을 사용한다.

$$\hat{v}_{imax} = \frac{\hat{v}_{omax}}{A_v} \qquad (4)$$

- A_v 시뮬레이션: 앞에서 계산한 최대 입력 진폭보다 작은 진폭 ($\hat{v}_i \le \hat{v}_{imax}$)과 1 kHz의 주파수를 가진 정현파를 입력 신호로하여 Transient Analysis (.tran)를 수행한 후 전압 이득 A_v ($= \hat{v}_o / \hat{v}_i$)를 구한 다음 앞의 계산된 전압 이득 값과 비교한다.
- 큰 입력 신호 진폭에 의한 출력 파형의 왜곡 ($\hat{v}_i > \hat{v}_{imax}$): 진폭이 최대 입력 신호의 진폭 보다 큰 신호를 입력하여 출력 신호의 왜곡 여부를 관찰한다.

표 1. Discrete바이어스 회로를 가진 NMOSFET Common-Source 증폭기 시뮬레이션 결과.

	동작점			최대 입출력 신호 진폭 (V)		A_v (V/V)	
파라메타	V_{GS}(V)	V_{DS} (V)	I_D (mA)	$\hat{v}_{omax}$ (V)	$\hat{v}_{imax}$ (V)	계산	시뮬레이션
값							

B. PMOSFET Common-Source 증폭기

그림 2는 Discrete 바이어스 회로를 가진 PMOSFET Common-Source 증폭기 회로이다. NMOSFET 회로와 전류 방향과 전압의 극이 반대일 뿐이고, 동작 원리는 동일하다.

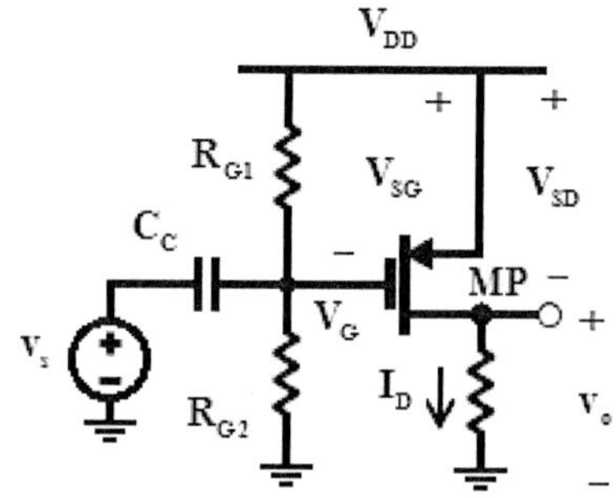

그림 2. Discrete 바이어스 회로를 가진 PMOSFET Common-Source 증폭기, V_{DD}=10 V, C_C=1 μF.

시뮬레이션의 요점

- 동작점 시뮬레이션: 그림 2 의 회로에서 R_{G1}=0.22 MΩ, R_{G2}=0.75 MΩ, R_D=5.1 kΩ 일 때, V_{SG}, V_{SD}, I_D를 시뮬레이션으로 구한다.
- 출력 신호의 최대 진폭 $\hat{\mathbf{v}}_{\mathbf{omax}}$ 계산: $\hat{\mathbf{v}}_{\mathbf{omax}}$를 구하기 위해 V_{tp}와 앞에서 구한 V_{SG}, V_{SD} 값을 이용한다.

$$\hat{\mathbf{v}}_{\mathbf{omaxP}} = \mathbf{V_{SD}} - \mathbf{V_{SG}} + |\mathbf{V_{tp}}| \quad (5\text{-}1)$$

$$\hat{\mathbf{v}}_{\mathbf{omaxN}} = \mathbf{V_{SD}} - \mathbf{0} \quad (5\text{-}2)$$

식 (5-1)의 $\hat{\mathbf{v}}_{\mathbf{omaxP}}$는 PMOSFET의 포화 영역 동작을 보장해주는 양 방향 최대 신호 스윙(Swing)을 의미한다. 식 (5-2)의 $\hat{\mathbf{v}}_{\mathbf{omaxN}}$은 PMOSFET의 'ON' 상태 동작을 보장해 주는 음 방향 최대 신호 스윙 (Swing)을 표시한다. $\hat{\mathbf{v}}_{\mathbf{omax}}$ 값은 두 값 중 작은 값이 된다.

- 소자 파라메타에 의한 전압 이득 A_v계산: $g_m=2I_D/V_{OV}$, $r_o=1/(\lambda_p I_D)$를 식 (3)에 대입하여 전압 이득 A_v를 계산한다.
- 입력 신호의 최대 진폭 $\hat{\mathbf{v}}_{\mathbf{imax}}$ 계산: 앞에서 계산한 $\hat{\mathbf{v}}_{\mathbf{omax}}$와 A_v 값을 식 (4)에 대입하여 $\hat{\mathbf{v}}_{\mathbf{imax}}$를 계산한다.
- A_v 시뮬레이션: 앞에서 계산한 최대 입력 진폭보다 작은 진폭 ($\hat{\mathbf{v}}_{\mathbf{i}} \le \hat{\mathbf{v}}_{\mathbf{imax}}$)과 1 kHz의 주파수를 가진 정현파를 입력 신호로하여 Transient Analysis (.tran)를 수행한 후 전압 이득 A_v ($= \hat{\mathbf{v}}_{\mathbf{o}} / \hat{\mathbf{v}}_{\mathbf{i}}$)를 구한 다음 앞의 계산된 전압 이득 값과 비교한다.

- 큰 입력 신호 진폭에 의한 출력 파형의 왜곡 ($\hat{v}_i > \hat{v}_{imax}$): 진폭이 최대 입력 신호의 진폭보다 큰 신호를 입력하여 출력 신호의 왜곡 여부를 관찰한다.

표 2. Discrete바이어스 회로를 가진 PMOSFET Common-Source 증폭기 시뮬레이션 결과.

	동작점			최대 입출력 신호 진폭 (V)		A_v (V/V)	
파라메타	V_{SG}(V)	V_{SD} (V)	I_D (mA)	$\hat{v}_{omax}$ (V)	$\hat{v}_{imax}$ (V)	계산	시뮬레이션
값							

시뮬레이션 10.2: Diode-Connected 바이어스 회로를 가진 Common-Source증폭기

Source와 Drain사이에 저항이 연결된 Diode-Connected 바이어스 회로를 가진 Common-Source 증폭기를 시뮬레이션 한다.

A. NMOSFET Common-Source 증폭기

그림 3은 diode-connected바이어스 회로를 가진 NMOSFET Common-Source 증폭기이다. 전원V_{DD}, 저항 R_D와 R_G로 구성된 바이어스 회로에 의해 소자 MN의 V_{GS} 전압이 결정된다. 또한 R_G에 의한 피드백 (Feedback) 효과로 바이어스의 안정을 얻을 수 있다. 드레인과 게이트 사이에 전류가 흐르지 않기 때문에 V_{GS}=V_{DS}가 항상 성립 한다.

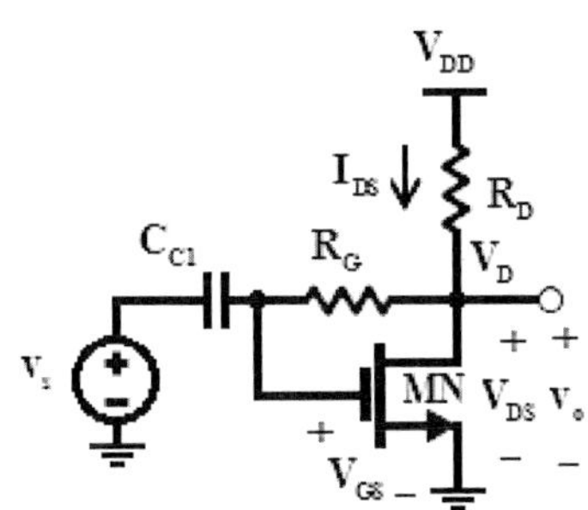

그림 3. Diode-Connected 바이어스 회로를 가진 NMOSFET Common-Source증폭기, V_{DD}=10 V, C_C=1 μF.

시뮬레이션의 요점

- 동작점 시뮬레이션: 그림 3의 회로에서 R_G=1.0 MΩ, R_D=6.8 kΩ 일 때, V_{GS}(=V_{DS}), I_{DS}를 시뮬레이션으로 구한다.

- 출력 신호의 최대 진폭 $\hat{\mathbf{v}}_{omax}$ 계산: $\hat{\mathbf{v}}_{omax}$ 를 구하기 위해 V_{tn}과 시뮬레이션에서 구한 V_{GS} 값을 식 (2)에 대입한다. 그리고 그림 3의 Diode-Connected 바이어스 회로에서는 $V_{GS}=V_{DS}$임을 고려 해야 한다.
- 소자 파라메타에 의한 전압 이득 A_v계산: $g_m=2I_D/V_{OV}$, $r_o=1/(\lambda_n I_D)$ 를 이용하여 전압 이득 A_v를 계산한다. A_v는 다음 식으로 주어진다.

$$\mathbf{A_v = -g_m\left(R_D // r_o\right)\frac{1-\dfrac{1}{g_m R_G}}{1+\dfrac{R_D // r_o}{R_G}} \simeq -g_m\left(R_D // r_o\right)} \qquad (6)$$

- 입력 신호의 최대 진폭 $\hat{\mathbf{v}}_{imax}$ 계산: 앞에서 계산된 $\hat{\mathbf{v}}_{omax}$ 와 식 (6)에 의한 A_v를 식 (4)에 대입하여 $\hat{\mathbf{v}}_{imax}$ 를 계산한다.
- A_v 시뮬레이션: 앞에서 계산한 최대 입력 진폭보다 작은 진폭 ($\hat{\mathbf{v}}_i \le \hat{\mathbf{v}}_{imax}$)과 1 kHz의 주파수를 가진 정현파를 입력 신호로하여 Transient Analysis (.tran)를 수행한 후 전압 이득 A_v ($= \hat{\mathbf{v}}_o / \hat{\mathbf{v}}_i$)를 구한다. 그리고 앞의 계산된 전압 이득 값과 비교한다.
- 큰 입력 신호 진폭에 의한 출력 파형의 왜곡 ($\hat{\mathbf{v}}_i > \hat{\mathbf{v}}_{imax}$): 진폭이 최대 입력 신호의 진폭보다 큰 신호를 입력하여 출력 신호의 왜곡 여부를 관찰한다.

표 3. Diode-Connected 바이어스 회로를 가진 NMOSFET Common-Source 증폭기 시뮬레이션 결과.

	동작점			최대 입출력 신호 진폭 (V)		A_v (V/V)	
파라메타	V_{GS}(V)	V_{DS} (V)	I_{DS} (mA)	$\hat{\mathbf{v}}_{omax}$ (V)	$\hat{\mathbf{v}}_{imax}$ (V)	계산	시뮬레이션
값							

B. PMOSFET Common-Source 증폭기

그림 4는 Diode-Connected 바이어스 회로를 가진 PMOSFET Common-Source 증폭기 회로이다.

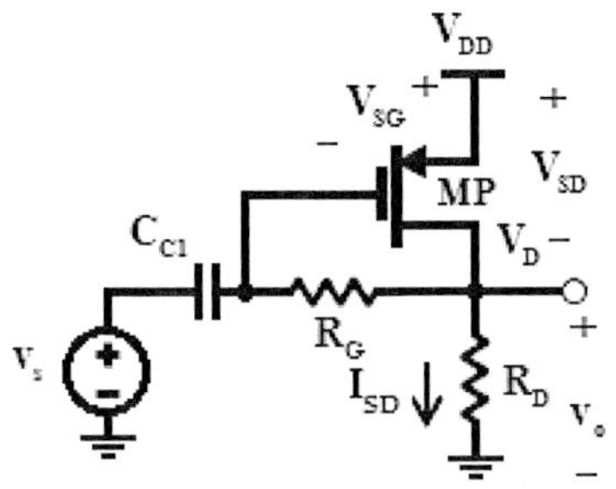

그림 4. Diode-Connected 바이어스 회로를 가진 PMOSFET Common-Source증폭기, V_{DD}=10 V, C_C=1 μF.

시뮬레이션의 요점

- 동작점 시뮬레이션: 그림 4의 회로에서 R_G=1.0 MΩ, R_D=14 kΩ 일 때, $V_{SG}(=V_{SD})$, I_{SD}를 구한다.
- 출력 신호의 최대 진폭 $\hat{v}_{omax}$ 계산: $\hat{v}_{omax}$를 구하기 위해 V_{tp}와 시뮬레이션에서 구한 V_{SG}, V_{SD} 값을 식 (5)에 대입한다. 그림 4의 Diode-Connected 바이어스 회로에서는 $V_{SG}=V_{SD}$임을 고려 해야 한다.
- 소자 파라메타에 의한 전압 이득 A_v계산: $g_m=2I_D/V_{OV}$, $r_o=1/(\lambda_p I_D)$을 식 (6)에 대입하여 전압 이득 A_v를 계산한다.
- 입력 신호의 최대 진폭 $\hat{v}_{imax}$ 계산 (식 4): 앞에서 계산된 $\hat{v}_{omax}$와 식 (6)에 의한 A_v를 식 (4)에 대입하여 $\hat{v}_{imax}$를 계산한다.
- A_v 시뮬레이션: 앞에서 계산한 최대 입력 진폭보다 작은 진폭 ($\hat{v}_i \le \hat{v}_{imax}$)과 1 kHz의 주파수를 가진 정현파를 입력 신호로하여 Transient Analysis (.tran)를 수행한 후 전압 이득 A_v ($= \hat{v}_o / \hat{v}_i$)를 구한 다음 앞의 계산된 전압 이득 값과 비교한다.
- 큰 입력 신호 진폭에 의한 출력 파형의 왜곡 ($\hat{v}_i > \hat{v}_{imax}$): 진폭이 최대 입력 신호의 진폭보다 큰 신호를 입력하여 출력 신호의 왜곡 여부를 관찰한다.

표 4. Diode-Connected 바이어스 회로를 가진 PMOSFET Common-Source 증폭기 시뮬레이션 결과.

	동작점			최대 입출력 신호 진폭 (V)		A_v (V/V)	
파라메타	V_{SG}(V)	V_{SD} (V)	I_{SD} (mA)	$\hat{v}_{omax}$ (V)	$\hat{v}_{imax}$ (V)	계산	시뮬레이션
값							

시뮬레이션 10.3: 정전류원 바이어스 회로를 가진 Common-Source증폭기

그림 5는 R_{REF}, MN2, MN3로 구성된 정전류원 바이어스 가진 Common-Source증폭기이다. 바이패스 커패시터 C_B는 MN1의 소스에 신호 접지를 만들어 정전류원의 출력 저항에 의한 영향을 배제 한다.

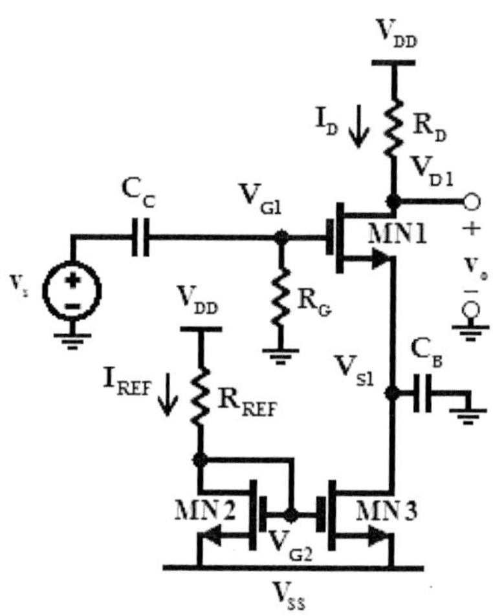

그림 5. 정전류원 바이어스를 가진 Common-Source 증폭기, V_{DD}=10 V, V_{SS}=-10 V, C_C=C_B=1 μF.

시뮬레이션의 요점

- 동작점 시뮬레이션: 그림 5의 회로에서 R_G=2.0 MΩ, R_D=8 kΩ, R_{REF}=16 kΩ 일 때, V_{G1}, V_{D1}, V_{S1}, V_{G2} I_{REF}, I_D를 구하고, 모든 소자가 포화 영역에서 동작하는지 확인한다.

- 출력 신호의 최대 진폭 $\hat{v}_{omax}$ 계산: V_{tn}과 앞에서 구한 V_{G1}, V_{D1} 값을 식 (7)에 대입하여 $\hat{v}_{omax}$를 계산한다.

$$\hat{v}_{omax P} = V_{DD} - V_{D1} \quad (7\text{-}1)$$

$$\hat{\mathbf{v}}_{\mathbf{omaxN}} = \mathbf{V}_{\mathbf{D1}} - \left(\mathbf{V}_{\mathbf{G1}} - \mathbf{V}_{\mathbf{tn}}\right) \quad (7\text{-}2)$$

식 (7-1)의 $\hat{\mathbf{v}}_{\mathbf{omaxP}}$ 는 MOSFET의 'ON' 상태 동작을 보장해 주는 양 방향 최대 신호 스윙 (Swing)을 표시하고 식 (7-2)의 $\hat{\mathbf{v}}_{\mathbf{omaxN}}$ 은 MOSFET의 포화 영역 동작을 보장해주는 음 방향 최대 신호 스윙 (Swing)을 의미한다. $\hat{\mathbf{v}}_{\mathbf{omax}}$ 값은 두 값 중 작은 값이 된다.

- 소자 파라메타에 의한 전압 이득 A_v 계산: $g_m=2I_D/V_{OV}$, $r_o=1/(\lambda_n I_D)$ 를 식 (3)에 대입하여 전압 이득 A_v를 계산한다.
- 입력 신호의 최대 진폭 $\hat{\mathbf{v}}_{\mathbf{imax}}$ 계산: 앞에서 계산된 $\hat{\mathbf{v}}_{\mathbf{omax}}$ 와 A_v를 식 (4)에 대입하여 $\hat{\mathbf{v}}_{\mathbf{imax}}$ 를 계산한다.
- A_v 시뮬레이션: 앞에서 계산한 최대 입력 진폭보다 작은 진폭 ($\hat{\mathbf{v}}_{\mathbf{i}} \leq \hat{\mathbf{v}}_{\mathbf{imax}}$)과 1 kHz의 주파수를 가진 정현파를 입력 신호로하여 Transient Analysis (.tran)를 수행한 후 전압 이득 A_v (= $\hat{\mathbf{v}}_{\mathbf{o}} / \hat{\mathbf{v}}_{\mathbf{i}}$)를 구한다. 그리고 앞의 계산된 전압 이득 값과 비교한다.
- 큰 입력 신호 진폭에 의한 출력 파형의 왜곡 ($\hat{\mathbf{v}}_{\mathbf{i}} > \hat{\mathbf{v}}_{\mathbf{imax}}$): 진폭이 최대 입력 신호의 진폭보다 큰 신호를 입력하여 출력 신호의 왜곡 여부를 관찰한다.

표 5. 정전류원 바이어스 회로를 가진 NMOSFET Common-Source 증폭기 시뮬레이션 결과.

	동작점					
파라메타	V_{G1} (V)	V_{D1} (V)	V_{S1} (V)	V_{G2} (V)	I_{REF}(A)	I_D (mA)
값						

최대 입출력 신호 진폭 (V)		A_v (V/V)	
$\hat{\mathbf{v}}_{\mathbf{omax}}$ (V)	$\hat{\mathbf{v}}_{\mathbf{imax}}$ (V)	계산	시뮬레이션

시뮬레이션 10.4: 능동 부하 (Active Load)를 가진 NMOSFET Common-Source증폭기

그림 6은 R_{REF}, MP1, MP2로 구성된 정전류원 부하 가진 NMOSFET Common-Source증폭기이다. 능동 부하 (Active Load)로 불리기도 하는 정전류원 부하는 저항에 비해 집적 회로에서 작은 면적을 차지 하면서 높은 저항을 얻을 수 있는 장점이 있다.

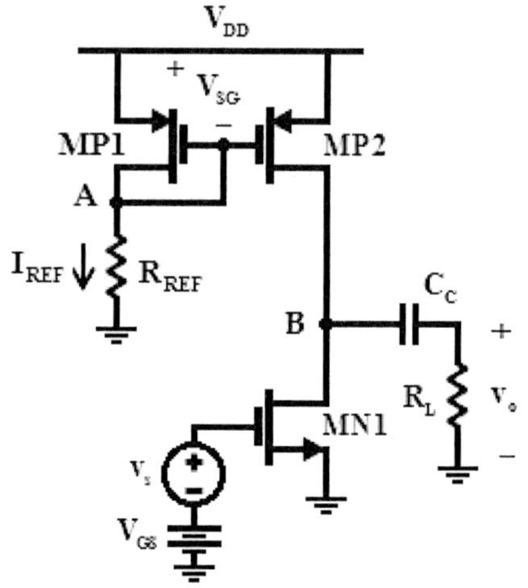

그림 6. 능동 부하 (Active Load)를 가진 NMOSFET Common-Source 증폭기. V_{DD}=10 V, V_{GS}=2.7 V, R_{REF}=16 kΩ, R_L=100 kΩ, C_C=10 μF

시뮬레이션의 요점

- 동작점 시뮬레이션: 그림 6의 회로에서 V_A, V_B, I_{REF} 를 구하고, 모든 소자가 포화영역에서 동작하는 것을 확인한다.
- 출력 신호의 최대 진폭 $\hat{v}_{omax}$ 계산: $\hat{v}_{omax}$ 를 구하기 위해 MC14007 Model Parameter의 V_{tn}과 V_{tp}, 앞에서 구한 V_{GS}, V_B 값을 이용한다.

$$\hat{v}_{omax\,P} = V_{DD} - V_{SDsat} - V_B \tag{8-1}$$

$$\hat{v}_{omax\,N} = V_B - \left(V_{GS} - V_{tn}\right) \tag{8-2}$$

여기서 $V_{SDsat}=V_{SG}-|V_{tp}|$는 MP2 소자의 값이다. 식 (8-1)의 $\hat{v}_{omax\,P}$ 는 MP2의 포화 영역 동작을 보장해주는 양 방향 최대 신호 스윙 (Swing)을 표시하고 식 (8-2)의 $\hat{v}_{omax\,N}$ 은 MN1의 포화 영역 동작을 보장해주는 음 방향 최대 신호 스윙 (Swing)을 의미한다. $\hat{v}_{omax}$ 값은 두 값 중 작은 값이 된다.

- 소자 파라메타에 의한 전압 이득 A_v계산: $g_m=k_n(V_{GS}-V_{tn})$, $r_{on}=1/(\lambda_n I_D)$, $r_{op}=1/(\lambda_p I_D)$를 식 (9)에 대입하여 전압 이득 A_v를 계산한다.

$$A_v = -g_m\left(r_{op} // r_{on} // R_L\right) \tag{9}$$

λ_p와 λ_n은 각각 MP2와 MN1의 채널 변동 계수 (Channel Length Modulation Coefficient)이며 각 소자의 Model Parameter에 주어진다. I_{Dp}와 I_{Dn}은 채널 변동 효과가 없을 때의 각각 MP2와 MN1의 드레인 전류이다.

- 입력 신호의 최대 진폭 $\hat{\mathbf{v}}_{\mathbf{imax}}$ 계산: 앞에서 계산한 $\hat{\mathbf{v}}_{\mathbf{omax}}$ 와 A_V 값을 식 (4)에 대입하여 $\hat{\mathbf{v}}_{\mathbf{imax}}$를 계산한다.
- A_v 시뮬레이션: 앞에서 계산한 최대 입력 진폭보다 작은 진폭 ($\hat{\mathbf{v}}_{\mathbf{i}} \leq \hat{\mathbf{v}}_{\mathbf{imax}}$)과 1 kHz의 주파수를 가진 정현파를 입력 신호로하여 Transient Analysis (.tran)를 수행한 후 전압 이득 A_v ($= \hat{\mathbf{v}}_{\mathbf{0}} / \hat{\mathbf{v}}_{\mathbf{i}}$)를 구한다. 그리고 앞에서 계산된 전압 이득 값과 비교한다.
- 큰 입력 신호 진폭에 의한 출력 파형의 왜곡 ($\hat{\mathbf{v}}_{\mathbf{i}} > \hat{\mathbf{v}}_{\mathbf{imax}}$): 진폭이 최대 입력 신호의 진폭보다 큰 신호를 입력하여 출력 신호의 왜곡 여부를 관찰한다.

표 6. 능동 부하를 가진 NMOSFET Common-Source 증폭기 시뮬레이션 결과.

	동작점			최대 입출력 신호 진폭 (V)		A_v (V/V)	
파라메타	V_A (V)	V_B (V)	I_{REF}(A)	$\hat{\mathbf{v}}_{\mathbf{omax}}$ (V)	$\hat{\mathbf{v}}_{\mathbf{imax}}$ (V)	계산	시뮬레이션
값							

실험 10.1: Discrete 바이어스 회로를 가진 Common-Source 증폭기

Discrete 바이어스 회로를 가진 Common-Source 증폭기를 구성하여 실습한다.

A. NMOSFET Common-Source 증폭기

그림 7의 Discrete 바이어스 회로를 가진 NMOSFET Common-Source 증폭기를 실험한다.

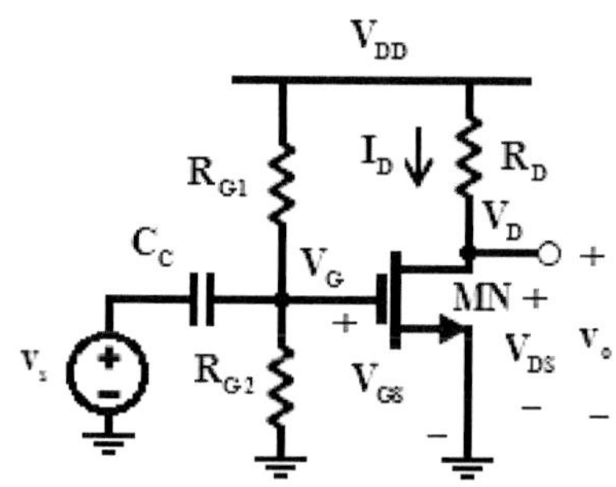

그림 7. Discrete 바이어스 회로를 가진 NMOSFET Common-Source 증폭기 회로. V_{DD}=10 V, R_{G1}=0.75 MΩ, R_{G2}=0.2 MΩ, R_D=5.1 kΩ, C_C=1 μF.

실험의 요점

- 동작점 측정: 그림 7의 NMOSFET Common-Source 증폭기 회로에서 V_{GS}, V_{DS}, I_D를 측정한다.
- A_v 측정: 앞에서 계산한 최대 입력 진폭보다 작은 진폭 ($\hat{\mathbf{v}}_i \le \hat{\mathbf{v}}_{imax}$)과 1 kHz의 주파수를 가진 정현파를 입력 신호로하여 전압 이득 A_v ($= \hat{\mathbf{v}}_o / \hat{\mathbf{v}}_i$)를 측정하여 앞의 시뮬레이션된 전압 이득 값과 비교한다.
- 큰 입력 신호 진폭에 의한 출력 파형의 왜곡 ($\hat{\mathbf{v}}_i > \hat{\mathbf{v}}_{imax}$): 진폭이 최대 입력 신호의 진폭보다 큰 신호를 입력하여 출력 신호의 왜곡 여부를 관찰한다.

표 7. Discrete바이어스 회로를 가진 NMOSFET Common-Source 증폭기 측정 결과.

	동작점			입출력 신호 진폭 (V)		A_v (V/V)	
파라메타	V_{GS}(V)	V_{DS} (V)	I_D (mA)	$\hat{\mathbf{v}}_i$(V)	$\hat{\mathbf{v}}_o$(V)	시뮬레이션	실험
값							

B. PMOSFET Common-Source 증폭기

그림 8은 PMOSFET 회로로 구성된 Discrete 바이어스 Common-Source 증폭기 회로이다. NMOSFET 회로와 전류의 방향과 전압의 극이 반대임을 유의 한다.

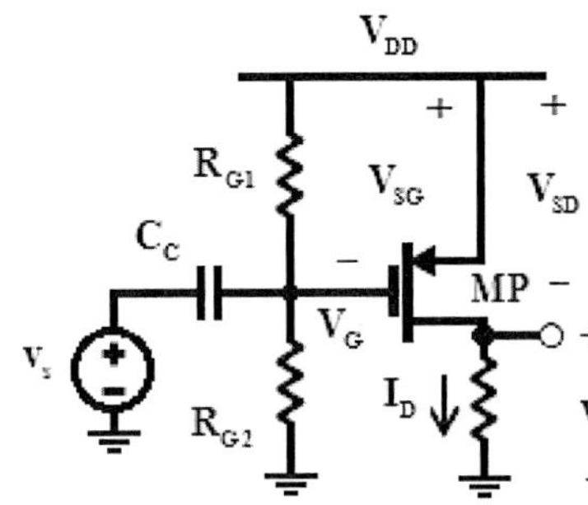

그림 8. Discrete 바이어스 회로를 가진 PMOSFET Common-Source 증폭기, V_{DD}=10 V, R_{G1}=0.22 MΩ, R_{G2}=0.75 MΩ, R_D=5.1 kΩ, C_C=1 μF.

실험의 요점

- 동작점 측정: 그림 8의 PMOSFET Common-Source 증폭기 회로에서 V_{SG}, V_{SD}, I_D를 측정한다.
- A_v 측정: 앞에서 계산한 최대 입력 진폭보다 작은 진폭 ($\hat{v}_i \le \hat{v}_{imax}$)과 1 kHz의 주파수를 가진 정현파를 입력 신호로하여 전압 이득 A_v ($= \hat{v}_0 / \hat{v}_i$)를 측정하여 앞의 시뮬레이션된 전압 이득 값과 비교한다.
- 큰 입력 신호 진폭에 의한 출력 파형의 왜곡 ($\hat{v}_i > \hat{v}_{imax}$): 진폭이 최대 입력 신호의 진폭보다 큰 신호를 입력하여 출력 신호의 왜곡 여부를 관찰한다.

표 8. Discrete바이어스 회로를 가진 PMOSFET Common-Source 증폭기 측정 결과.

	동작점			입출력 신호 진폭 (V)		A_v (V/V)	
파라메타	V_{SG}(V)	V_{SD} (V)	I_D (mA)	$\hat{v}_i$ (V)	$\hat{v}_0$ (V)	시뮬레이션	실험
값							

실험 10.2: Diode-Connected 바이어스 회로를 가진 Common-Source증폭기

Diode-Connected 바이어스 회로를 가진 Common-Source 증폭기 회로를 구성하여 증폭기의 특성을 측정한다.

A. NMOSFET Common-Source 증폭기

그림 9는 diode-connected바이어스 회로를 가진 NMOSFET Common-Source 증폭기 회로이다.

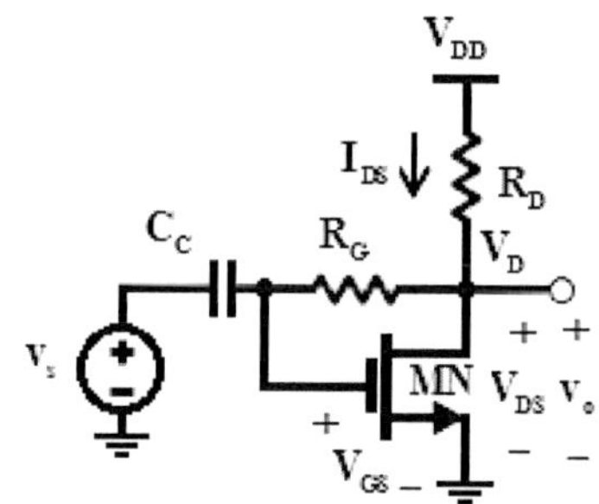

그림 9. Diode-Connected 바이어스 회로를 가진 NMOSFET Common-Source증폭기, V_{DD}=10 V, C_C=1 μF.

실험의 요점

- 동작점 측정: 그림 9의 회로에서 R_G=1.0 MΩ, R_D=6.8 kΩ 일 때, V_{GS}(=V_{DS}), I_{DS}를 구한다.
- A_v 측정: 앞에서 계산한 최대 입력 진폭보다 작은 진폭 ($\hat{\mathbf{v}}_i \le \hat{\mathbf{v}}_{imax}$)과 1 kHz의 주파수를 가진 정현파를 입력 신호로하여 전압 이득 A_v ($= \hat{\mathbf{v}}_o / \hat{\mathbf{v}}_i$)를 측정하여 앞의 시뮬레이션된 전압 이득 값과 비교한다.
- 큰 입력 신호 진폭에 의한 출력 파형의 왜곡 ($\hat{\mathbf{v}}_i > \hat{\mathbf{v}}_{imax}$): 진폭이 최대 입력 신호의 진폭보다 큰 신호를 입력하여 출력 신호의 왜곡 여부를 관찰한다.

표 9. Diode-Connected 바이어스 회로를 가진 NMOSFET Common-Source 증폭기 실험 결과.

	동작점			입출력 신호 진폭 (V)		A_v (V/V)	
파라메타	V_{GS}(V)	V_{DS} (V)	I_{DS} (mA)	$\hat{\mathbf{v}}_i$ (V)	$\hat{\mathbf{v}}_o$ (V)	계산	시뮬레이션
값							

B. PMOSFET Common-Source 증폭기

그림 10은 diode-connected바이어스 회로를 가진 PMOSFET Common-Source 증폭기 회로이다.

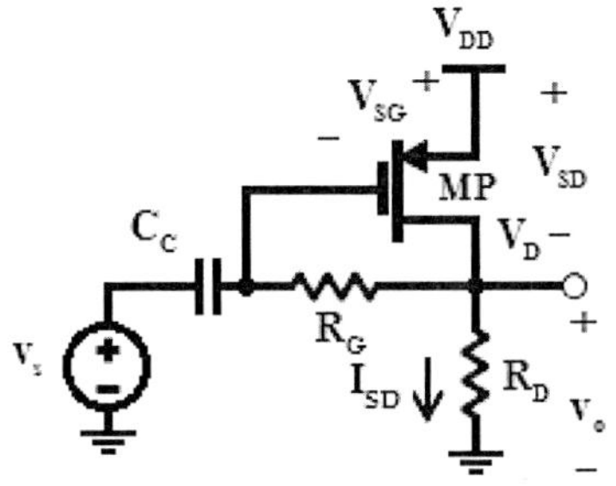

그림 10. Diode-Connected 바이어스 회로를 가진 PMOSFET Common-Source증폭기, V_{DD}=10 V, C_C=1 μF.

실험의 요점

- 동작점 측정: 그림 10의 회로에서 R_G=1.0 MΩ, R_D=14 kΩ 일 때, $V_{SG}(=V_{SD})$, I_{SD}를 구한다.
- A_v 측정: 앞에서 계산한 최대 입력 진폭보다 작은 진폭 ($\hat{v}_i \le \hat{v}_{imax}$)과 1 kHz의 주파수를 가진 정현파를 입력 신호로하여 전압 이득 A_v ($=\hat{v}_o / \hat{v}_i$)를 측정하여 앞의 시뮬레이션된 전압 이득 값과 비교한다
- 큰 입력 신호 진폭에 의한 출력 파형의 왜곡 ($\hat{v}_i > \hat{v}_{imax}$): 진폭이 최대 입력 신호의 진폭보다 큰 신호를 입력하여 출력 신호의 왜곡 여부를 관찰한다.

표 10. Diode-Connected 바이어스 회로를 가진 PMOSFET Common-Source 증폭기 실험 결과.

	동작점			입출력 신호 진폭 (V)		A_v (V/V)	
파라메타	V_{SG}(V)	V_{SD} (V)	I_{SD} (mA)	$\hat{v}_i$ (V)	$\hat{v}_o$ (V)	계산	시뮬레이션
값							

실험 10.3: 정전류원 바이어스 회로를 가진 Common-Source증폭기

그림 11의 정전류원 바이어스 가진 Common-Source증폭기 회로를 구성하고 실습한다.

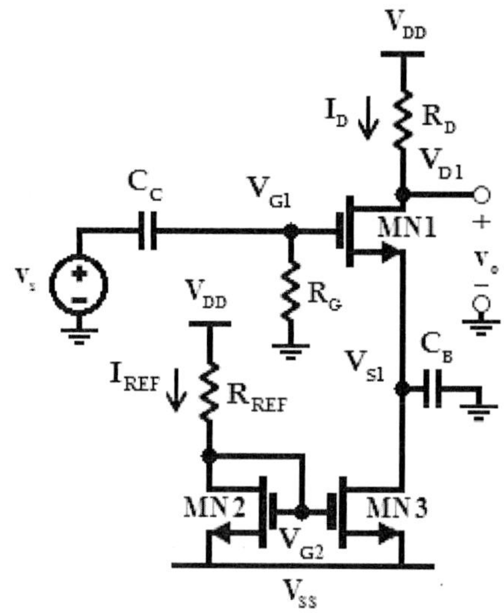

그림 11. 정전류원 바이어스를 가진 Common-Source 증폭기, V_{DD}=10 V, V_{SS}=-10 V, C_C=C_B=1 μF.

실험의 요점

- 동작점 측정: 그림11의 회로에서 R_G=2.0 MΩ, R_D=8 kΩ, R_{REF}=16 kΩ 일 때, V_{G1}, V_{D1}, V_{S1}, V_{G2}, I_{REF}, I_D를 구하고, 모든 소자가 포화영역에서 동작하는 것을 확인한다.
- A_v 측정: 앞에서 계산한 최대 입력 진폭보다 작은 진폭 ($\hat{\mathbf{v}}_\mathbf{i} \le \hat{\mathbf{v}}_\mathbf{imax}$)과 1 kHz의 주파수를 가진 정현파를 입력 신호로하여 전압 이득 A_v ($= \hat{\mathbf{v}}_\mathbf{o} / \hat{\mathbf{v}}_\mathbf{i}$)를 측정하여 앞의 시뮬레이션된 전압 이득 값과 비교한다.
- 큰 입력 신호 진폭에 의한 출력 파형의 왜곡 ($\hat{\mathbf{v}}_\mathbf{i} > \hat{\mathbf{v}}_\mathbf{imax}$): 진폭이 최대 입력 신호의 진폭보다 큰 신호를 입력하여 출력 신호의 왜곡 여부를 관찰한다.

표 11. 정전류원 바이어스 회로를 가진 NMOSFET Common-Source 증폭기 실험 결과.

	동작점					
파라메타	V_{G1} (V)	V_{D1} (V)	V_{S1} (V)	V_{G2} (V)	I_{REF}(A)	I_D (mA)
값						

입출력 신호 진폭 (V)		A_v (V/V)	
$\hat{v}_i$ (V)	$\hat{v}_o$ (V)	계산	시뮬레이션

실험 10.4: 능동 부하 (Active Load)를 가진 Common-Source증폭기

그림 12의 능동 부하를 가진 Common-Source증폭기를 구성하고 실습한다. 능동 부하는 MP1, MP2, I_{REF}로 구성되어 있다. 입력 신호는 함수 발생기를 사용하고, 신호의 OFFSET 전압으로 V_{GS}를 공급한다.

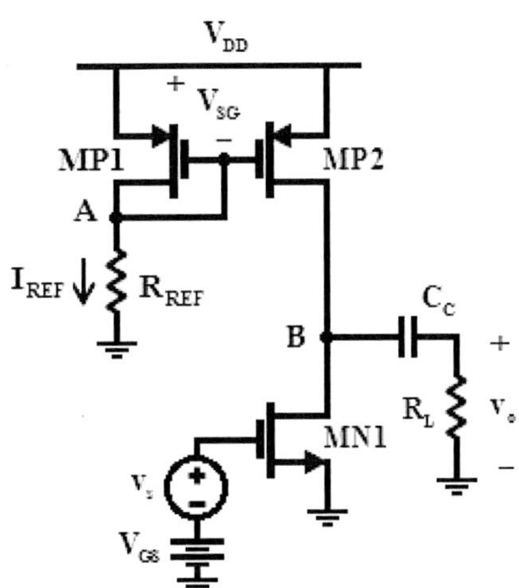

그림 12. 능동 부하 (Active Load)를 가진 Common-Source 증폭기: V_{DD}=10 V, V_{GS}=2.7 V R_{REF}=16 kΩ, R_L=100 kΩ.

실험의 요점

- 동작점 측정: 그림 12의 회로에서 V_A, V_B, I_{REF} 를 구하고, 모든 소자가 포화영역에서 동작하는 지 확인한다.
- A_v 측정: 앞에서 계산한 최대 입력 진폭보다 작은 진폭 ($\hat{v}_i \le \hat{v}_{imax}$)과 1 kHz의 주파수를 가진 정현파를 입력 신호로하여 증폭기의 전압 이득 A_v ($= \hat{v}_o / \hat{v}_i$)를 측정하고 앞의 시뮬레이션된 전압 이득 값과 비교한다.
- 큰 입력 신호 진폭에 의한 출력 파형의 왜곡 ($\hat{v}_i > \hat{v}_{imax}$): 진폭이 최대 입력 신호의 진폭 보다 큰 신호를 입력하여 출력 신호의 왜곡 여부를 관찰한다.

표 12. 능동 부하를 가진 NMOSFET Common-Source 증폭기 실험 결과.

	동작점			최대 입출력 신호 진폭 (V)		A_v (V/V)	
파라메타	V_A (V)	V_B (V)	I_{REF}(mA)	$\hat{\mathbf{V}}_{\mathbf{i}}$ (V)	$\hat{\mathbf{V}}_{\mathbf{o}}$ (V)	시뮬레이션	실험
값							

실험 11 MOSFET Common-Gate 증폭기

실험 목적: MOSFET Common Gate 증폭기 회로를 구성하고 분석한다. Common Gate 증폭기의 전압 이득, 입력 및 출력의 최대 진폭 등 증폭기 특성을 구한다.

실험 장비: DC 전원(Power Supply), 함수 발생기(Function Generator), 오실로스코프, 브래드 보드, 멀티메타

실험 준비물: MC14007UBCP, 저항 다수

MC14007UBCP의 **핀 배열 및 회로 연결:**

MC14007UB

PIN ASSIGNMENT

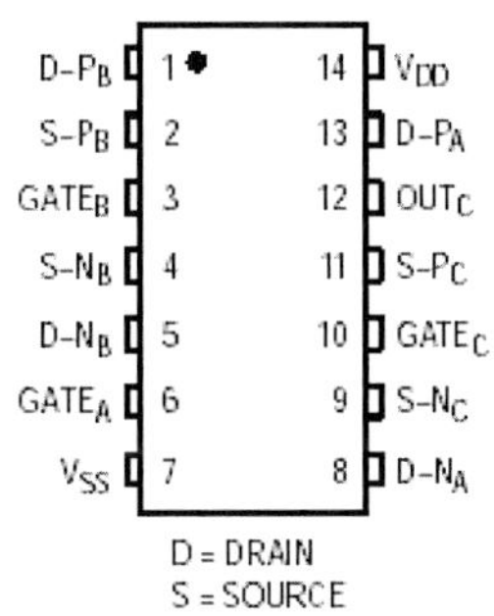

SCHEMATIC

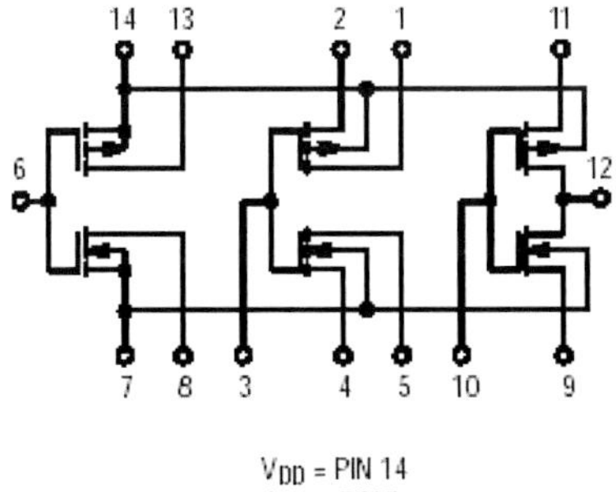

시뮬레이션 11.1: 정전류원 바이어스 회로를 가진 Common-Gate 증폭기

정전류원 바이어스 회로를 가진 Common-Gate 증폭기를 실험한다. Common-Gate 증폭기에서는 증폭 MOSFET의 소스에 입력 신호가 인가되고 드레인으로부터 출력 신호가 나온다.

A. 정전류원 바이어스 회로를 가진 NMOSFET Common-Gate 증폭기

그림 1에서 MN2, MN3, R_{REF}로 구성된 정전류원이 MN1의 드레인 전류 I_D를 공급하고, MN1이 신호를 증폭하는 기능을 한다. MN1의 소스에 입력 신호 v_s가 커플링 커패시터 C_C를 통해 인가되고, MN1의 드레인에서 출력 신호가 부하로 출력 된다. MN1의 게이트에서는 DC와 소신호 전압이 모두 '0'이 된다.

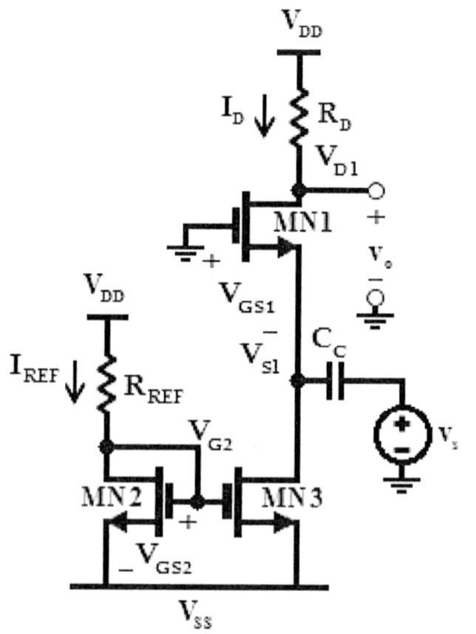

그림 1. 정전류원 바이어스 회로를 가진 NMOSFET Common-Gate 증폭기: V_{DD}=10 V, V_{SS}=−10 V, C_C=1 μF, R_{REF}=33 kΩ, R_D=13 kΩ.

시뮬레이션의 요점

- 동작점 시뮬레이션: 그림 1 회로의 시뮬레이션을 수행하여 V_{GS2}, V_{G2}, I_{REF}, V_{S1}, V_{GS1}, V_{D1}, I_D를 구한다.
- 출력 신호의 최대 진폭 $\hat{v}_{omax}$ 계산: 출력 전압의 양의 방향 스윙 (positive swing) $\hat{v}_{omaxP}$ 과 음의 방향 스윙 (negative swing) $\hat{v}_{omaxN}$ 중 작은 값이 출력 신호의 최대 진폭 $\hat{v}_{omax}$ 가 된다.

$$\hat{v}_{omaxP} = V_{DD} - V_{D1} \tag{1}$$

$$\hat{\mathbf{v}}_{\mathbf{omax\,N}} = \mathbf{V_{D1}} - \mathbf{V_{DSsat}} \tag{2}$$

여기에서 V_{D1}는 MN1의 드레인 전압, $V_{DSsat}=V_G-V_{tn}$이다. V_G는 MN1의 게이트 전압이고, V_{tn}은 MN1의 문턱 전압이며 spice의 출력 파일의 값을 사용한다.

- 소자 파라메타에 의한 전압 이득 A_v계산: $g_m=2I_D/V_{OV}$, $r_o=1/(\lambda_n I_D)$를 이용하여 전압 이득 A_v를 계산한다. (MC14007의 λ_n=0.01 1/V)

$$\mathbf{A_v} = \mathbf{g_m}\left(\mathbf{R_D}\,//\,\mathbf{r_o}\right) \tag{3}$$

- 최대 입출력 신호 진폭: 앞에서 구한 $\hat{\mathbf{v}}_{\mathbf{omax}}$ 와 A_v값을 이용하여 입력 최대 진폭 $\hat{\mathbf{v}}_{\mathbf{imax}}$ 을 다음과 같이 구한다.

$$\mathbf{v_{imax}} = \frac{\mathbf{v_{omax}}}{\mathbf{A_v}} \tag{4}$$

- A_v 시뮬레이션: 식 (4)에서 구한 $\hat{\mathbf{v}}_{\mathbf{imax}}$ 보다 작은 진폭과 주파수가 1 kHz인 정현파를 입력 신호로하여 Transient Analysis (.tran)를 수행한 후 전압 이득 A_v ($= \mathbf{v_o} / \mathbf{v_i}$)를 구한다.

표 1. 정전류원 바이어스 회로를 가진 NMOSFET Common-Gate 증폭기 시뮬레이션 결과.

	동작점						
파라메타	V_{GS2} (v)	V_{G2} (V)	I_{REF} (mA)	V_{S1} (V)	V_{GS1},(V)	V_{D1} (V)	I_D (mA)
값							

	최대 입출력 신호 진폭 (V)		A_v (V/V)	
파라메타	$\hat{\mathbf{v}}_{\mathbf{omax}}$ (V)	$\hat{\mathbf{v}}_{\mathbf{imax}}$ (V)	계산	시뮬레이션
값				

B. 정전류원 바이어스 회로를 가진 PMOSFET Common-Gate 증폭기

그림 2는 정전류원에 의해 바이어스 전류가 공급되는 PMOSFET Common-Gate 증폭기이다. MP2, MP3, R_{REF}로 구성된 정전류원이 MN1의 드레인 전류 I_D를 공급하고, MP1이 신호를 증폭한다. MP1의 소스에 입력 신호 v_s가 커플링 커패시터 C_C를 통해 인가되고 MP1의

드레인에서 출력 신호가 부하로 출력 된다. MP1의 게이트는 드레인 전류 I_D에 대응하는 게이트 전압 V_{G1}으로 바이어스 된다.

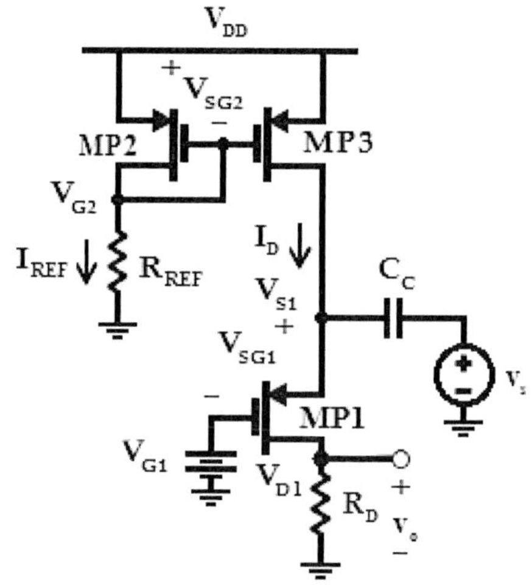

그림 2. 정전류원 바이어스 회로를 가진 PMOSFET Common-Gate 증폭기: V_{DD}=10 V, C_C=1 μF, R_{REF}=14 kΩ, R_D=13 kΩ, V_{G1}=6.5 V.

시뮬레이션의 요점

- 동작점 시뮬레이션: 그림 2 의 회로에서 V_{SG2}, V_{G2}, I_{REF}, V_{S1}, V_{SG1}, V_{D1}, I_D를 구한다.
- 출력 신호의 최대 진폭 $\hat{\mathbf{v}}_{\mathbf{omax}}$ 계산: 출력 전압의 양의 방향 스윙 (positive swing) $\hat{\mathbf{v}}_{\mathbf{omax\,P}}$과 음의 방향 스윙 (negative swing) $\hat{\mathbf{v}}_{\mathbf{omax\,N}}$ 중 작은 값이 출력 신호의 최대 진폭 $\hat{\mathbf{v}}_{\mathbf{omax}}$가 된다.

$$\hat{\mathbf{v}}_{\mathbf{omax\,P}} = \mathbf{V_{S1}} - \mathbf{V_{SDsat}} - \mathbf{V_{D1}} \tag{4}$$

$$\hat{\mathbf{v}}_{\mathbf{omax\,N}} = \mathbf{V_{D1}} - \mathbf{0} \tag{5}$$

여기에서 V_{D1}는 MP1의 드레인 전압, V_{S1}은 MP1의 소스 전압이고, $V_{SDsat}=V_{SG1}-|V_{tp}|$, V_{tp}는 MP1의 문턱 전압이며 spice의 출력 파일의 값을 사용한다.

- 소자 파라메타에 의한 전압 이득 A_v계산: $g_m=2I_D/V_{OV}$, $r_o=1/(\lambda_p I_D)$를 이용하여 전압 이득 A_v를 계산한다. (MC14007의 λ_p=0.04 1/V)

$$\mathbf{A_v} = \mathbf{g_m}\left(\mathbf{R_D}\,/\,/\mathbf{r_o}\right) \tag{6}$$

- 최대 입출력 신호 진폭: 앞에서 구한 $\hat{\mathbf{v}}_{\mathbf{omax}}$ 와 A_v값을 이용하여 입력 최대 진폭 $\hat{\mathbf{v}}_{\mathbf{imax}}$ 을 다음과 같이 구한다.

$$\mathbf{v}_{\mathbf{imax}} = \frac{\mathbf{v}_{\mathbf{omax}}}{\mathbf{A}_{\mathbf{v}}} \tag{7}$$

- A_v 시뮬레이션: 식 (7)에서 구한 $\hat{\mathbf{v}}_{\mathbf{imax}}$ 보다 작은 진폭, 주파수가 1 kHz인 정현파를 입력 신호로하여 Transient Analysis (.tran)를 수행한 후 전압 이득 A_v ($= \mathbf{v_o} / \mathbf{v_i}$)를 구한다.

표 2. 정전류원 바이어스 회로를 가진 PMOSFET Common-Gate 증폭기 시뮬레이션 결과.

	동작점						
파라메타	V_{SG2} (v)	V_{G2} (V)	I_{REF} (mA)	V_{S1} (V)	V_{SG1},(V)	V_{D1} (V)	I_D (mA)
값							

	최대 입출력 신호 진폭 (V)		A_v (V/V)	
파라메타	$\hat{\mathbf{v}}_{\mathbf{omax}}$ (V)	$\hat{\mathbf{v}}_{\mathbf{imax}}$ (V)	계산	시뮬레이션
값				

시뮬레이션 11.2: 능동 부하 (Active Load)를 가진 Common-Gate 증폭기

그림 3과 4는 능동 부하를 가진 NMOSFET, PMOSFET Common-Gate 증폭기이다. 능동 부하는 정전류원을 사용하기 때문에 높은 저항을 가져, 높은 전압 이득을 가능하게 한다.

A. 능동 부하를 가진 NMOSFET Common-Gate 증폭기

그림 3 회로에서, MP1, MP2, R_{REF}로 구성된 PMOSFET 정전류원이 부하 역할을 하고, MN1이 신호 증폭 기능 한다. Common-Gate 증폭기의 입력단은 MN1의 소스이고, 출력단은 MN1의 드레인이다. v_s는 입력 신호이고, R_L은 부하이며 커플링 커패시터 C_C를 통해 출력인 MN1의 드레인에 연결되어 있다.

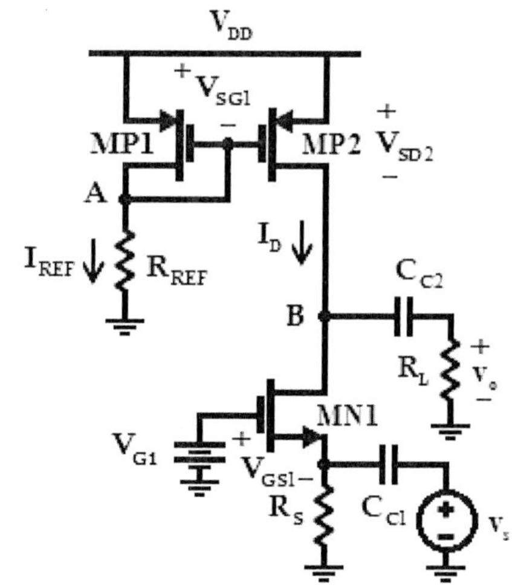

그림 3. 능동 부하를 가진 NMOSFET Common-Gate증폭기: V_{DD}=10 V, V_{G1}=6.5 V R_{REF}=7.62 kΩ, R_S=3 kΩ, R_L=100 kΩ, C_{C1}= C_{C2}=1 μF.

시뮬레이션의 요점

- 동작점 시뮬레이션: 그림 3 의 회로에서 V_{G1}, V_B, V_{SD2}, V_A, V_{SG}, I_{REF} 를 구한다.
- 출력 신호의 최대 진폭 $\hat{\mathbf{v}}_{\mathbf{omax}}$ 계산: 출력 전압의 양의 방향 스윙 (positive swing) $\hat{\mathbf{v}}_{\mathbf{omaxP}}$ 과 음의 방향 스윙 (negative swing) $\hat{\mathbf{v}}_{\mathbf{omaxN}}$ 중 작은 값이 출력 신호의 최대 진폭 $\hat{\mathbf{v}}_{\mathbf{omax}}$ 가 된다.

$$\hat{\mathbf{v}}_{\mathbf{omaxP}} = \mathbf{V_{DD}} - \mathbf{V_{SG1}} + \left|\mathbf{V_{tp}}\right| - \mathbf{V_B} \tag{8}$$

$$\hat{\mathbf{v}}_{\mathbf{omaxN}} = \mathbf{V_B} - \left(\mathbf{V_{G1}} - \mathbf{V_{tn}}\right) \tag{9}$$

여기에서 V_B는 노드 B의 전압이다.

- 소자 파라메타에 의한 전압 이득 A_v계산: $g_m=2I_D/V_{OV}$, $r_o=1/(\lambda I_D)$를 이용하여 전압 이득 A_v를 계산한다. (MC14007의 λ_n=0.01 1/V λ_p=0.04 1/V)

$$\mathbf{A_v} = \mathbf{g_m}\left(\mathbf{r_{on}} \,//\, \mathbf{r_{op}}\right) \tag{10}$$

- 최대 입출력 신호 진폭: 앞에서 구한 $\hat{\mathbf{v}}_{\mathbf{omax}}$ 와 A_v값을 이용하여 입력 최대 진폭 $\hat{\mathbf{v}}_{\mathbf{imax}}$ 을 다음과 같이 구한다.

$$\mathbf{v}_{\mathbf{imax}} = \frac{\mathbf{v}_{\mathbf{omax}}}{\mathbf{A}_{\mathbf{v}}} \tag{11}$$

● A_v 시뮬레이션: 식 (7)에서 구한 $\hat{\mathbf{v}}_{\mathbf{imax}}$ 보다 작은 진폭, 주파수가 1 kHz인 정현파를 입력 신호로하여 Transient Analysis (.tran)를 수행한 후 전압 이득 A_v (= $\mathbf{v}_{\mathbf{o}}$ / $\mathbf{v}_{\mathbf{i}}$)를 구한다.

표 3. 능동 부하 (Active Load)를 가진 NMOSFET Common-Gate 증폭기 시뮬레이션 결과.

		동작점					
파라메타	V_{G1} (V)	V_{GS1} (V)	V_B (V)	V_{SD2} (V)	V_A (V)	V_{SG1} (V)	I_{REF} (mA)
값							

	최대 입출력 신호 진폭 (V)		A_v (V/V)
파라메타	$\hat{\mathbf{v}}_{\mathbf{omax}}$ (V)	$\hat{\mathbf{v}}_{\mathbf{imax}}$ (V)	
값			

B. 능동 부하를 가진 PMOSFET Common-Gate 증폭기

그림 4 회로에서, MN1, MN2, R_{REF}로 구성된 NMOSFET 정전류원이 부하 역할을 하고, MP1이 신호 증폭 기능을 한다. Common-Gate증폭기의 입력단은 MP1의 소스이고, 출력단은 MP1의 드레인이다. v_s는 입력 신호이고, R_L은 부하이며 커플링 커패시터 C_C를 통해 출력인 MP1의 드레인에 연결되어 있다.

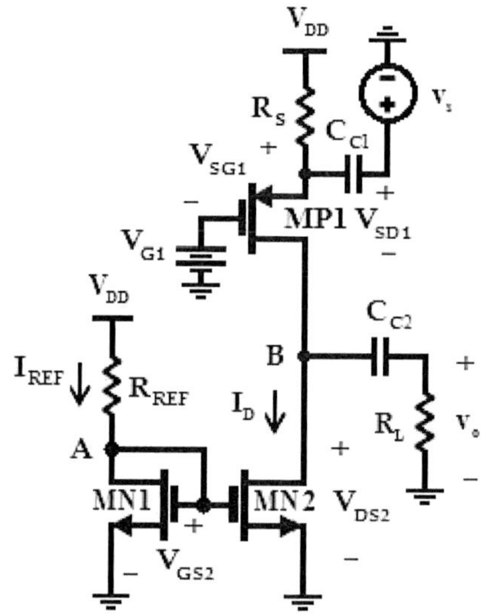

그림 4. 능동 부하를 가진 PMOSFET Common-Gate증폭기: V_{DD}=10 V, R_{REF}=6.94 kΩ, V_{G1}=4.18 V, R_S=3 kΩ, R_L=100 kΩ, C_{C1}= C_{C2}=1 μF.

시뮬레이션의 요점

- 동작점 시뮬레이션: 그림 4 의 회로에서 V_{G1}, V_{SG1}, V_B, V_{SD1}, V_{DS2}, V_A, V_{GS2}, I_{REF} 를 구한다.
- 출력 신호의 최대 진폭 $\hat{\mathbf{v}}_{\mathbf{omax}}$ 계산: 출력 전압의 양의 방향 스윙 (positive swing) $\hat{\mathbf{v}}_{\mathbf{omaxP}}$ 과 음의 방향 스윙 (negative swing) $\hat{\mathbf{v}}_{\mathbf{omaxN}}$ 중 작은 값이 출력 신호의 최대 진폭 $\hat{\mathbf{v}}_{\mathbf{omax}}$ 가 된다.

$$\hat{\mathbf{v}}_{\mathbf{omaxP}} = \mathbf{V_{G1}} + \left|\mathbf{V_{tp}}\right| - \mathbf{V_B} \tag{12}$$

$$\hat{\mathbf{v}}_{\mathbf{omaxN}} = \mathbf{V_B} - \left(\mathbf{V_{GS2}} - \mathbf{V_{tn}}\right) \tag{13}$$

여기에서 V_B는 노드 B의 전압이다.

- 소자 파라메타에 의한 전압 이득 A_v계산: $g_m=2I_D/V_{OV}$, $r_o=1/(\lambda I_D)$를 이용하여 전압 이득 A_v를 계산한다. (MC14007의 λ_n=0.01 1/V λ_p=0.04 1/V)

$$\mathbf{A_v = g_m\left(r_{on} // r_{op}\right)} \tag{14}$$

- 최대 입출력 신호 진폭: 앞에서 구한 $\hat{\mathbf{v}}_{\mathbf{omax}}$ 와 A_v값을 이용하여 입력 최대 진폭 $\hat{\mathbf{v}}_{\mathbf{imax}}$ 을 다음과 같이 구한다.

$$\mathbf{v_{imax} = \frac{v_{omax}}{A_v}} \tag{15}$$

- A_v 시뮬레이션: 식 (7)에서 구한 $\hat{\mathbf{v}}_{\mathbf{imax}}$ 보다 작은 진폭, 주파수가 1 kHz인 정현파를 입력 신호로하여 Transient Analysis (.tran)를 수행한 후 전압 이득 A_v ($= \mathbf{v_o / v_i}$)를 구한다.

표 4. 능동 부하 (Active Load)를 가진 PMOSFET Common-Gate 증폭기 시뮬레이션 결과.

	동작점							
파라메타	V_{G1} (V)	V_{SG1} (V)	V_{SD1} (V)	V_B (V)	V_{DS2} (V)	V_A (V)	V_{GS2} (V)	I_{REF} (mA)
값								

	최대 입출력 신호 진폭 (V)		A_v (V/V)
파라메타	$\hat{\mathbf{v}}_{\mathbf{imax}}$ (V)	$\hat{\mathbf{v}}_{\mathbf{omax}}$ (V)	
값			

실험 11.1: 정전류원 바이어스 회로를 가진 Common-Gate 증폭기

정전류원 바이어스 회로를 가진 Common-Gate 증폭기를 구성하고 실습한다.

A. 정전류원 바이어스 회로를 가진NMOSFET Common-Gate 증폭기

그림 5는 그림 1회로를 편의상 다시 옮겨온 것이다. 두 개의 전원을 사용한 Common-Gate 증폭기 회로이며, 입력 신호 v_s에 의한 출력 신호 v_o를 관찰한다.

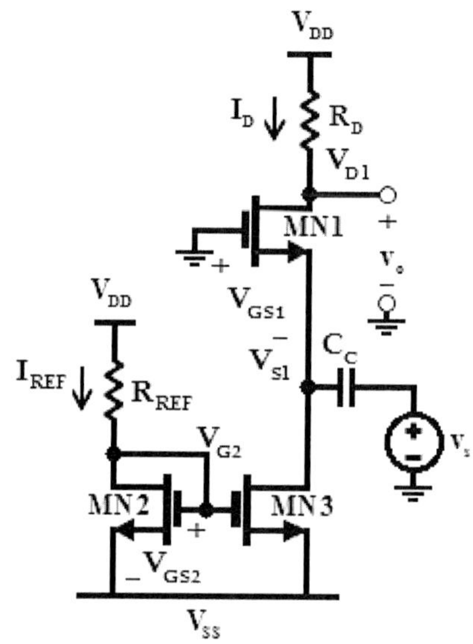

그림 5. 정전류원 바이어스 회로를 가진 NMOSFET Common-Gate 증폭기: V_{DD}=10 V, V_{SS}=-10 V, C_C=1 μF, R_{REF}=33 kΩ, R_D=13 kΩ.

실험의 요점

- 동작점 측정: 그림 5 회로의 동작점을 확인하기 위해 V_{GS2}, V_{G2}, I_{REF}, V_{S1}, V_{GS1}, V_{D1}, I_D를 측정한다. 시뮬레이션 결과와 비교하여 회로의 연결을 확인하다.
- A_v 측정: 입력 신호 v_s가 진폭 0.1 V, 주파수 1 kHz인 정현파일 때 출력 신호를 측정하여 전압 이득 $A_v\,(= \mathbf{v_o} / \mathbf{v_i})$를 구한다.
- 최대 입출력 신호 진폭: 입력 신호의 진폭을 출력 신호가 왜곡되기 직전까지 증가 시켜 최대 입출력 신호의 진폭 $\hat{\mathbf{v}}_{\mathbf{imax}}$, $\hat{\mathbf{v}}_{\mathbf{omax}}$ 를 측정한다.

표 5. 정전류원 바이어스 회로를 가진 NMOSFET Common-Gate 증폭기 실험 결과.

	동작점						
파라메타	V_{GS2} (v)	V_{G2} (V)	I_{REF} (mA)	V_{S1} (V)	V_{GS1},(V)	V_{D1} (V)	I_D (mA)
값							

	최대 입출력 신호 진폭 (V)		A_v (V/V)
파라메타	$\hat{\mathbf{v}}_{imax}$ (V)	$\hat{\mathbf{v}}_{omax}$ (V)	
값			

B. **정전류원 바이어스 회로를 가진 PMOSFET Common-Gate 증폭기**

그림 6은 그림 2를 편의상 옮겨온 것이다. 하나의 전원과 정전류원 바이어스 회로를 가진 PMOSFET Common-Gate 증폭기를 실습한다. 입력 신호 v_s에 의한 출력 신호 v_o를 관찰하여 증폭기의 특성을 구한다.

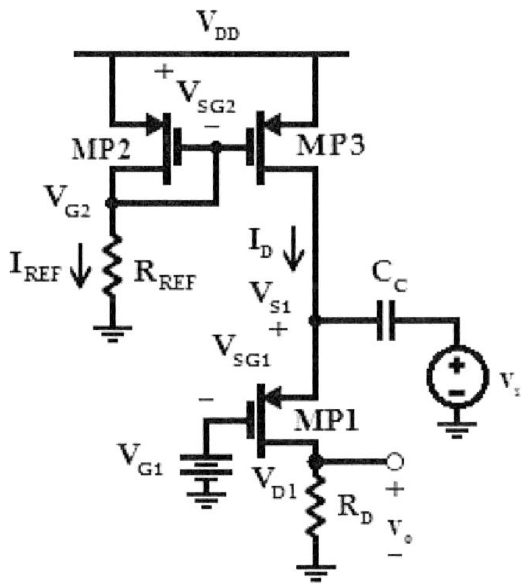

그림 6. 정전류원 바이어스 회로를 가진 PMOSFET Common-Gate 증폭기: V_{DD}=10 V, C_C=1 μF, R_{REF}=14 kΩ, R_D=13 kΩ, V_{G1}=6.5 V.

실험의 요점

- 동작점 측정: 그림 6 회로의 동작점을 확인하기 위해 V_{SG2}, V_{G2}, I_{REF}, V_{S1}, V_{SG1}, V_{D1}, I_D를 측정한다. 시뮬레이션 결과와 비교하여 회로의 연결을 확인하다.
- A_v 측정: 입력 신호 v_s가 진폭 0.1 V, 주파수 1 kHz인 정현파일 때 출력 신호를 측정하여 전압 이득 A_v ($= \mathbf{v}_o / \mathbf{v}_i$)를 구한다.

- 최대 입출력 신호 진폭: 입력 신호의 진폭을 출력 신호가 왜곡되기 직전까지 증가 시켜 최대 입출력 신호의 진폭 $\hat{v}_{imax}$, $\hat{v}_{omax}$를 측정한다.

표 6. 정전류원 바이어스 회로를 가진 PMOSFET Common-Gate 증폭기 실험 결과.

	동작점						
파라메타	V_{SG2} (v)	V_{G2} (V)	I_{REF} (mA)	V_{S1} (V)	V_{SG1},(V)	V_{D1} (V)	I_D (mA)
값							

	최대 입출력 신호 진폭 (V)		A_v (V/V)
파라메타	$\hat{v}_{imax}$ (V)	$\hat{v}_{omax}$ (V)	
값			

실험 11.2: 능동 부하 (Active Load)를 가진 Common-Gate 증폭기

능동 부하를 가진 Common-Gate 증폭기를 구성하고 실습한다.

A. 능동 부하를 가진 NMOSFET Common-Gate 증폭기

그림 7은 능동 부하를 가진 NMOSFET Common-Gate 증폭기이다. MN1의 소스에 인가되는 입력 신호 v_s에 대한 출력 신호 v_o를 관찰하여 증폭기의 전압 이득 등을 측정한다.

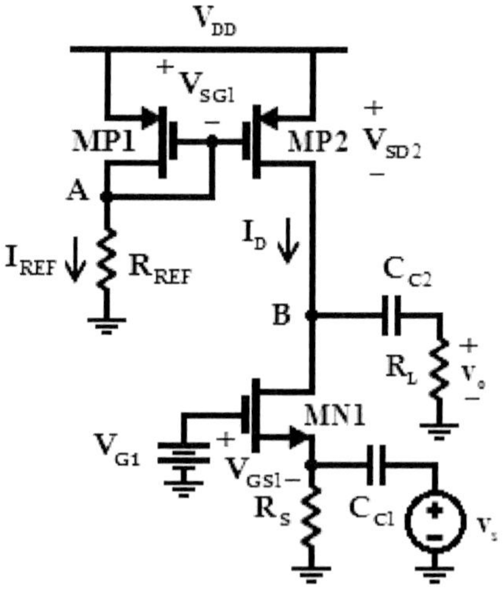

그림 7. 능동 부하를 가진 NMOSFET Common-Gate증폭기: V_{DD}=10 V, V_{G1}=6.5 V R_{REF}=7.62 kΩ, R_S=3 kΩ, R_L=100 kΩ, C_{C1}= C_{C2}=1 μF.

실험의 요점

- 동작점 측정: 그림 7 회로의 동작점을 확인하기 위해 V_{G1}, V_B, V_{SD}, V_A, V_{SG}, I_{REF} 를 측정 한다. 시뮬레이션 결과와 비교하여 회로의 연결을 확인하다.
- A_v 측정: 입력 신호 v_s가 진폭 0.05 V, 주파수 1 kHz인 정현파일 때 출력 신호를 측정하여 전압 이득 A_v $(= \mathbf{v_o} / \mathbf{v_i})$를 구한다.
- 최대 입출력 신호 진폭: 입력 신호의 진폭을 출력 신호가 왜곡되기 직전까지 증가 시켜 최대 입출력 신호의 진폭 $\hat{\mathbf{v}}_{\mathbf{imax}}$, $\hat{\mathbf{v}}_{\mathbf{omax}}$ 를 측정한다.

표 7. 능동 부하 (Active Load)를 가진 NMOSFET Common-Gate 증폭기 실험 결과.

		동작점					
파라메타	V_{G1} (V)	V_{GS1} (V)	V_B (V)	V_{SD2} (V)	V_A (V)	V_{SG1} (V)	I_{REF} (mA)
값							

	최대 입출력 신호 진폭 (V)		A_v (V/V)
파라메타	$\hat{\mathbf{v}}_{\mathbf{omax}}$ (V)	$\hat{\mathbf{v}}_{\mathbf{imax}}$ (V)	
값			

B. 능동 부하를 가진 PMOSFET Common-Gate 증폭기

그림 8은 능동 부하를 가진 PMOSFET Common-Gate 증폭기이다. MP1의 소스에 인가되는 입력 신호 v_s에 대한 출력 신호 v_o를 관찰하여 증폭기의 전압 이득 등을 측정한다.

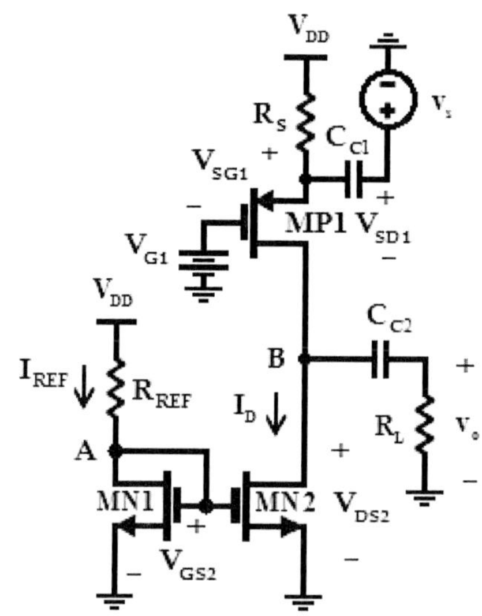

그림 8. 능동 부하를 가진 PMOSFET Common-Gate증폭기: V_{DD}=10 V, R_{REF}=6.94 kΩ, V_{G1}=4.18 V, R_S=3 kΩ, R_L=100 kΩ, C_{C1}= C_{C2}=1 μF.

실험의 요점

- 동작점 측정: 그림 8 회로의 동작점을 확인하기 위해 V_{G1}, V_{SG1}, V_B, V_{SD1}, V_{DS2}, V_A, V_{GS2}, I_{REF}를 측정 한다. 시뮬레이션 결과와 비교하여 회로의 연결을 확인하다.
- A_v 측정: 입력 신호 v_s가 진폭 0.05 V, 주파수 1 kHz인 정현파일 때 출력 신호를 측정하여 전압 이득 A_v $(= \mathbf{v_o} / \mathbf{v_i})$를 구한다.
- 최대 입출력 신호 진폭: 입력 신호의 진폭을 출력 신호가 왜곡되기 직전까지 증가 시켜 최대 입출력 신호의 진폭 $\hat{\mathbf{v}}_{\mathbf{imax}}$, $\hat{\mathbf{v}}_{\mathbf{omax}}$ 를 측정한다.

표 8. 능동 부하 (Active Load)를 가진 PMOSFET Common-Gate 증폭기 실험 결과.

	동작점							
파라메타	V_{G1} (V)	V_{SG1} (V)	V_{SD1} (V)	V_B (V)	V_{DS2} (V)	V_A (V)	V_{GS2} (V)	I_{REF} (mA)
값								

	최대 입출력 신호 진폭 (V)		A_v (V/V)
파라메타	$\hat{\mathbf{v}}_{\mathbf{imax}}$ (V)	$\hat{\mathbf{v}}_{\mathbf{omax}}$ (V)	
값			

실험 12 MOSFET Source Follower

실험 목적: MOSFET의 Source-Follower 증폭기를 설계 및 구현한다. 그리고 Source-Follower는 Buffer로서 사용되기 때문에 Buffer 응용회로를 실험한다.

실험 장비 DC 전원(Power Supply), 함수 발생기(Function Generator), 오실로스코프, 브래드 보드, 멀티메타

실험 준비물: MC14007UBC1개, 저항 및 커패시터 다수.

MC14007UBCP의 **핀 배열 및 회로연결**:

MC14007UB

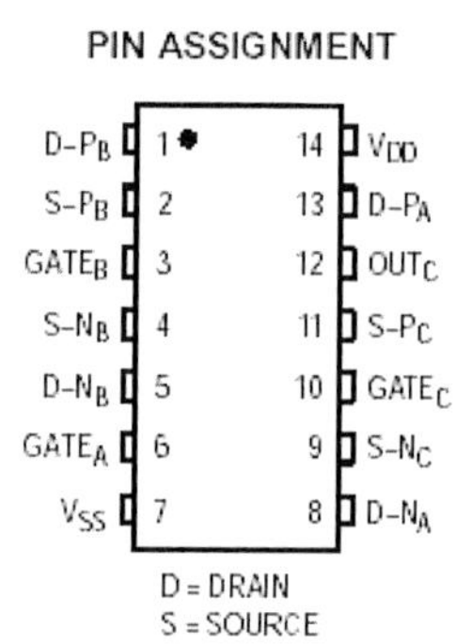

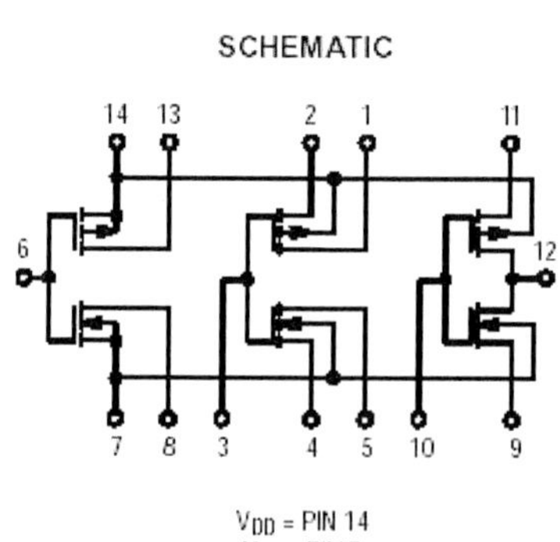

시뮬레이션 12.1: Discrete 바이어스 회로를 가진 Source Follower

Discrete 바이어스 회로에 의해 소자의 바이어스 전압이 공급되는 Source-Follower 증폭기를 시뮬레이션 한다. 그림 1은 R_{G1}과 R_{G2}, R_L에 의해 바이어스가 공급되는 NMOSFET Source-Follower 회로이다. 입력 신호 v_s가 커플링 커패시터 C_C를 통해 MN의 게이트에 인가 되고, 출력 신호 v_o는 MN의 소스에서 출력된다.

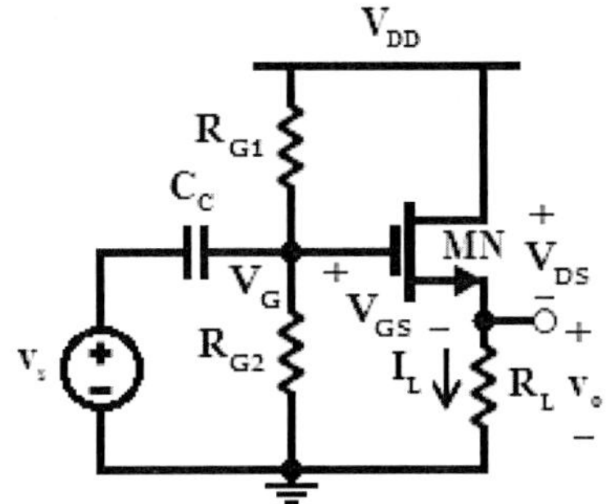

그림 1. Discrete 바이어스 회로를 가진 NMOSFET Source-Follower: V_{DD}=10 V, $v_s = \sin(2\pi 1000t)$, C_C=1 μF, R_{G1}=320 kΩ, R_{G2}=680 kΩ, R_L=2 kΩ.

시뮬레이션의 요점

- 동작점 시뮬레이션: 그림 1의 회로의 시뮬레이션을 수행하여 V_G, V_{GS}, I_L, V_{DS}를 구한다. MN이 포화 영역 (Saturation Mode)에서 동작을 확인 한다.
- A_v 시뮬레이션: 입력 신호 $v_s = \sin(2\pi 1000t)$ 를 인가하여하여 Transient Analysis (.tran)를 수행한 후 전압이득 A_v ($= \mathbf{v_o} / \mathbf{v_i}$)를 구한다.

표 1. Discrete 바이어스 회로를 가진 NMOSFET Source-Follower 시뮬레이션 결과.

	동작점			
파라메타	V_G (V)	V_{GS} (V)	I_L (mA)	V_{DS}
값				

	A_v (V/V)
값	

시뮬레이션 12.2: 정전류원 바이어스 회로를 가진 Source-Follower

정전류원에 의해 소자의 전류가 공급되는 Source-Follower 증폭기를 시뮬레이션한다. 그림 2는 MN2, MN3, R_{REF}로 구성된 정전류원 의해 바이어스가 공급되는 NMOSFET Source-Follower

회로이다. 입력 신호 v_s가 커플링 커패시터 C_{C1}를 통해 MN1의 게이트에 인가 되고, 출력 신호 v_o는 MN1의 소스에서 커플링 커패시터 C_{C2} 를 통해 부하 R_L로 출력된다. 회로에서 V_{DD}=10 V, V_{SS}=-10 V, C_{C1}=C_{C2}=1 μF이다.

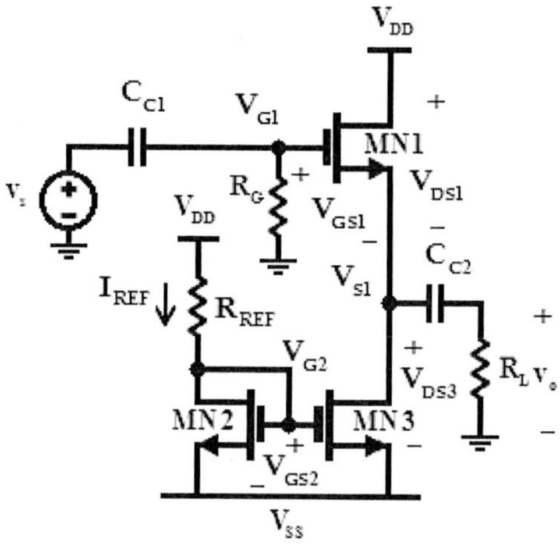

그림 2. 정전류원에 의해 바이어스된 NMOSFET Source-Follower 회로: R_{REF}=11 kΩ, R_G=1 MΩ, R_L=2 kΩ.

시뮬레이션의 요점

- 동작점 시뮬레이션: 그림 2 회로의 시뮬레이션을 수행하여 V_{G2}, V_{GS2}, I_{REF}, V_{S1}, V_{GS1}, V_{DS1}, V_{DS3}를 구한다. MN1, MN3가 포화 영역 (Saturation Mode)에서 동작하는지 확인 한다.
- A_v 시뮬레이션: 입력 신호 $v_s = 2\sin(2\pi 1000t)$ 를 인가하여 Transient Analysis (.tran)를 수행한 후 전압이득 A_v ($= \mathbf{v_o} / \mathbf{v_i}$)를 구한다.

표 2. 정전류원 바이어스 회로를 가진 NMOSFET Source-Follower 시뮬레이션 결과.

	동작점						
파라메타	V_{G2} (V)	V_{GS2} (V)	I_{REF} (mA)	V_{S1} (V)	V_{GS1} (V)	V_{DS1} (V)	V_{DS3} (V)
값							

	A_v (V/V)
값	

시뮬레이션 12.3: Source-Follower 회로의 버퍼 응용

Source-Follower는 입력 저항이 크고 출력 저항이 작다. 따라서 Source-Follower는 출력 저항이 큰 신호원과 상대적으로 작은 저항의 부하 사이에 버퍼로 응용된다.

A. 그림 3은 출력 저항이 R_S인 신호원 v_s가 부하 R_L을 구동하는 회로이다.

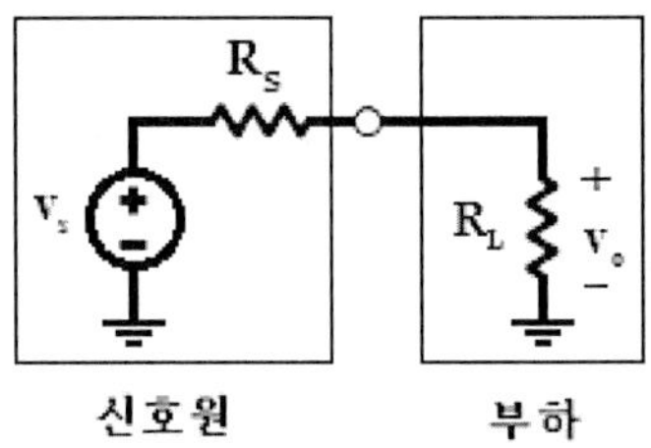

그림 3. 신호원과 부하를 직접 연결한 회로: $v_s = \sin(2\pi 1000t)$, R_S=62 kΩ, R_L=2 kΩ.

출력 전압 v_o는 전압 분배 법칙에 의해 입력 신호 v_s와 다음 식 (1) 같은 관계가 성립한다.

$$v_o = v_s \frac{R_L}{R_S + R_L} \tag{1}$$

즉 신호원의 출력 저항 R_S가 R_L에 비해 큰 값이면 부하에 전달되는 신호 v_o가 작아진다. 식 (1)을 이용해 입력 신호에 대한 출력 신호를 계산한다.

표 3. 신호원과 부하를 직접 연결한 회로의 신호 전달비 계산 결과.

v_s (V)	v_o (V)	v_o/v_s (V/V)

B. 그림 4는 그림 3 회로에 신호원과 부하 사이에 Source-Follower회로 (그림 2)를 버퍼 회로로 추가한 것이다. 시뮬레이션을 수행하여 입력신호가 출력신호에 전달되는 비율 v_o/v_s를 구한다.

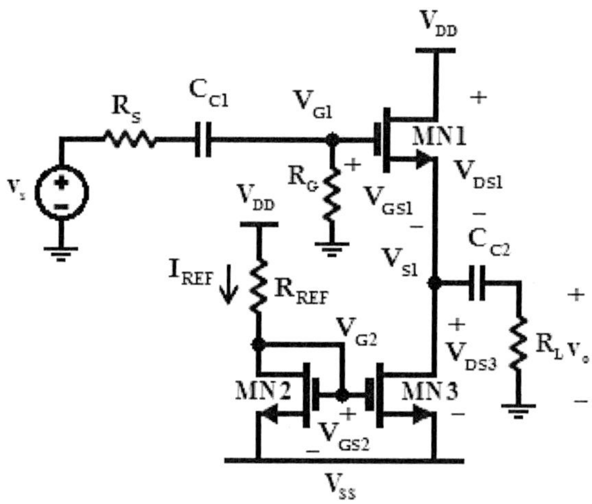

그림 4. 높은 출력저항을 가진 신호원과 상대적으로 낮은 입력저항을 가진 부하를 Buffer를 통해 연결하는 회로: $v_s = \sin(2\pi 1000t)$, R_S=62 kΩ, R_L=2 kΩ.

표 4. 버퍼에 의해 신호 전달이 개선된 시뮬레이션 결과.

v_S (V)	v_O (V)	v_O/v_S (V/V)

C. 앞의 A와 B의 신호 전달 비율을 비교함으로써 버퍼의 기능을 설명한다.

실험 12.1: Discrete 바이어스 회로를 가진 Source Follower

Discrete 바이어스 회로에 의해 소자의 전압이 공급되는 Source-Follower 증폭기를 실습 한다. 그림 5는 그림 1을 편이상 다시 그린 것이다.

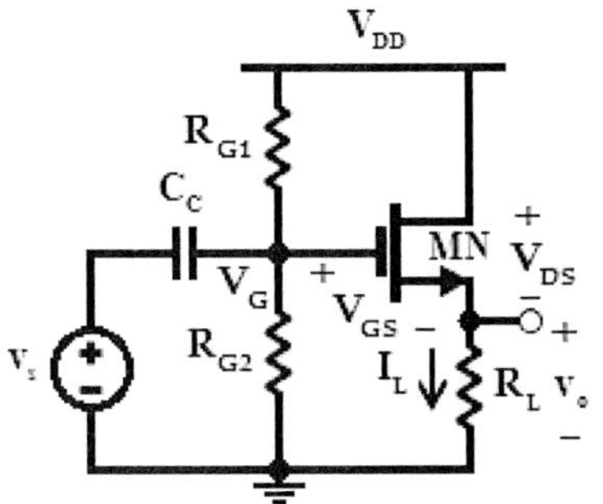

그림 5. Discrete 바이어스 회로를 가진 NMOSFET Source-Follower: V_{DD}=10 V, R_{G1}=320 kΩ, R_{G2}=680 kΩ, R_L=2 kΩ, C_C=1 μF.

실험의 요점

- 동작점 측정: 그림 5의 회로를 구성하여 V_G, V_{GS}, I_L, V_{DS} 를 측정 한다. MN이 포화 영역(Saturation Mode)에서 동작을 확인 한다.
- A_v 측정: 입력 신호 $v_s = \sin(2\pi 1000t)$ 와 출력 신호 v_o를 비교하여 전압이득 A_v ($= v_0 / v_i$)를 측정하고 시뮬레이션 결과와 비교 한다.

표 5. Discrete 바이어스 회로를 가진 NMOSFET Source-Follower 측정 결과.

	동작점			
파라메타	V_G (V)	V_{GS} (V)	I_L (mA)	V_{DS}
값				

A_v (V/V)	
시뮬레이션	실험

실험 12.2: 정전류원 바이어스 회로를 가진 Source-Follower

정전류원에 의해 소자의 전류가 공급되는 Source-Follower 증폭기를 실험 한다. 그림 6은 그림 2 회로를 편이상 다시 그린 것이다.

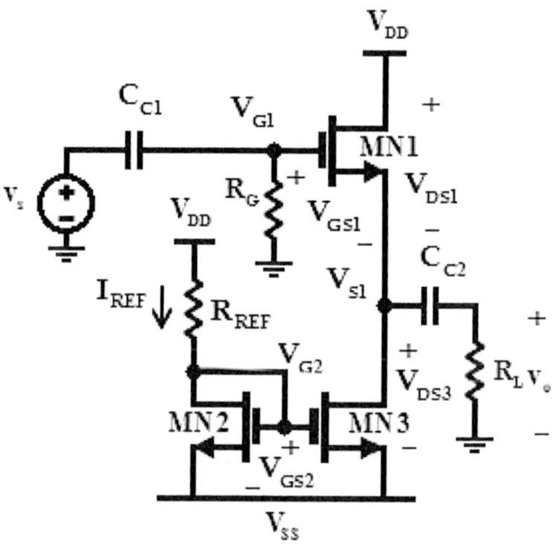

그림 6. 정전류원에 의해 바이어스가 공급되는 NMOSFET Source-Follower 회로: V_{DD}=10 V, V_{SS}=-10 V, C_{C1}=C_{C2}=1 μF, R_{REF}=11 kΩ, R_G=1 MΩ, R_L=2 kΩ.

실험의 요점

- 동작점 측정: 그림 6의 회로를 구성하여 V_{G2}, V_{GS2}, I_{REF}, V_{S1}, V_{GS1}, V_{DS1}, V_{DS3}를 측정한다. MN1, MN3가 포화 영역 (Saturation Mode)에서 동작하는지 확인한다.
- A_v 측정: 입력 신호 $v_s = 2\sin(2\pi 1000t)$ 와 출력 신호 v_o를 비교하여 전압이득 A_v ($= \mathbf{v_0} / \mathbf{v_i}$)를 측정하고 시뮬레이션 결과와 비교한다.

표 6. 정전류원 바이어스 회로를 가진 NMOSFET Source-Follower 측정 결과.

	동작점						
파라메타	V_{G2} (V)	V_{GS2} (V)	I_{REF} (mA)	V_{S1} (V)	V_{GS1} (V)	V_{DS1} (V)	V_{DS3} (V)
값							

A_v (V/V)	
시뮬레이션	실험

실험 12.3: Source-Follower 회로의 버퍼 응용

Source-Follower의 버퍼 응용을 실험 한다.

A. 그림 7의 회로에서 입력 신호에 대한 출력 신호를 측정 한다.

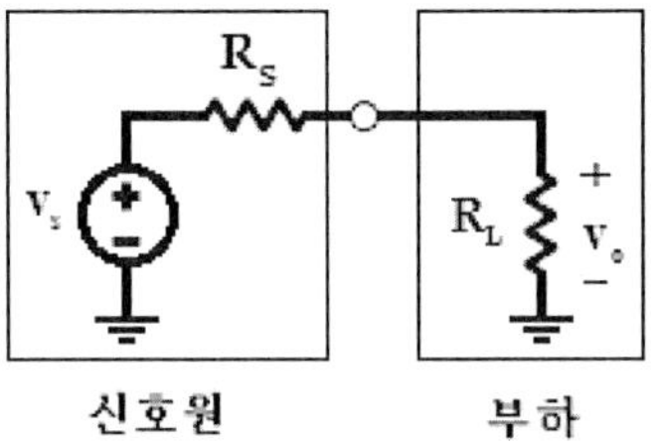

그림 7. 신호원과 부하를 직접 연결한 회로: $v_s = \sin(2\pi 1000t)$, R_S=62 kΩ, R_L=2 kΩ.

표 7. 신호원과 부하를 직접 연결한 회로의 신호 전달비 계산 결과.

v_S (V)	v_O (V)	v_O/v_S (V/V)

B. 그림 8은 그림 4를 다시 그린 것이다. 회로를 구성하여 입력신호가 출력신호에 전달되는 비율 v_O/v_S를 측정 한다.

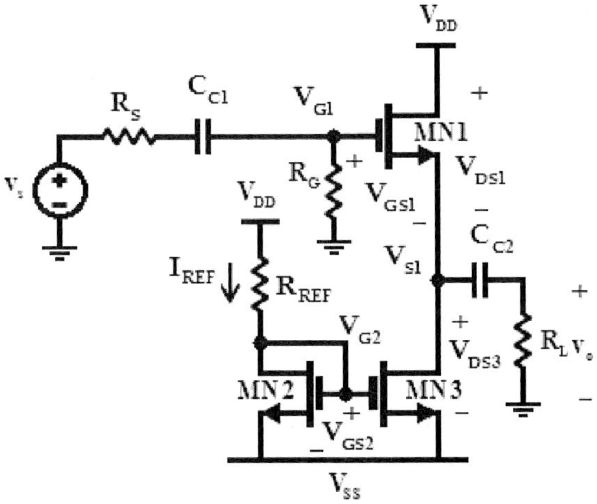

그림 8. 신호원과 부하 사이에 버퍼를 연결한 회로: $v_s = \sin(2\pi 1000t)$, R_S=62 kΩ, R_L=2 kΩ.

표 8. 버퍼에 의해 신호 전달이 개선된 실험 결과.

v_s (V)	v_o (V)	v_o/v_s (V/V)

C. 앞의 A와 B의 신호 전달 비율을 비교함으로써 버퍼의 기능을 설명한다.

실험 13 MOSFET Ring Oscillator와 로직 회로

실험 목적: 디지털 신호 발생기인 Ring Oscillator, 디지털 로직의 기본 회로인 NAND와 NOR 게이트를 실습 한다.

실험 장비: DC 전원 (Pow Supply), 오실로스코프, 브래드 보드, 멀티메타

실험 준비물: MC14007 2 개

MC14007UBCP의 핀 배열 및 회로 연결:

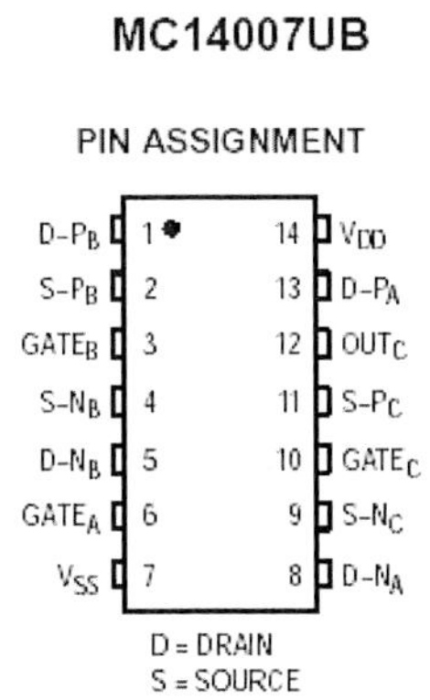

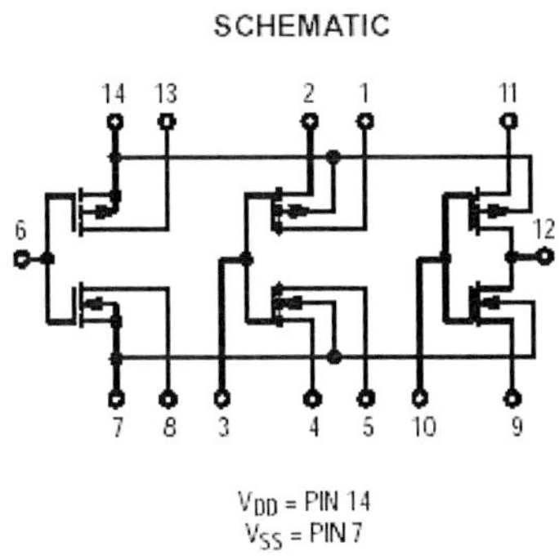

시뮬레이션 13.1: Ring Oscillator

Ring Oscillator는 디지털 시스템에서 클락 신호을 공급하는 등 중요한 역할을 한다. 출력 주파수는 인버터의 단수 n, 개별 인버터의 지연 시간 t_d의 함수며 식 (1)로 주어진다.

$$f = \frac{1}{2 \times n \times t_d} \tag{1}$$

주파수 f는 출력 신호의 주기 T의 역수이며, 개별 인버터의 지연 시간 t_d는 공급 전압에 따라 변화한다. 공급 전압이 높을 수록 전류가 증가하여 지연 시간 t_d가 감소하여 출력 주파수가 증가한다.

A. 3단 Ring Oscillator: 그림 1은 인버터 3단을 직렬 연결한 Ring Oscillator이다. 시뮬레이션을 수행하기 위해서는 임의의 노드에 초기 조건으로 V_{DD} 전압을 공급하면 발진하는 출력을 얻을 수 있다.

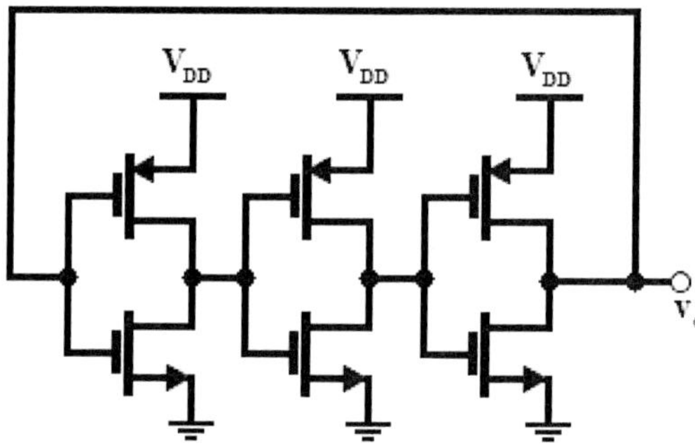

그림 1. 3단 Ring Oscillator 회로. V_{DD}=5 V, 10 V.

시뮬레이션의 요점

- 개별 인버터의 지연 시간 t_d 시뮬레이션: V_{DD}=5 V와 10 V에 대해, 각각의 출력 신호 v_o를 시뮬레이션하여 출력 신호의 주파수 f를 얻은 다음, 식 (1)에 의해 개별 인버터의 지연 시간 t_d를 계산한다.

표 1. 3단 Ring Oscillator 시뮬레이션 결과.

V_{DD} (V)	5			10		
파라메타	t_d (sec)	n	f (Hz)	t_d (sec)	n	f (Hz)
값		3			3	

B. 5단 Ring Ocillator: 그림 2는 인버터 5단을 직렬 연결한 Ring Oscillator이다.

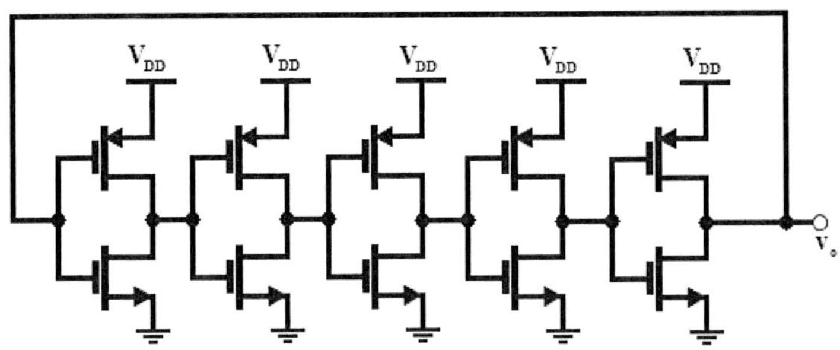

그림 2. 5단 Ring Oscillator 회로. V_{DD}=5 V, 10 V.

시뮬레이션의 요점

- 개별 인버터의 지연 시간 t_d 시뮬레이션: V_{DD}=5 V와 10 V에 대해, 각각의 출력 신호 v_o를 시뮬레이션하여 출력 신호의 주파수 f를 얻은 다음, 식 (1)에 의해 개별 인버터의 지연 시간 t_d를 계산한다.

표 2. 5단 Ring Oscillator 시뮬레이션 결과.

V_{DD} (V)	5			10		
파라메타	t_d (sec)	n	f (Hz)	t_d (sec)	n	f (Hz)
값		5			5	

시뮬레이션 13.2: 2-input NAND 게이트

그림 3은 두 입력 A, B와 출력 Y를 보여 준다. 2개의 직렬 NMOSFET의 한 끝은 접지에 다른 끝은 출력 Y에 연결되어 있고, 2개의 병렬 PMOSFET의 한 끝은 V_{DD}에 다른 끝은 출력 Y에 연결되어 있다.

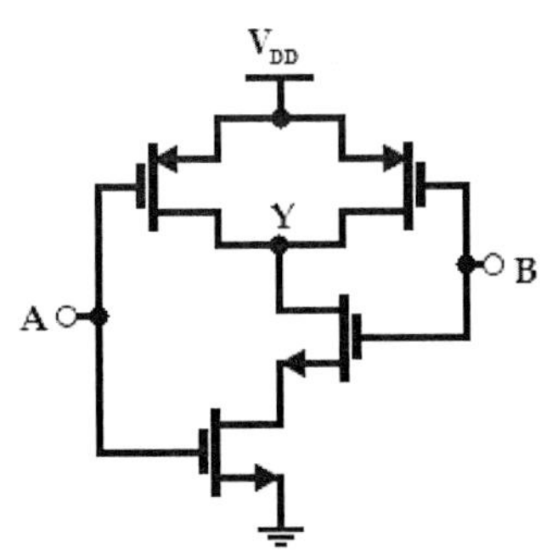

그림 3. 2-input NAND 게이트. V_{DD}=10 V.

2-input NAND 게이트의 논리식과 진리표는 다음과 같다.

$$Y = \overline{A \bullet B} \tag{2}$$

A	B	Y
0 (0 V)	0 (0 V)	1 (10 V)
1 (10 V)	0 (0 V)	1 (10 V)
0 (0 V)	1 (10 V)	1 (10 V)
1 (10 V)	1 (10 V)	0 (0 V)

시뮬레이션의 요점

- 주파수 1 kHz인 구형파와 2 kHz인 구형파를 A와 B에 입력하여 출력 Y를 관찰한다. 입력과 출력의 관계가 위의 진리표와 일치 하는지 확인한다.

A	B	Y
0 (0 V)	0 (0 V)	
1 (10 V)	0 (0 V)	
0 (0 V)	1 (10 V)	
1 (10 V)	1 (10 V)	

시뮬레이션 13.3: 2-input NOR 게이트

그림 4는 두 입력 A, B와 출력 Y를 보여 준다. 2개의 병렬 NMOSFET의 한 끝은 접지에 다른 끝은 출력 Y에 연결되어 있고, 2개의 직렬 PMOSFET의 한 끝은 V_{DD}에 다른 끝은 출력 Y에 연결되어 있다.

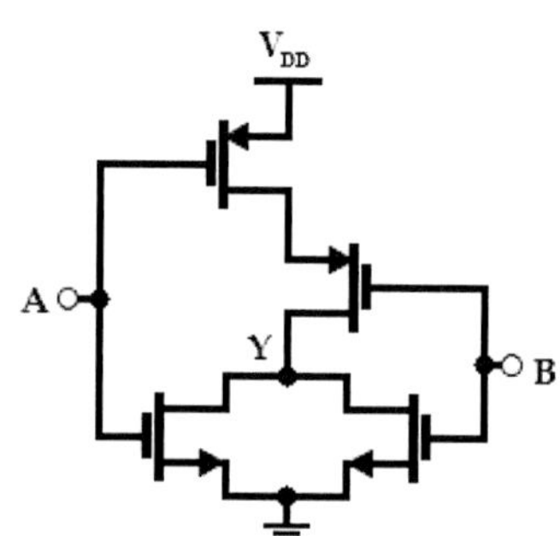

그림 4. 2-input NOR 게이트. V_{DD}=10 V.

2-input NOR 게이트의 논리식과 진리표는 다음과 같다.

$$\mathbf{Y} = \overline{\mathbf{A} + \mathbf{B}} \tag{3}$$

A	B	Y
0 (0 V)	0 (0 V)	1 (10 V)
1 (10 V)	0 (0 V)	0 (0 V)
0 (0 V)	1 (10 V)	0 (0 V)
1 (10 V)	1 (10 V)	0 (0 V)

시뮬레이션의 요점

- 주파수 1 kHz인 구형파와 2 kHz인 구형파를 A와 B에 입력하여 출력 Y를 관찰한다. 입력과 출력의 관계가 위의 진리표와 일치 하는지 확인한다.

A	B	Y
0 (0 V)	0 (0 V)	
1 (10 V)	0 (0 V)	
0 (0 V)	1 (10 V)	
1 (10 V)	1 (10 V)	

실험 13.1: Ring Oscillator

3단 Ring Oscillator 회로를 구성하고 실습 한다.

A. 그림 5는 그림 1의 3단 Ring Oscillator를 편이상 다시 그린 것이다.

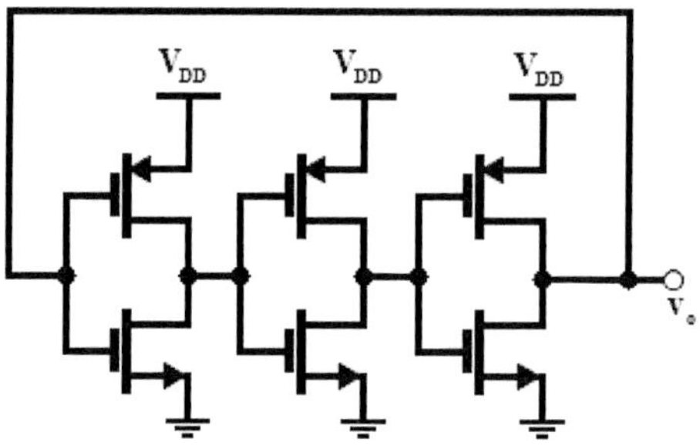

그림 5. 3단 Ring Oscillator 회로. V_{DD}=5 V, 10 V.

실험의 요점

- 개별 인버터의 지연 시간 t_d 측정: V_{DD}=5 V와 10 V에 대해, 각각의 출력 신호 v_o를 측정하여 출력 신호의 주파수 f를 얻은 다음, 식 (1)에 의해 개별 인버터의 지연 시간 t_d를 계산한다.
- 시뮬레이션의 결과와 비교하고 설명 한다.

표 3. 3단 Ring Oscillator 측정 결과.

V_{DD} (V)	5			10		
파라메타	t_d (sec)	n	f (Hz)	t_d (sec)	n	f (Hz)
값		3			3	

B. 그림 6은 그림 2의 5단 Ring Oscillator를 다시 그린 것이다.

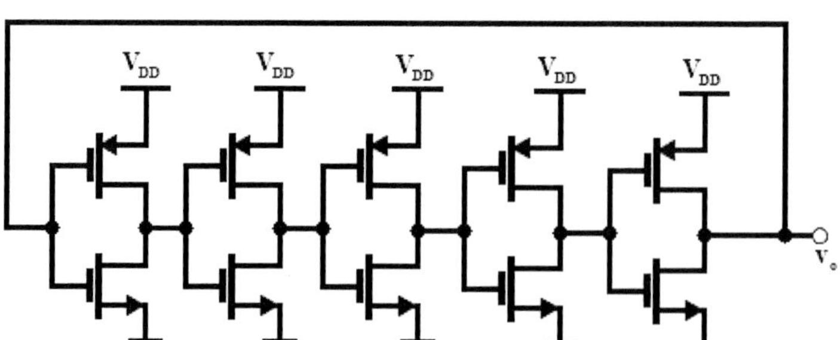

그림 6. 5단 Ring Oscillator 회로. V_{DD}=5 V, 10 V.

실험의 요점

- 개별 인버터의 지연 시간 t_d 측정: V_{DD}=5 V와 10 V에 대해, 각각의 출력 신호 v_o를 측정하여 출력 신호의 주파수 f를 얻은 다음 식 (1)에 의해 개별 인버터의 지연 시간 t_d를 계산한다.
- 시뮬레이션의 결과와 비교하고 설명 한다.

표 4. 5단 Ring Oscillator 측정 결과

V_{DD} (V)	5			10		
파라메타	t_d (sec)	n	f (Hz)	t_d (sec)	n	f (Hz)
값		5			5	

실험 13.2: 2-input NAND 게이트

그림 7은 그림 3의 2-input NAND 게이트를 편이상 다시 그린 것이다.

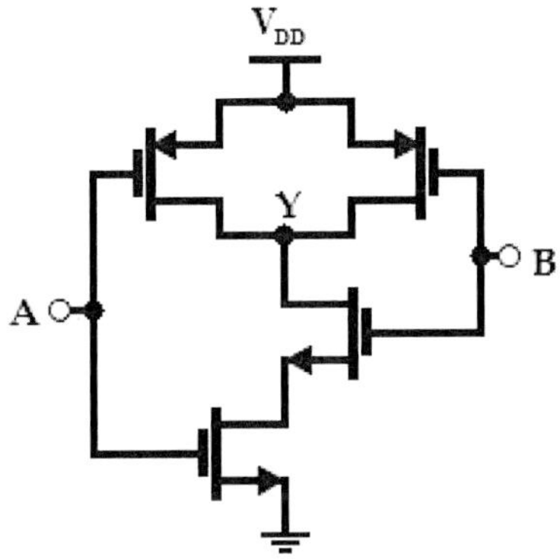

그림 7. 2-input NAND 게이트. V_{DD}=10 V.

실험의 요점

- 그림 7의 회로에 다음의 진리표의 입력을 인가하여 출력 Y를 측정한다. 회로가 NAND 게이트임을 확인한다.

A	B	Y
0 (0 V)	0 (0 V)	
1 (10 V)	0 (0 V)	
0 (0 V)	1 (10 V)	
1 (10 V)	1 (10 V)	

실험 13.3: 2-input NOR 게이트

그림 8은 그림 4의 두 입력 NOR 게이트를 다시 그린 것이다.

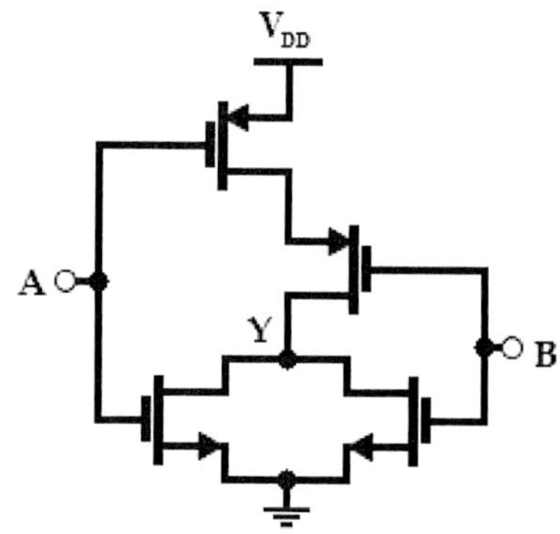

그림 8. 2-input NOR 게이트. V_{DD}=10 V.

실험의 요점

- 그림 8의 회로에 다음의 진리표의 입력을 인가하여 출력 Y를 측정한다. 회로가 NOR 게이트임을 확인한다.

A	B	Y
0 (0 V)	0 (0 V)	
1 (10 V)	0 (0 V)	
0 (0 V)	1 (10 V)	
1 (10 V)	1 (10 V)	

실험 14 BJT의 DC 소자 특성

실험 목적: 바이폴라 트랜지스터 (BJT) DC 특성 I_C vs. V_{CE} (V_{EC}) 그래프와 전달 특성 그래프를 이용하여 소자의 단자 전압과 전류와의 관계, 동작 영역, β 등 관련 파라메타를 구한다.

실험 장비 DC 전원(Power Supply), 오실로스코프, 브래드보드, 멀티메타

실험 준비물: CA3096 혹은 HFA3096, 저항 다수

CA3096 핀 배열

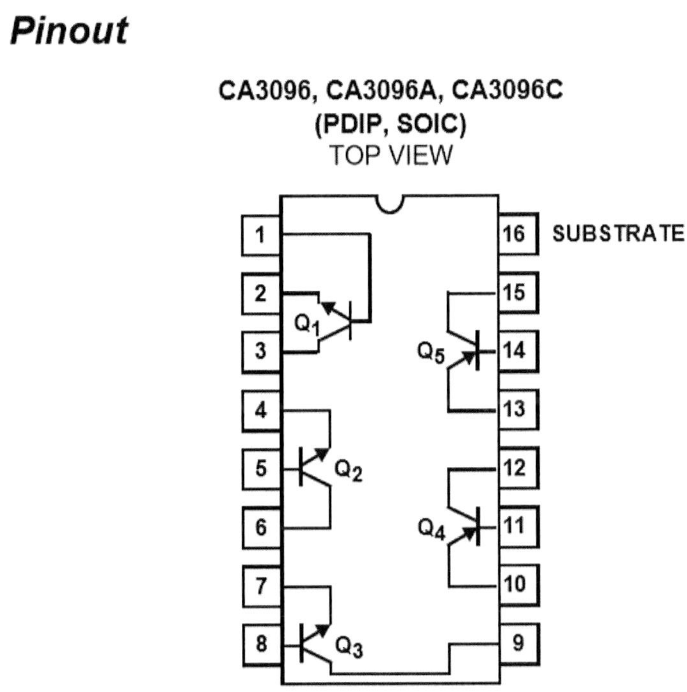

* 핀 16은 substrate (기판)으로 회로에서 가장 낮은 전압에 연결되어야 한다!

시뮬레이션 14.1: BJT의 V_{BE} (V_{EB}) 전압을 매개 변수로 한 I_C vs. V_{CE} (I_C vs. V_{EC})

V_{BE} (V_{EB}) 전압을 매개 변수로 한 I_C vs. V_{CE} (I_C vs. V_{EC}) 그래프는 BJT의 동작을 상세하게 설명해 준다. 이 그래프로부터 소자의 동작 영역 (Cutoff, Active, Saturation)이 구분되고, 소자 특성 값 (β, r_o 등)들이 측정된다. 주어진 특정한 조건 (V_{CE}, V_{BE}) 에서 β는 다음 식으로 주어진다.

$$\beta = \frac{I_C}{I_B} \tag{1}$$

그리고 Active 영역에서 동작하는 소자의 소신호 저항 r_o는 NPN BJT의 경우 다음 식으로 주어진다.

$$r_o = \frac{\Delta V_{CE}}{\Delta I_C} \tag{2}$$

A. NPN BJT의 I_C vs. V_{CE} (매개 변수 V_{BE})

NPN BJT의 I_C vs. V_{CE} (매개 변수 V_{BE}) 그래프를 시뮬레이션 한다.

시뮬레이션의 요점

- 그림 1의 회로를 이용하여 NPN BJT (CA3096)의 V_{BE} 전압을 매개 변수로 한 I_C vs. V_{CE} 그래프를 시뮬레이션 한다. 각각의 V_B (=V_{BE})에서 V_C (=V_{CE})의 값을 변화시켜 전류 I_C를 관찰 한다. V_C 값의 범위는 0~10 V, V_B 값의 범위는 0~0.7 V이다.

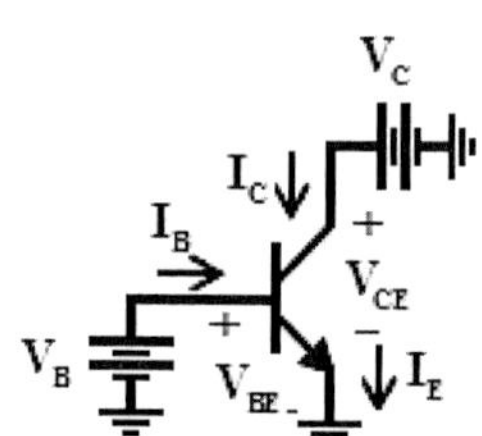

그림 1. NPN BJT의 V_{BE}를 매개 변수로 한 I_C vs. V_{CE} 시뮬레이션 회로.

- I_C vs. V_{CE} 그래프를 이용하여 표 1의 빈 칸을 채운다. 주어진 V_{CE}와 I_C에 대응하는 V_{BE}를 구하고, 해당 V_{BE}와 V_{CE}가 연결된 소자의 I_B를 구한다. 그리고 식 (1)을 이용하여 β를 구한다.

표 1. NPN 트랜지스터의 단자 전압과 전류.

V_{CE} (V)	V_{BE} (V)	I_C (mA)	I_B (mA)	β
4		2		
4		1		
4		0.5		

B. PNP BJT의 I_C vs. V_{EC} (매개 변수 V_{EB})

PNP에서는 NPN의 경우와 비교해서 전압의 극과 전류의 방향이 반대임을 고려한다.

시뮬레이션의 요점

- 그림 2의 회로를 이용하여 PNP BJT의 V_{EB} 전압을 매개 변수로 한 I_C vs. V_{EC} 그래프를 시뮬레이션 한다. 각각의 V_{EB} (=0-V_B)에서 V_{EC}의 값을 변화시켜 전류 I_C를 시뮬레이션 한다. V_{EC} 값의 범위는 0~10 V, V_{EB} 값의 범위는 0~0.7 V이다. V_{EC}와 V_{EB}를 변화시키기 위해서는 그림 2에서 각각 V_C와 V_B를 변화시킨다.

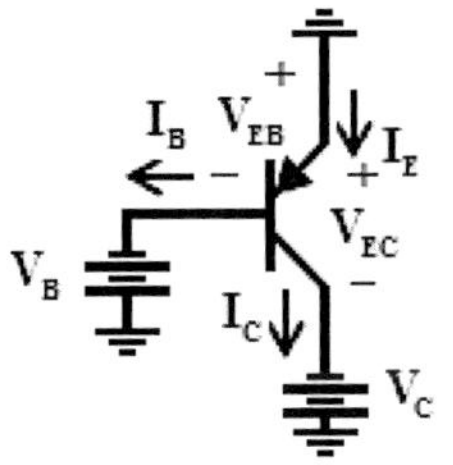

그림 2. PNP BJT의 V_{EB}를 매개 변수로 한 I_C vs. V_{EC} 시뮬레이션 회로.

- I_C vs. V_{EC} 그래프를 이용하여 표 2의 빈 칸을 채운다. 주어진 V_{EC}와 I_C에 대응하는 V_{EB}를 구하고, 해당 V_{EB}와 V_{EC}가 연결된 소자의 I_B를 구한다. 그리고 식 (1)을 이용하여 β를 구한다.

표 2. PNP 트랜지스터의 단자 전압과 전류.

V_{EC} (V)	V_{EB} (V)	I_C (mA)	I_B (mA)	β
4		2		
4		1		
4		0.5		

시뮬레이션 14.2: BJT의 DC 전달 특성 그래프

DC 전달 특성 그래프는 베이스와 에미터간의 전압의 함수로 컬렉터와 에미터간의 전압을 표시한 것으로, 소자의 DC 특성을 확인 하는데 중요한 역할을 한다. 그리고 Active 영역에서의 기울기는 Common-Emitter 증폭기의 전압 이득이 된다.

A. NPN BJT의 전달 특성 V_{CE} vs. V_{BE}

그림 3에서 DC V_B 전압이 0에서 1.0 V로 증가하면 전류 I_C가 증가하면서 저항 R_C에 의한 전압 강하도 증가한다. 따라서 V_{BE} 전압이 증가함에 따라 V_{CE} 전압이 감소하게 된다. 결과적으로 전달 특성 V_{CE} vs. V_{BE} 그래프는 BJT의 동작 영역의 변화를 단자 전압의 함수로 보여준다.

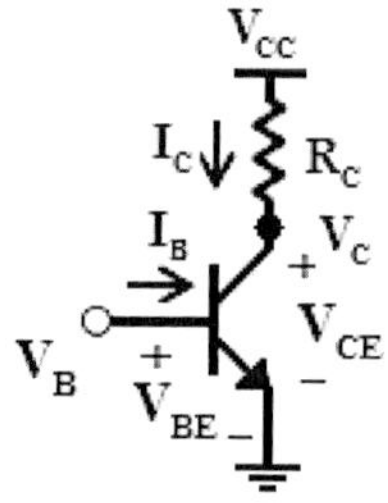

그림 3. NPN BJT의 DC 전달 특성을 측정하기 위한 회로: V_{CC}=10 V, R_C=2 kΩ.

시뮬레이션의 요점

- V_B=V_{BE}이므로 V_B의 0~1 V 변화에 대한 V_{CE} 변화를 그래프로 그린다. 전달 특성 그래프 V_{CE} vs. V_{BE}에 Cut-Off 영역과 Active 영역의 경계점 좌표, Active 영역과 Saturation 영역의 경계점 좌표를 표시한다.
- Active 영역의 가장 큰 기울기를 구한다.

표 3. NPN의 동작 영역 경계점 좌표와 Active 영역에서의 기울기.

Cut-Off와 Active 경계점		Active와 Saturation 경계점		Active 영역의 최대 기울기 (V/V)
V_{BE} 축	V_{CE} 축	V_{BE} 축	V_{CE} 축	

B. PNP BJT의 전달 특성 V_{EC} vs. V_{EB}

NPN의 경우와 개념은 동일 하지만, 전압의 극과 전류 방향이 반대이기 때문에 추가 설명이 필요하다. 그림 4에서 전달 특성 그래프는 V_{EC} vs. V_{EB} 그래프가 된다. V_{EB} (=V_{CC}−V_B)가 증가하면 I_C가 증가하여 V_C가 증가하여 V_{EC} (=V_{CC}−V_C)가 감소하게 된다.

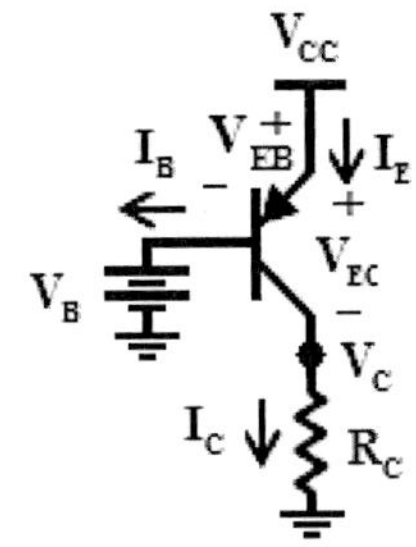

그림 4. PNP BJT의 DC 전달 특성을 측정하기 위한 회로: V_{CC}=10 V, R_C=2 kΩ.

시뮬레이션의 요점

- 전달 특성 그래프: V_B의 9~10 V (V_{EB}=0~1 V) 변화에 대한 $V_{EC}=V_{CC}-V_C$ 변화를 그래프로 그린다. 전달 특성 그래프, V_{EC} vs. V_{EB}에 Cut-Off 영역과 Active 영역의 경계점 좌표, Active 영역과 Saturation 영역의 경계점 좌표를 표시한다.
- Active 영역의 가장 큰 기울기를 구한다.

표 4. PNP의 동작 영역 경계점 좌표와 Active 영역에서의 기울기.

Cut-Off와 Active 경계점		Active와 Saturation 경계점		Active 영역의 최대 기울기 (V/V)
V_{EB} 축	V_{EC} 축	V_{EB} 축	V_{EC} 축	

실험 14.1: V_{BE} (V_{EB}) 전압을 매개 변수로 한 I_C vs. V_{CE} (I_C vs. V_{EC})

실제 BJT의 베이스와 에미터 사이의 전압을 매개 변수로 한 I_C vs. V_{CE}(V_{EC}) 그래프를 그린다. NPN BJT 실험을 위한 그림 5는 그림 1에 저항을 추가한 회로이고, PNP BJT 실험을 위한 그림 6은 그림 2에 저항을 추가한 회로이다.

A. NPN BJT의 I_C vs. V_{CE} (V_{BE} 매개 변수)

NPN BJT의 I_C vs. V_{CE} (V_{BE} 매개 변수)그래프를 실험을 수행하여 그린다.

실험의 요점

- 그림 5의 회로를 이용하여 NPN BJT (CA3096)의 V_{BE} 전압을 매개 변수로 한 I_C vs. V_{CE} 그래프를 그린다. 각각의 V_B (=V_{BE})에서 V_C (=V_{CE})의 값을 변화시켜 전류 I_C를 관찰 한다. V_{CE} 값의 범위는 0~10 V, V_{BE} 값의 범위는 0~0.7 V이다. V_{CE}와 V_{BE} 값은 각각 V_{CC}와 V_{BB} 값을 변화시켜 조절한다.

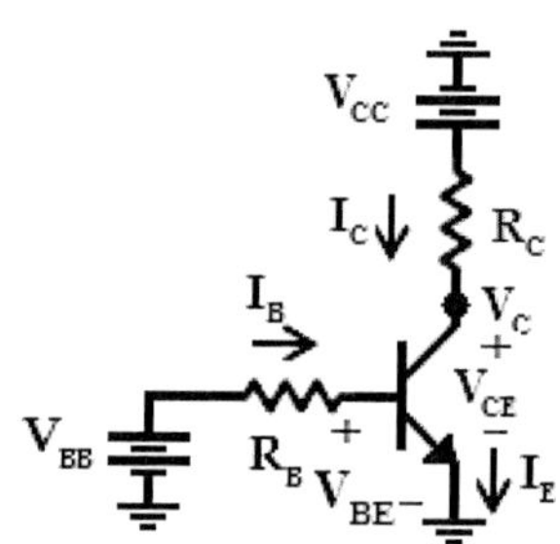

그림 5. NPN BJT의 V_{BE}를 매개 변수로 한 I_C vs. V_{CE} 실험 회로: R_B=500 Ω, R_C=1 kΩ.

- I_C vs. V_{CE} 그래프를 이용하여 표 5의 빈 칸을 채운다. 주어진 V_{CE}와 I_C에 대응하는 V_{BE} 와 I_B를 측정한다. 그리고 식 (1)을 이용하여 β를 구한다.

표 5. NPN 트랜지스터의 단자 전압과 전류.

V_{CE} (V)	V_{BE} (V)	I_C (mA)	I_B (mA)	β
4		2		
4		1		
4		0.5		

B. PNP BJT의 I_C vs. V_{EC} (매개 변수 V_{EB})

PNP BJT 의 I_C vs. V_{EC} (매개 변수 V_{EB})그래프를 실험을 수행하여 그린다.

실험의 요점

- 그림 6의 회로를 이용하여 PNP BJT (CA3096P)의 V_{EB} 전압을 매개 변수로 한 I_C vs. V_{EC} 그래프를 그린다. 각각의 V_{EB}에서 V_{EC}의 값을 변화시켜 전류 I_C를 측정 한다. V_{EC} 값의 범위는 0~10 V, V_{EB} 값의 범위는 0~0.7 V이다. V_{EC}와 V_{EB}를 변화시키기 위해서는 그림 6에서 각각 V_P와 V_{BB}를 조절한다.

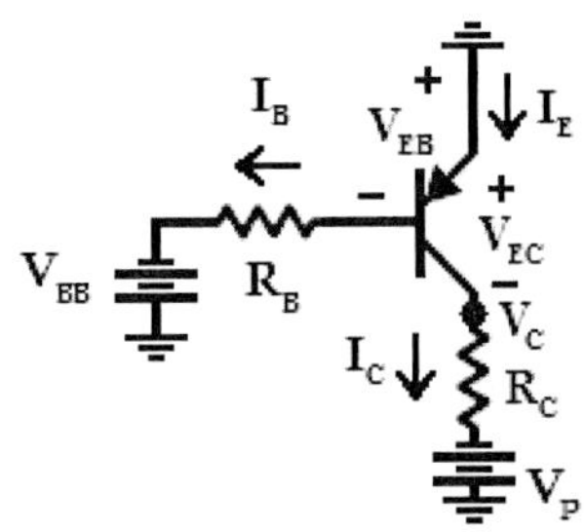

그림 6. PNP BJT의 V_{EB}를 매개 변수로 한 I_C vs. V_{EC} 실험 회로: R_B=500 Ω, R_C=1 kΩ.

- I_C vs. V_{EC} 그래프를 이용하여 표 6의 빈 칸을 채운다. 주어진 V_{EC}와 I_C에 대응하는 V_{EB} 와 I_B를 측정한다. 그리고 식 (1)을 이용하여 β를 구한다.

표 6. PNP 트랜지스터의 단자 전압과 전류.

V_{EC} (V)	V_{EB} (V)	I_C (mA)	I_B (mA)	β
4		2		
4		1		
4		0.5		

실험 14.2: BJT의 DC 전달 특성 그래프

실제 BJT의 DC 전달 특성 그래프 $V_{CE}(V_{EC})$ vs. V_{BE} (V_{EB}) 그래프를 그린다. NPN BJT의 전달 특성 실험을 위한 그림 7은 그림 3을 편이상 다시 그린 것이고, PNP BJT의 전달 특성 실험을 위한 그림 8은 그림 4 회로의 전원을 조정한 것이다.

A. NPN BJT의 전달 특성 V_{CE} vs. V_{BE}

그림 7의 회로를 구성하여 NPN BJT의 전달 특성 그래프를 그린다.

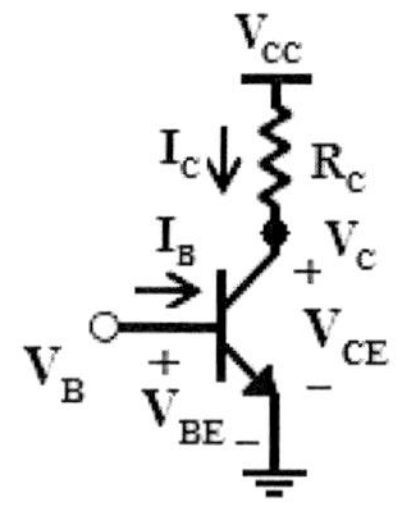

그림 7. NPN BJT의 DC 전달 특성을 측정하기 위한 회로: V_{CC}=10 V, R_C=2 kΩ.

실험의 요점

- 전달 특성 그래프: V_B=V_{BE}이므로 V_B의 0~1 V 변화에 대한 V_{CE} 변화를 그래프로 그린다. 전달 특성 그래프 V_{CE} vs. V_{BE}에 Cut-Off 영역과 Active 영역의 경계점 좌표, Active 영역과 Saturation 영역의 경계점 좌표를 표시한다.
- Active 영역의 기울기를 구한다 (@V_{CE}=5 V).

표 7. NPN의 동작 영역 경계점 좌표와 Active 영역에서의 기울기.

Cut-Off와 Active 경계점		Active와 Saturation 경계점		Active 영역의 기울기 (V/V) (@V_{CE}=5 V)
V_{BE} 축	V_{CE} 축	V_{BE} 축	V_{CE} 축	

B. PNP BJT의 전달 특성 V_{EC} vs. V_{EB}

그림 8의 회로를 구성하여 PNP BJT의 전달 특성 그래프를 실습한다.

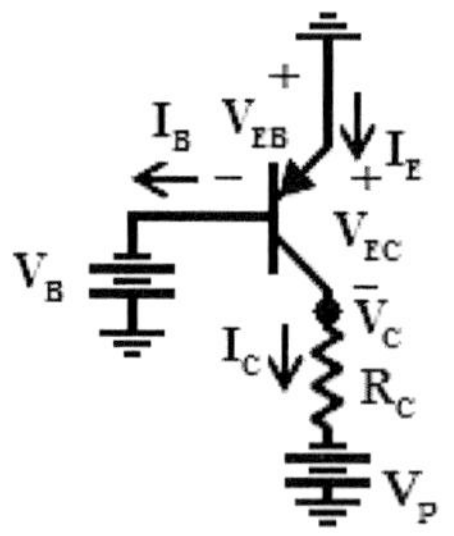

그림 8. PNP BJT의 DC 전달 특성을 측정하기 위한 회로: V_P=10 V, R_C=2 kΩ.

실험의 요점

- V_{EB}=V_B 이므로 V_B의 0~1 V 변화에 대한 V_{EC}=0-V_C 변화를 그래프로 그린다. 전달 특성 그래프, V_{EC} vs. V_{EB}에 Cut-Off 영역과 Active 영역의 경계점 좌표, Active 영역과 Saturation 영역의 경계점 좌표를 표시한다.

- Active 영역의 기울기를 구한다 (@V_{EC}=5 V).

표 8. PNP의 동작 영역 경계점 좌표와 Active 영역에서의 기울기.

Cut-Off와 Active 경계점		Active와 Saturation 경계점		Active 영역의 기울기 (V/V) (@V_{EC}=5 V)
V_{EB} 축	V_{EC} 축	V_{EB} 축	V_{EC} 축	

실험 15 Discrete BJT Common-Emitter 증폭기 1

실험 목적: Discrete **바이어스 회로를 사용한** BJT Common-Emitter 증폭기를 설계 및 실습한다.

실험 장비: DC 전원(Power Supply), 함수 발생기(Function Generator), 오실로스코프, 브레드보드, 멀티메타

실험 준비물: CA3096 혹은 HEA3096 1개, 저항 다수

CA3096 핀 배열

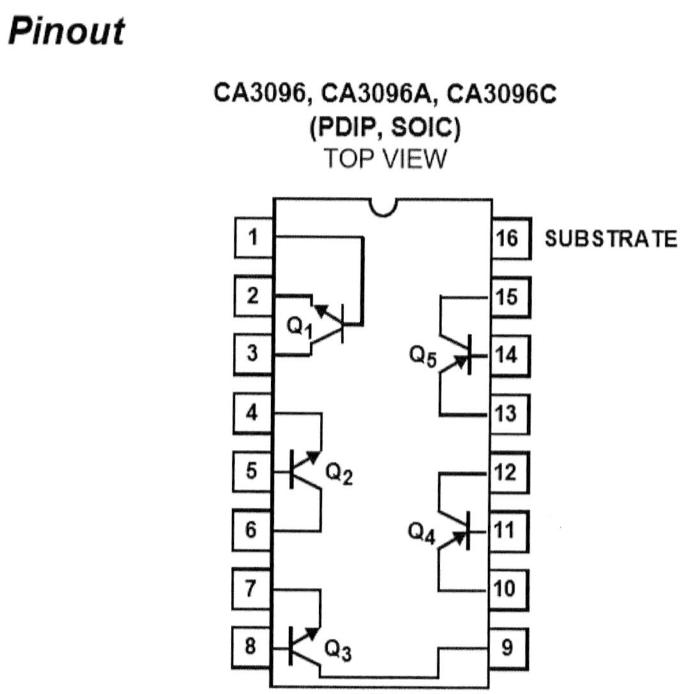

* 핀 16은 substrate (기판)으로 회로에서 가장 낮은 전압에 연결되어야 한다!

시뮬레이션 15.1: Common-Emitter 증폭기의 기본 개념적 동작 시뮬레이션

그림 1는 Common-Emitter 증폭기의 기본적인 개념을 보여주는 회로이다. BJT가 Active 동작 영역으로 바이어스된 상태에서, 베이스 단자에 신호원 v_s가 입력 되면, 증폭된 신호가 DC 컬렉터 전압 값 V_C에 중첩 되어 출력된다.

그림 1 (a)는 NPN BJT Common-Emitter 증폭기 회로이다. NPN BJT 회로의 Active 모드 동작영역은 단자 간의 전압 V_{CE}, V_{BE}에 의해 결정 되며, V_{CE}, V_{BE} 값은 바이어스 전류 I_C, I_B, I_E를 결정한다. 이렇게 결정된 회로의 바이어스 값은 다시 BJT 소신호 회로 파라메타인 g_m, r_π, r_e, β를 결정한다. 증폭기의 동작 특성은 소신호 파라메타들의 함수가 된다.

그림 1 (b)는 PNP BJT 공통 Common-Emitter 회로이며, 표 1은 바이어스 전류와 소신호 파라메타의 관계를 정리한 것이다.

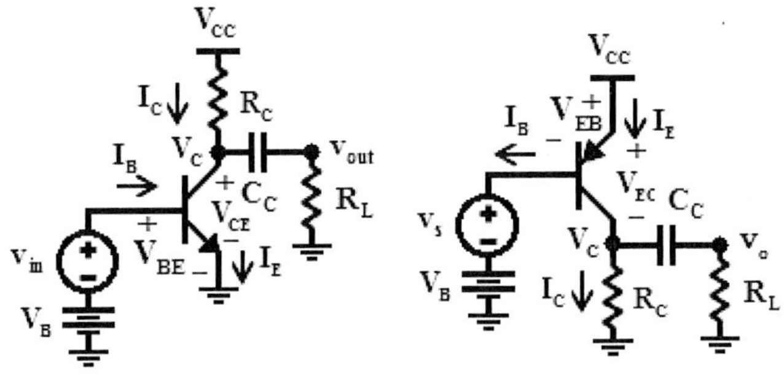

그림 1. Common-Emitter 증폭기의 개념적인 회로. (a) NPN BJT 회로 (b) PNP BJT 회로.

V_{CC}=10 V, C_C=1 μF.

표 1. 바이어스 전류 값과 소신호 파라메타의 관계.

g_m	$\frac{I_C}{V_T}$
r_π	$\frac{\beta}{g_m} = \frac{V_T}{I_B}$
r_e	$\frac{\alpha}{g_m} = \frac{V_T}{I_E}$
r_o	$\frac{V_A}{I_C}$

여기에서 $\beta = I_C/I_B$, V_A=얼리 전압이다.

A. NPN BJT의 바이어스와 소신호 파라메타

그림 2 회로에 주어진 V_B, V_C에 의한 소신호 파라메타를 구한다.

시뮬레이션의 요점

- V_{BE}=0.66 V, V_{CE}=5 V 일 때 I_C, I_B, I_E를 얻는다.
- 회로의 DC 바이어스로부터 소신호 파리메타, g_m, r_π, r_e, r_o를 시뮬레이션으로 구한다.

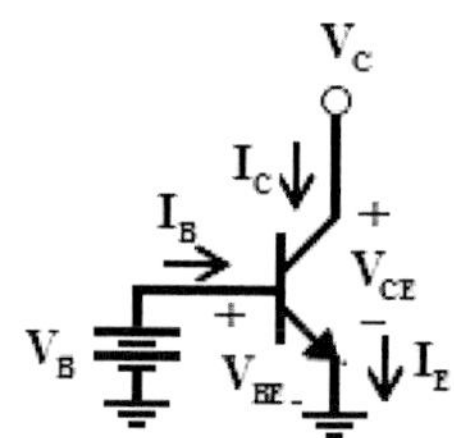

그림 2. NPN BJT의 소신호 파라메타를 구하기 위한 회로: V_B=0.66 V, V_C=5 V.

표 2. 그림 2 회로에서 V_B=0.66 V, V_C=5 V 일 때의 전류 값과 소신호 파라메타 값.

	동작점				
파라메타	V_{BE} (V)	V_{CE} (V)	I_C (mA)	I_B (μA)	I_E (mA)
값	0.66	5			

	소신호 파라메타				
파라메타	g_m (mA/V)	r_π (kΩ)	r_e (Ω)	r_o (kΩ)	β
값					

B. PNP BJT의 바이어스와 소신호 파라메타

그림 3 회로에서 주어진 V_B, V_C에 의한 소신호 파라메타를 구한다.

시뮬레이션의 요점

- V_{EB}=0.67 V (V_B=0.67 V), V_{EC}=5 V (V_C=-5 V) 일 때 I_C, I_B, I_E를 얻는다.
- 회로의 DC 바이어스로부터 소신호 파라메타, g_m, r_π, r_e, r_o를 구한다.

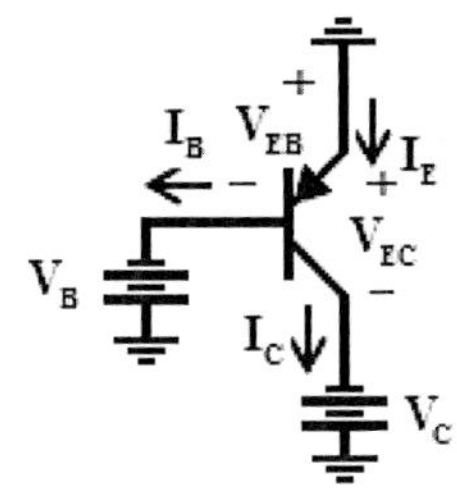

그림 3. 소신호 파라메타를 측정하기 위한 PNP BJT 회로.

표 3. 그림 3 회로에서 V_{EB}=0.67 V (V_B=0.67 V), V_{EC}=5 V (V_C=-5 V) 일 때의 전류 값과 소신호 파라메타 값.

	동작점				
파라메타	V_{EB} (V)	V_{EC} (V)	I_C (mA)	I_B (μA)	I_E (mA)
값	0.67	5			

	소신호 파라메타				
파라메타	g_m (mA/V)	r_π (kΩ)	r_e (Ω)	r_o (kΩ)	β
값					

시뮬레이션 15.2: NPN Discrete Common-Emitter 증폭기

시뮬레이션 15.1에서 DC 바이어스 값과 소신호 파라메타에 대해 알아 보았다. 다음으로 이러한 DC 바이어스를 가진 NPN Discrete Common-Emitter 증폭기를 설계하고 시뮬레이션 한다.

A. 저항 R_1, R_2, R_C의 값 결정

그림 4는 저항 R_1, R_2, R_C에 의해 NPN BJT 단자의 전압이 결정되는 Discrete Common-Emitter 증폭기이다. 이 증폭기 회로에서 **시뮬레이션 15.1**에서와 같이 V_{BE}=0.66 V, V_{CE}=5 V가 되도록 다음과 같은 과정을 거쳐 저항 R_1, R_2, R_C의 값을 결정한다.

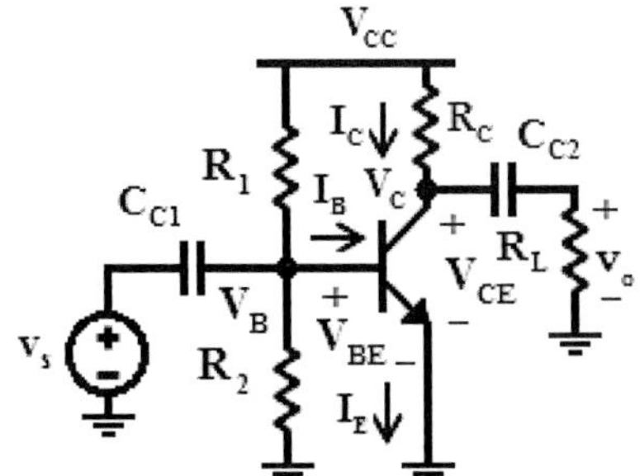

그림 4. NPN Discrete Common-Emitter 증폭기 회로: V_{CC}=10 V, C_{C1}=C_{C2}=1 μF, R_L=100 kΩ.

여기에서 바이어스 회로에 의한 전력 소모를 P_R Watt로 제한하면, 저항 R_1을 통해 흐르는 전류 I_{R1}은 'P_R/V_{CC}' 이하이어야 한다. 이러한 조건을 만족시키면서 바이어스 V_{BE}, I_B를 회로에 구현하기 위해서는 다음 식으로 정해지는 R_1과 R_2을 사용해야 한다.

$$\mathbf{R_1 = \frac{V_{CC} - V_{BE}}{I_{R1}}} \tag{1}$$

$$\mathbf{R_2 = \frac{V_{BE}}{I_{R1} - I_B}} \tag{2}$$

여기에서 I_B는 표 2의 I_B 값을 사용한다. 다음으로 저항 R_C은 정해진 V_{CE}의 값을 이용하여 다음 식으로 계산된다.

$$\mathbf{R_C = \frac{V_{CC} - V_{CE}}{I_C}} \tag{3}$$

여기에서 I_C는 표 2의 I_C 값을 사용한다. 최종적으로 소신호 파라메타를 이용하여 전압 이득 A_v를 다음 식으로 계산한다.

$$\mathbf{A_v = -g_m(R_C // r_o // R_L)} \tag{4}$$

시뮬레이션의 요점

- 설계의 마지막 단계로, 바이어스 값 V_{BE}=0.66 V, V_{CE}=5 V, P_R=100 μW를 이용하여 계산된 R_1, R_2, R_C 값을 시뮬레이션에 적용하여 동작점을 확인한다. 그리고 동작점에서 소신호 파라메타를 계산한다.

표 4. 계산된 R_1, R_2, R_C 값과 바이어스 전압과 전류의 시뮬레이션 결과.

R_1 (kΩ)	R_2 (kΩ)	R_C (kΩ)

	동작점				
파라메타	V_{BE} (V)	V_{CE} (V)	I_C (mA)	I_B (μA)	I_E (mA)
값					

	소신호 파라메타				
파라메타	g_m (mA/V)	r_π (kΩ)	r_e (Ω)	r_o (kΩ)	β
값					

B. NPN Discrete Common-Emitter 증폭기

V_{BE}=0.66 V, V_{CE}=5 V로 바이어스 된 회로에 입력 신호 v_s=0.1sin(2π1000t)가 커플링 커패시터 C_{C1}을 통해 베이스에 연결되고, 부하 R_L은 커플링 커패시터 C_{C2}를 통해 BJT의 컬렉터에 연결되어 그림 4의 NPN Discrete Common-Emitter 증폭기가 완성 된다.

시뮬레이션의 요점

- 부하 R_L에 인가된 출력 전압 진폭을 입력 신호 진폭과 비교하고 전압 이득 A_v를 구한다.
- 시뮬레이션으로 구한 전압 이득과 식 (4)를 이용한 소신호 파라메타를 이용해 계산한 전압 이득을 비교한다.

표 5. NPN Discrete 증폭기의 계산 값과 시뮬레이션 결과 값 비교.

A_v (V/V)	
계산	시뮬레이션

시뮬레이션 15.3: PNP Discrete Common-Emitter 증폭기

PNP BJT를 사용하여 PNP Discrete Common-Emitter 증폭기를 설계하고 시뮬레이션 한다.

A. 저항 R_1, R_2, R_C의 값 결정

그림 5는 PNP BJT를 사용하는 Discrete Common-Emitter 증폭기이다. 이 증폭기 회로에서 V_{EB}=0.67 V, V_{EC}=5 V가 되도록 다음과 같은 과정을 거쳐 저항 R_1, R_2, R_C의 값을 결정한다.

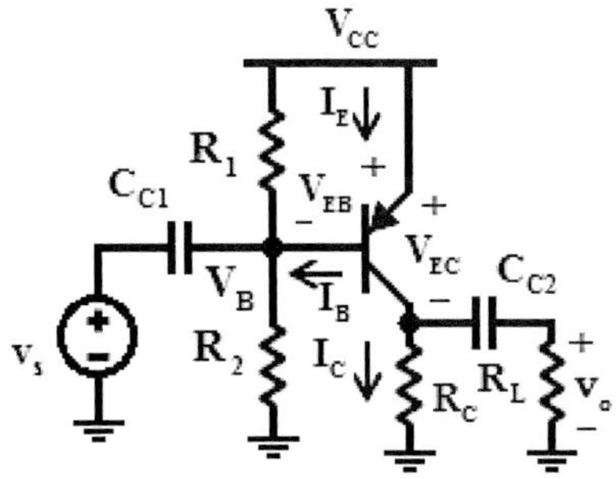

그림 5. PNP Discrete Common-Emitter 증폭기 회로: V_{CC}=10 V, C_{C1}=C_{C2}=1 μF, R_L=100 kΩ

여기에서 바이어스 회로에 의한 전력 소모를 P_R Watt로 제한하면, 저항 R_1을 통해 흐르는 전류 I_{R1}은 'P_R/V_{CC}' 이하이어야 한다. 이러한 조건을 만족시키면서 바이어스 V_{EB}, I_B를 구현하기 위해서는 다음 식으로 정해지는 R_1과 R_2을 사용해야 한다.

$$\mathbf{R_1 = \frac{V_{EB}}{I_{R1}}} \tag{5}$$

$$\mathbf{R_2 = \frac{V_{CC} - V_{EB}}{I_{R1} + I_B}} \tag{6}$$

여기에서 I_B는 표 3의 I_B 값을 사용한다. 다음으로 저항 R_C은 정해진 V_{EC}의 값을 이용하여 다음 식으로 계산된다.

$$\mathbf{R_C = \frac{V_{CC} - V_{EC}}{I_C}} \tag{7}$$

여기에서 I_C는 표 3의 I_C 값을 사용한다. 최종적으로 소신호 파라메타를 이용하여 전압 이득 A_v를 식 (4)를 이용하여 계산한다.

시뮬레이션의 요점

- 설계의 마지막 단계로, 바이어스 값 V_{EB}=0.67 V, V_{EC}=5 V, P_R=100 μW를 이용하여 계산된 R_1, R_2, R_C 값을 시뮬레이션에 적용하여 동작점을 확인한다.

표 6. 계산된 R_1, R_2, R_C 값과 바이어스 전압과 전류의 시뮬레이션 결과.

R_1 (kΩ)	R_2 (kΩ)	R_C (kΩ)

	동작점				
파라메타	V_{EB} (V)	V_{EC} (V)	I_C (mA)	I_B (μA)	I_E (mA)
값					

	소신호 파라메타				
파라메타	g_m (mA/V)	r_π (kΩ)	r_e (Ω)	r_o (kΩ)	β
값					

B. PNP Discrete Common-Emitter 증폭기

V_{EB}=0.67 V, V_{EC}=5 V로 바이어스 된 회로에 입력 신호 v_s=0.1sin(2π1000t)가 커플링 커패시터 C_{C1}을 통해 베이스에 연결되고, 부하 R_L은 커플링 커패시터 C_{C2}를 통해 BJT의 컬렉터에 연결되어 그림 5의 PNP Discrete Common-Emitter 증폭기가 완성 된다.

시뮬레이션의 요점

- 부하 R_L에 인가된 출력 전압 진폭을 입력 신호 진폭과 비교하고 전압 이득 A_v를 구한다.
- 시뮬레이션으로 구한 전압 이득과 식 (4)를 이용하여 계산한 전압 이득을 비교한다.

표 7. PNP Discrete 증폭기의 계산 값과 시뮬레이션 결과 값 비교.

A_v (V/V)	
계산	시뮬레이션

시뮬레이션 15.4: R_E를 가진 NPN Discrete Common-Emitter 증폭기

그림 6은 Feedback 저항 R_E가 BJT의 에미터와 접지 사이에 연결된 NPN Discrete Common-Emitter 증폭기이다. 저항 R_E는 주변 온도변화 등 외부의 영향에 민감하지 않는 안정된 바이어스 상태를 유지 하는 역할을 한다. 어떤 원인에 의해 I_C 혹은 I_E가 갑자기 증가하면 베이스 전압 V_E가 증가하여 V_{BE}전압을 낮춘다. 낮아진 V_{BE}전압은 I_C를 감소시켜 증가된 I_C를 이전과 가까운 값으로 되돌려 I_C 전류를 안정시키게 된다.

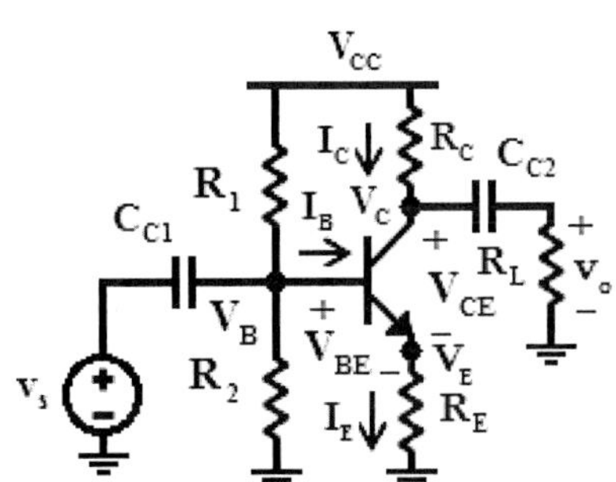

그림 6. R_E를 가진 NPN Common-Emitter 증폭기 실험 회로: V_{CC}=10 V, C_{C1}=C_{C2}=1 μF, R_L=100 kΩ.

A. 저항 R_1, R_2, R_C의 값 결정

NPN Discrete Common-Emitter 증폭기에서 에미터에 추가된 R_E를 고려한 저항 R_1, R_2, R_C의 값을 결정한다. R_E가 없을 경우와 동일한 V_{BE}, V_{CE}, 바이어스 회로에 의한 전력 소모 P_R의

조건에서는 I_{R1}과 I_C도 같은 값이 계산에 사용된다. 저항 R_1, R_2, R_C를 계산하는 식은 저항 R_E에 의한 전압 강하 V_{RE} ($=I_ER_E$)를 추가하기 위해 앞의 식 (1), (2), (3)을 다음과 같이 변경한다.

$$\mathbf{R_1 = \frac{V_{CC} - \left(V_{BE} + V_{RE}\right)}{I_{R1}}} \qquad (8)$$

$$\mathbf{R_2 = \frac{V_{BE} + V_{RE}}{I_{R1} - I_B}} \qquad (9)$$

식 (8), (9)는 V_B의 전압이 R_E에 의한 전압 강하만큼 증가한 것을 반영한다.
다음으로 저항 R_C은 아래 식으로 계산된다.

$$\mathbf{R_C = \frac{V_{CC} - \left(V_{CE} + V_E\right)}{I_C}} \qquad (10)$$

최종적으로 소신호 파라메타를 이용하여 전압 이득 A_v를 다음 식으로 계산한다.

$$\mathbf{A_v = -g_m \frac{(R_C // R_L)}{1 + g_m R_E}} \qquad (11)$$

시뮬레이션의 요점

- 바이어스 값 V_{BE}=0.66 V, V_{CE}=5 V, R_E=500 Ω, P_R=100 μW를 이용하여 계산된 R_1, R_2, R_C 값을 시뮬레이션에 적용하여 동작점을 확인한다. 그리고 동작점에서의 소신호 파라메타를 계산한다.

표 8. R_E를 가진 NPN Common-Emitter 회로의 R_1, R_2, R_C 값, 바이어스 전압과 전류의 시뮬레이션 결과.

R_1 (kΩ)	R_2 (kΩ)	R_C (kΩ)

	동작점				
파라메타	V_{BE} (V)	V_{CE} (V)	I_C (mA)	I_B (μA)	I_E (mA)
값					

	소신호 파라메타				
파라메타	g_m (mA/V)	r_π (kΩ)	r_e (Ω)	r_o (kΩ)	β
값					

B. R_E를 가진 NPN Discrete Common-Emitter 증폭기

그림 6의 R_E를 가진 NPN Discrete Common-Emitter 증폭기의 전압 이득 A_v를 시뮬레이션 한다. 입력 신호 v_s=0.1sin(2π1000t), R_L=100 kΩ.

시뮬레이션의 요점

- 부하 R_L에 인가된 출력 전압 진폭을 입력 신호 진폭과 비교하고 전압 이득 A_v를 구한다.
- 시뮬레이션으로 구한 전압 이득과 식 (11)를 이용해 계산한 전압 이득을 비교한다.

표 9. R_E를 가진 NPN Discrete 증폭기의 전압 이득 계산 값과 시뮬레이션 결과 값 비교.

A_v (V/V)	
계산	시뮬레이션

시뮬레이션 15.5: R_E를 가진 PNP Discrete Common-Emitter 증폭기

그림 7은 Feedback 저항 R_E가 BJT의 에미터와 사이에 연결된 PNP Discrete Common-Emitter 증폭기이다.

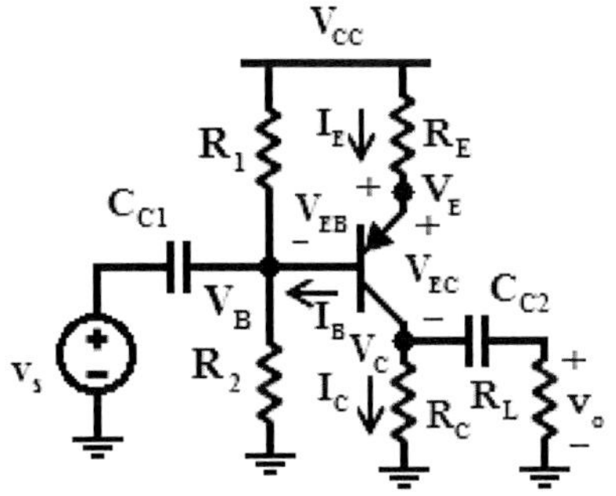

그림 7. R_E를 가진 PNP Common-Emitter 증폭기 실험 회로: V_{CC}=10 V, C_{C1}=C_{C2}=1 μF, R_L=100 kΩ.

A. 저항 R_1, R_2, R_C의 값 결정

PNP Discrete Common-Emitter 증폭기에서 에미터에 추가된 R_E를 고려한 저항 R_1, R_2, R_C의 값을 결정한다. R_E가 없을 경우와 동일한 V_{EB}, V_{EC}, 바이어스 회로에 의한 전력 소모 P_R의

조건에서는 I_{R1}과 I_C도 같은 값이 계산에 사용된다. 저항 R_1, R_2, R_C를 계산하는 식은 저항 R_E에 의한 전압 강하 V_{RE} (=$I_E R_E$)를 추가하기 위해 앞의 식 (5), (6), (7)을 다음과 같이 변경한다.

$$\mathbf{R_1 = \frac{V_{EB} + V_{RE}}{I_{R1}}} \tag{12}$$

$$\mathbf{R_2 = \frac{V_{CC} - \left(V_{EB} + V_{RE}\right)}{I_{R1} + I_B}} \tag{13}$$

다음으로 저항 R_C은 다음 식으로 계산된다.

$$\mathbf{R_C = \frac{V_{CC} - \left(V_{EC} + V_{RE}\right)}{I_C}} \tag{14}$$

최종적으로 R_E가 있는 NPN Discrete Common-Emitter 증폭기의 경우와 같이 식 (11)을 이용하여 전압 이득 A_v를 계산한다.

시뮬레이션의 요점

- 바이어스 값 V_{EB}=0.67 V, V_{EC}=5 V, 그리고 R_E=500 Ω, P_R=100 μW를 이용하여 계산된 R_1, R_2, R_C 값을 시뮬레이션에 적용하여 동작점을 확인한다. 그리고 동작점에서 소신호 파라메타를 계산한다.

표 10. R_E를 가진 PNP Common-Emitter 회로의 R_1, R_2, R_C 값, 바이어스 전압과 전류의 시뮬레이션 결과.

R_1 (kΩ)	R_2 (kΩ)	R_C (kΩ)

	동작점				
파라메타	V_{EB} (V)	V_{EC} (V)	I_C (mA)	I_B (μA)	I_E (mA)
값					

	소신호 파라메타				
파라메타	g_m (mA/V)	r_π (kΩ)	r_e (Ω)	r_o (kΩ)	β
값					

B. R_E를 가진 PNP Discrete Common-Emitter 증폭기

입력 신호 v_s=0.1sin(2π1000t), 부하 R_L=100 kΩ인 그림 7의 R_E를 가진 PNP Discrete Common-Emitter 증폭기의 전압 이득 A_v를 시뮬레이션 한다.

시뮬레이션의 요점

- 부하 R_L에 인가된 출력 전압을 입력 신호와 비교하고 전압 이득 A_v를 구한다.
- 시뮬레이션으로 구한 전압 이득과 식 (11)를 이용해 계산한 전압 이득을 비교한다.

표 11. R_E를 가진 Discrete PNP 증폭기의 전압 이득 계산 값과 시뮬레이션 결과 값 비교.

A_v (V/V)	
계산	시뮬레이션

실험 15.1: NPN Discrete Common-Emitter 증폭기

시뮬레이션 15.2에서 결정된 저항 R_1, R_2, R_C의 값으로 NPN Discrete Common-Emitter 증폭기를 구성하여 실습한다. 그림 8은 그림 4를 편이상 다시 그린 것이다.

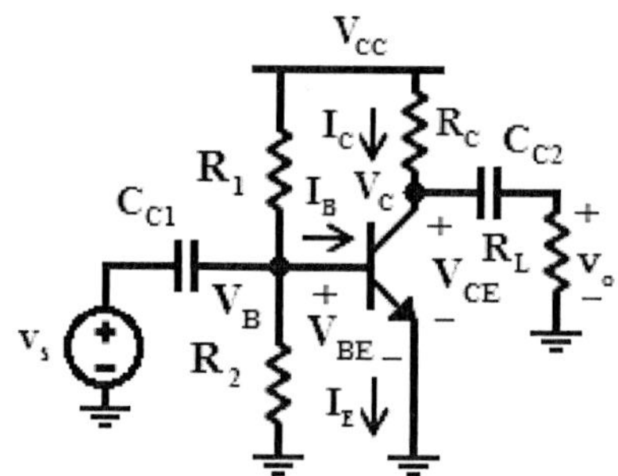

그림 8. NPN Discrete Common-Emitter 증폭기 회로: V_{CC}=10 V, C_{C1}=C_{C2}=1 μF, R_L=100 kΩ.

A. DC 바이어스 확인

설계된 회로의 동작점을 측정하여 회로 구성을 확인한다.

실험의 요점

- 바이어스 값 V_{BE}=0.66 V, V_{CE}=5 V, P_R=100 μW를 이용하여 계산된 R_1, R_2, R_C 값을 실험에 적용하여 각 노드 전압과 가지 전류를 확인한다.
- 회로의 동작점이 Active 영역에 있는지 확인한다.

표 12. 사용한 R_1, R_2, R_C 값과 동작점 실험 결과.

R_1 (kΩ)	R_2 (kΩ)	R_C (kΩ)

	동작점				
파라메타	V_{BE} (V)	V_{CE} (V)	I_C (mA)	I_B (μA)	I_E (mA)
값					

B. Discrete Common-Emitter 증폭기

그림 8에서 입력 신호 v_s=0.1sin(2π1000t)에 대한 출력 신호 v_o를 측정하여 증폭기의 동작을 실험한다.

실험의 요점

- 부하 R_L에 인가된 출력 전압 진폭과 입력 신호 진폭을 비교하고 전압 이득 A_v를 측정한다.

● 측정된 전압 이득과 시뮬레이션에 의한 전압 이득을 비교한다.

표 13. Discrete Common-Emitter 증폭기 전압 이득의 시뮬레이션 결과 값과 실험 결과 값 비교.

A_v (V/V)	
시뮬레이션	실험

실험 15.2: PNP Discrete Common-Emitter 증폭기

시뮬레이션 15.3에서 결정된 저항 R_1, R_2, R_C의 값으로 PNP Discrete Common-Emitter 증폭기를 구성하여 실습한다. 그림 9는 그림 5를 편이상 다시 그린 것이다.

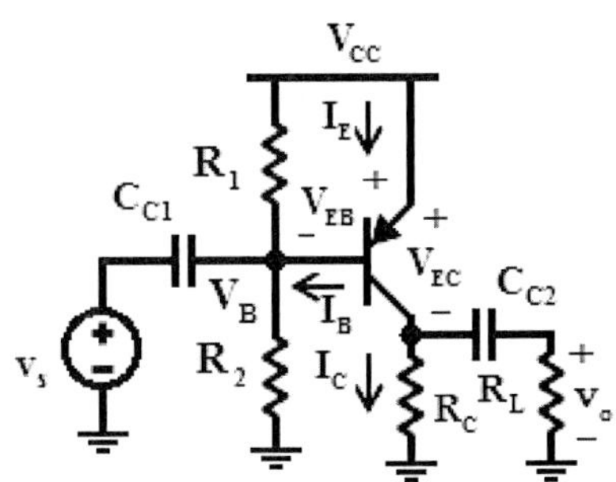

그림 9. PNP Discrete Common-Emitter 증폭기 회로: V_{CC}=10 V, C_{C1}=C_{C2}=1 μF, R_L=100 kΩ.

A. DC 바이어스 확인

설계된 회로의 동작점을 측정하여 회로 구성을 확인한다.

실험의 요점

● 바이어스 값 V_{EB}=0.67 V, V_{EC}=5 V, P_R=100 μW를 이용하여 계산된 R_1, R_2, R_C 값을 실험에 적용하여 각 노드 전압과 가지 전류를 확인한다.

● 회로의 동작점이 Active 영역에 있는지 확인한다.

표 14. 사용한 R_1, R_2, R_C 값과 동작점 실험 결과.

R_1 (kΩ)	R_2 (kΩ)	R_C (kΩ)

	동작점				
파라메타	V_{EB} (V)	V_{EC} (V)	I_C (mA)	I_B (μA)	I_E (mA)
값					

B. PNP Discrete Common-Emitter 증폭기

그림 9에서 입력 신호 v_s=0.1sin(2π1000t)에 대한 출력 신호 v_o를 측정하여 증폭기의 동작을 실험한다.

실험의 요점

- 부하 R_L에 인가된 출력 전압 진폭과 입력 신호 진폭을 비교하고 전압 이득 A_v를 측정한다.
- 측정된 전압 이득과 시뮬레이션에 의한 전압 이득을 비교한다.

표 15. Discrete 증폭기 전압 이득의 시뮬레이션 결과 값과 실험 결과 값 비교

A_v (V/V)	
시뮬레이션	실험

실험 15.3: R_E를 가진 NPN Discrete Common-Emitter 증폭기

시뮬레이션 15.4에서 결정된 저항 R_1, R_2, R_C의 값으로 R_E 저항을 가진 NPN Discrete Common-Emitter 증폭기를 구성하여 실습한다. 그림 10은 그림 6을 편이상 다시 그린 것이다.

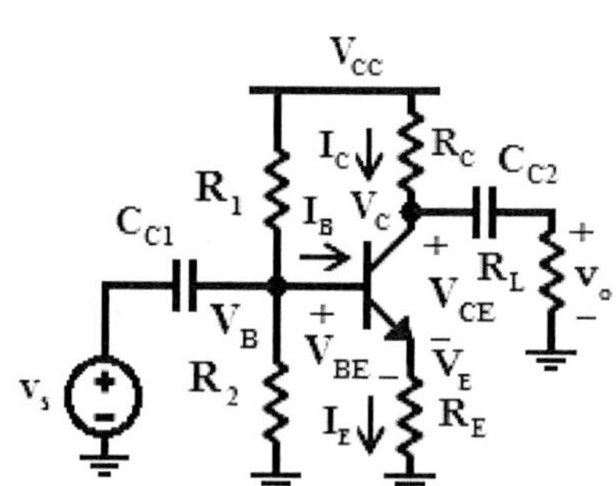

그림 10. R_E를 가진 NPN Common-Emitter 증폭기 실험 회로: V_{CC}=10 V, C_{C1}=C_{C2}=1 μF.

A. DC 바이어스 확인

설계된 회로의 동작점을 측정하여 회로 구성을 확인한다.

실험의 요점

- 바이어스 값 V_{BE}=0.66 V, V_{CE}=5 V, R_E=500 Ω, P_R=100 μW를 이용하여 계산된 R_1, R_2, R_C 값을 실험에 적용하여 각 노드 전압과 가지 전류를 확인한다.
- 회로의 동작점이 Active 영역에 있는지 확인한다.

표 16. 사용한 R_1, R_2, R_C 값과 동작점 실험 결과.

R_1 (kΩ)	R_2 (kΩ)	R_C (kΩ)

	동작점				
파라메타	V_{BE} (V)	V_{CE} (V)	I_C (mA)	I_B (μA)	I_E (mA)
값					

B. R_E를 가진 NPN Discrete Common-Emitter 증폭기

그림 10에서 입력 신호 v_s=0.1sin(2π1000t)에 대한 출력 신호 v_o를 측정하여 증폭기의 동작을 실험한다.

실험의 요점

- 부하 R_L에 인가된 출력 전압 진폭과 입력 신호 진폭을 비교하고 전압 이득 A_v를 측정한다.
- 측정된 전압 이득과 시뮬레이션에 의한 전압 이득을 비교한다.

표 17. R_E를 가진 NPN Discrete Common-Emitter 증폭기 전압이득: 시뮬레이션 값과 실험 결과 값 비교.

A_v (V/V)	
시뮬레이션	실험

실험 15.4: R_E를 가진 PNP Discrete Common-Emitter 증폭기

시뮬레이션 15.5에서 결정된 저항 R_1, R_2, R_C의 값으로 R_E 저항을 가진 PNP Discrete Common-Emitter 증폭기를 구성하여 실습한다. 그림 11은 그림 7을 편이상 다시 그린 것이다.

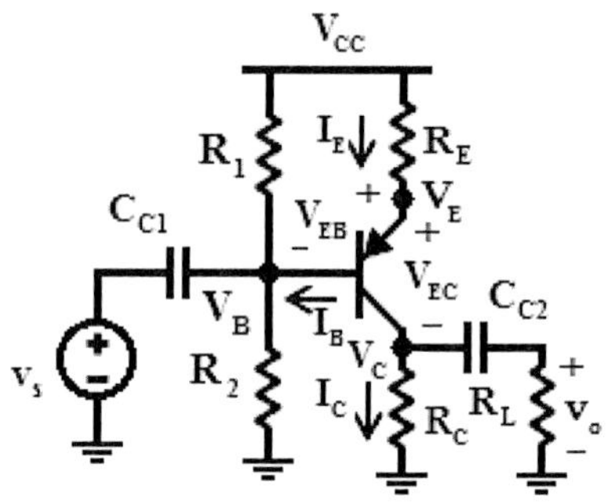

그림 11. R_E를 가진 PNP Common-Emitter 증폭기 실험 회로: V_{CC}=10 V, C_{C1}=C_{C2}=1 μF.

A. DC 바이어스 확인

설계된 회로의 동작점을 측정하여 회로 구성을 확인한다.

실험의 요점

- 바이어스 값 V_{EB}=0.67 V, V_{EC}=5 V, R_E=500 Ω, P_R=100 μW를 이용하여 계산된 R_1, R_2, R_C 값을 실험에 적용하여 각 노드 전압과 가지 전류를 확인한다.
- 회로의 동작점이 Active 영역에 있는지 확인한다.

표 18. 사용한 R_1, R_2, R_C 값과 동작점 실험 결과.

R_1 (kΩ)	R_2 (kΩ)	R_C (kΩ)

	동작점				
파라메타	V_{EB} (V)	V_{EC} (V)	I_C (mA)	I_B (μA)	I_E (mA)
값					

B. R_E를 가진 PNP Discrete Common-Emitter 증폭기

그림 11에서 입력 신호 v_s=0.1sin(2π1000t)에 대한 출력 신호 v_o를 측정하여 증폭기의 동작을 실험한다.

실험의 요점

- 부하 R_L에 인가된 출력 전압 진폭과 입력 신호 진폭을 비교하고 전압 이득 A_v를 측정한다.
- 측정된 전압 이득과 시뮬레이션에 의한 전압 이득을 비교한다.

표 19. R_E를 가진 PNP Discrete Common-Emitter 증폭기 전압 이득: 시뮬레이션 값과 실험 결과 값 비교.

A_v (V/V)	
시뮬레이션	실험

실험 16 Discrete Common-Emitter 증폭기 2

실험 목적: 2개의 전원을 사용한 Discrete 바이어스 Common-Emitter 증폭기와 컬렉터-베이스 피드백 저항을 가진 Common-Emitter 증폭기를 설계 및 실습한다.

실험 장비: DC 전원(Power Supply), 함수 발생기(Function Generator), 오실로스코프, 브래드 보드, 멀티메타

실험 준비물: 2N3904 3개, 2N3906 3개, 저항 다수

핀 배열

NPN

PNP

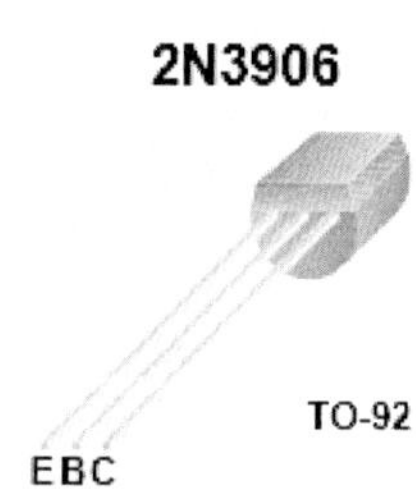

시뮬레이션 16.1: 2개의 전원을 가진 NPN Discrete Common-Emitter 증폭기

2개의 전원을 가진 NPN Discrete Common-Emitter 증폭기 회로를 시뮬레이션 한다. 그림 1은 저항 R_B, R_E, R_C와 두 전원 V_{CC}, V_{EE}에 의해 NPN BJT 단자의 전압이 결정되는 Discrete Common-Emitter 증폭기이다. 입력 신호 v_s는 커플링 커패시터 C_{C1}을 통해 BJT의 베이스에 인가되고, BJT의 컬렉터 신호는 출력 신호이며 커플링 커패시터 C_{C2}를 통해 부하 R_L에 전달된다. 소신호 파라메타를 이용하여 전압 이득 A_v를 다음 식으로 계산한다.

$$\mathbf{A_v = -g_m(R_C // r_o // R_L)} \tag{1}$$

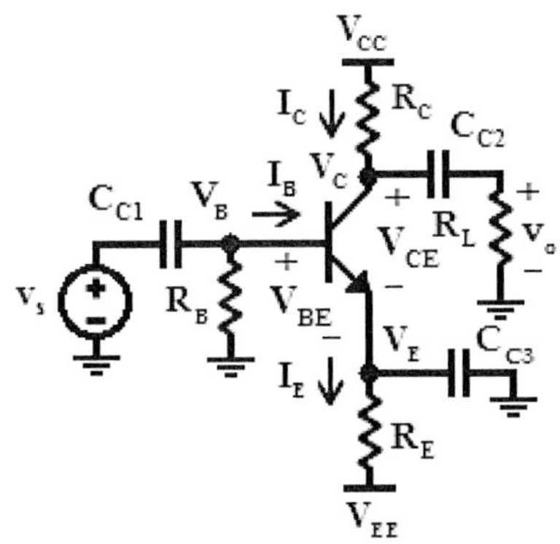

그림 1. 2개의 전원을 가진 NPN Discrete Common-Emitter 증폭기 회로: V_{CC}=10 V, V_{EE}=-10 V, $C_{C1}=C_{C2}=C_{C3}$=10 μF, R_B=1 MΩ, R_E=2 kΩ, R_C=5.1 kΩ, R_L=100 kΩ.

시뮬레이션의 요점

- 그림 1 회로의 동작점을 시뮬레이션하여 BJT의 동작 영역이 증폭기로서의 동작 영역인 Active 영역 임을 확인하고 소신호 파라메타를 계산한다.
- 부하 R_L에 인가된 출력 신호 진폭을 입력 신호 진폭과 비교하고 전압 이득 A_v를 구하고 식 (1)에 의해 계산된 전압 이득과 비교한다. 입력 신호는 $v_s=0.01\sin(2\pi 10000t)$이다.

표 1. NPN Discrete Common-Emitter 증폭기의 R_B, R_E, R_C 값, 회로의 동작점, 소신호 파라메타, 전압이득.

R_B (MΩ)	R_E (kΩ)	R_C (kΩ)

	동작점				
파라메타	V_{BE} (V)	V_{CE} (V)	I_C (mA)	I_B (μA)	I_E (mA)
값					

	소신호 파라메타				
파라메타	g_m (mA/V)	r_π (kΩ)	r_e (Ω)	r_o (kΩ)	β
값					

A_v (V/V)	
계산	시뮬레이션

시뮬레이션 16.2: 2개의 전원을 가진 PNP Discrete Common-Emitter 증폭기

2개의 전원을 가진 PNP Discrete Common-Emitter 증폭기 회로를 시뮬레이션 한다. 그림 2는 저항 R_B, R_E, R_C와 두 전원 V_{CC}, V_{EE}에 의해 PNP BJT 단자의 전압이 결정되는 Discrete Common-Emitter 증폭기이다. 입력 신호 v_s는 커플링 커패시터 C_{C1}을 통해 BJT의 베이스에 인가되고, BJT의 컬렉터 신호는 출력 신호이며 커플링 커패시터 C_{C2}를 통해 부하 R_L에 전달된다. 소신호 파라메타를 이용하여 전압 이득 A_v를 식 (1)을 이용하여 계산한다.

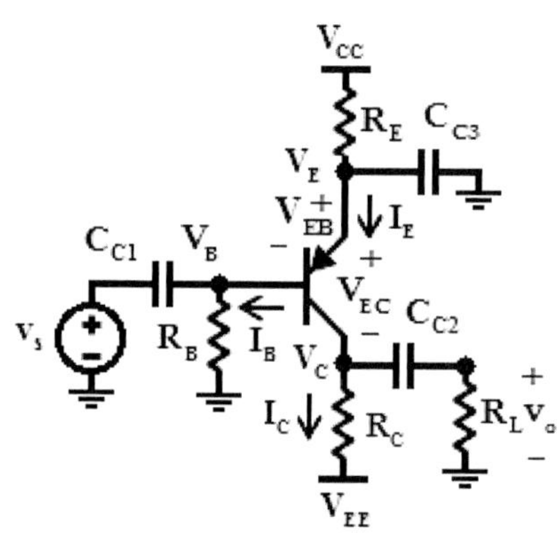

그림 2. 2개의 전원을 가진 PNP Discrete Common-Emitter 증폭기 회로: V_{CC}=10 V, V_{EE}=−10 V C_{C1}=C_{C2}=C_{C3}=10 μF, R_B=3.5 MΩ, R_E=1 kΩ, R_C=27 kΩ, R_L=100 kΩ.

시뮬레이션의 요점

- 그림 2 회로의 동작점을 시뮬레이션하여 BJT의 동작 영역이 증폭기로서의 동작 영역인 Active 영역임을 확인하고 소신호 파라메타를 계산한다.

● 부하 R_L에 인가된 출력 신호 진폭을 입력 신호 진폭과 비교하여 전압 이득 A_v를 구하고 식 (1)에 의해 계산된 전압 이득과 비교한다. 입력 신호는 v_s=0.01sin(2π10000t)이다.

표 2. PNP Discrete Common-Emitter 증폭기의 R_B, R_E, R_C 값, 회로의 동작점, 소신호 파라메타, 전압이득.

R_B (MΩ)	R_E (kΩ)	R_C (kΩ)

	동작점				
파라메타	V_{EB} (V)	V_{EC} (V)	I_C (mA)	I_B (μA)	I_E (mA)
값					

	소신호 파라메타				
파라메타	g_m (mA/V)	r_π (kΩ)	r_e (Ω)	r_o (kΩ)	β
값					

A_v (V/V)	
계산	시뮬레이션

시뮬레이션 16.3: 컬렉터-베이스 피드백 저항 R_B를 가진 NPN Discrete Common-Emitter 증폭기

컬렉터-베이스 피드백 저항 R_B를 가진 NPN Discrete Common-Emitter 증폭기 회로를 시뮬레이션 한다. 그림 3은 저항 R_B, R_C와 전원 V_{CC}에 의해 NPN BJT 단자의 전압이 결정되는 Discrete Common-Emitter 증폭기이다. 입력 신호 v_s는 커플링 커패시터 C_{C1}을 통해 BJT의 베이스에 인가되고, BJT의 컬렉터 신호는 출력 신호이며 커플링 커패시터 C_{C2}를 통해 부하 R_L에 전달된다.

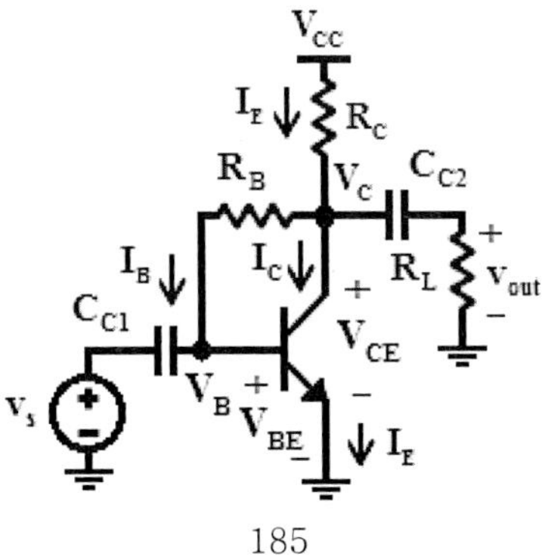

그림 3. 컬렉터-베이스 피드백 저항 R_B를 가진 NPN Discrete Common-Emitter 증폭기 회로: V_{CC}=10 V, C_{C1}=C_{C2}=10 μF, R_B=1.8 MΩ, R_C=5.1 kΩ, R_L=100 kΩ.

소신호 파라메타를 이용하여 전압 이득 A_v를 다음 식으로 계산한다.

$$\mathbf{A_v = -\frac{\left(g_m - \frac{1}{R_B}\right)(r_o // R_C // R_L)}{1 + \frac{r_o // R_C // R_L}{R_B}}} \tag{2}$$

여기에서 r_o는 BJT의 소신호 출력 저항이다.

시뮬레이션의 요점

- 그림 3 회로의 동작점을 시뮬레이션하여 BJT의 동작 영역이 증폭기로서의 동작 영역인 Active 영역임을 확인하고 소신호 파라메타를 계산한다.
- 부하 R_L에 인가된 출력 신호 진폭을 입력 신호 진폭과 비교하고 전압 이득 A_v를 구하고 식 (2)에 의해 계산된 전압 이득과 비교한다. 입력 신호는 v_s=0.01sin(2π10000t)이다.

표 3. NPN Discrete Common-Emitter 증폭기의 R_B, R_C 값과 회로의 동작점, 소신호 파라메타, 전압이득.

R_B (MΩ)	R_C (kΩ)

	동작점				
파라메타	V_{BE} (V)	V_{CE} (V)	I_C (mA)	I_B (μA)	I_E (mA)
값					

	소신호 파라메타				
파라메타	g_m (mA/V)	r_π (kΩ)	r_e (Ω)	r_o (kΩ)	β
값					

A_v (V/V)	
계산	시뮬레이션

시뮬레이션 16.4: 컬렉터-베이스 피드백 저항 R_B를 가진 PNP Discrete Common-Emitter 증폭기

컬렉터-베이스 피드백 저항을 가진 PNP Discrete Common-Emitter 증폭기 회로를 시뮬레이션 한다. 그림 4는 저항 R_B, R_C와 전원 V_{CC}에 의해 PNP BJT 단자의 전압이 결정되는 Discrete Common-Emitter 증폭기이다. 입력 신호 v_s는 커플링 커패시터 C_{C1}을 통해 BJT의 베이스에 인가되고, BJT의 컬렉터 신호는 출력 신호이며 커플링 커패시터 C_{C2}를 통해 부하 R_L에 전달된다. 식 (2)를 이용하여 전압 이득 A_v를 계산한다.

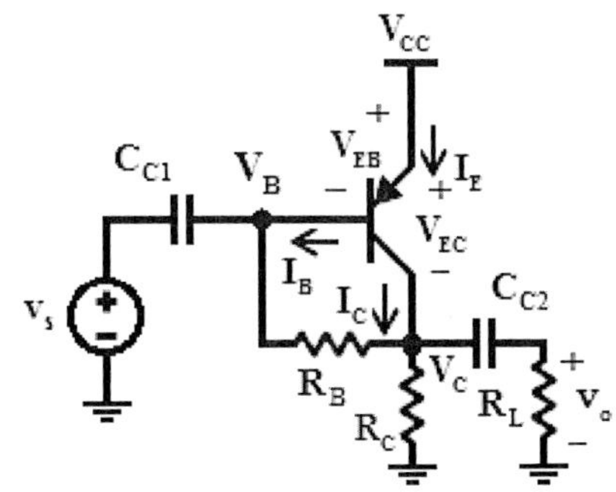

그림 4. 컬렉터-베이스 피드백 저항 R_B를 가진 PNP Discrete Common-Emitter 증폭기 회로: V_{CC}=10 V, C_{C1}=C_{C2}=10 μF, R_B=220 kΩ, R_C=4.7 kΩ, R_L=100 kΩ.

시뮬레이션의 요점

- 그림 4 회로의 동작점을 시뮬레이션하여 BJT의 동작 영역이 증폭기로서의 동작 영역인 Active 영역 임을 확인하고 소신호 파라메타를 계산한다.
- 부하 R_L에 인가된 출력 신호 진폭을 입력 신호 진폭과 비교하고 전압 이득 A_v를 구하고 식 (2)에 의해 계산된 전압 이득과 비교한다. 입력 신호는 v_s=0.01sin(2π10000t)이다.

표 4. PNP Discrete Common-Emitter 증폭기 R_B, R_C 값과 회로의 동작점, 소신호 파라메타, 전압이득.

R_B (MΩ)	R_C (kΩ)

	동작점				
파라메타	V_{EB} (V)	V_{EC} (V)	I_C (mA)	I_B (μA)	I_E (mA)
값					

	소신호 파라메타				
파라메타	g_m (mA/V)	r_π (kΩ)	r_e (Ω)	r_o (kΩ)	β
값					

A_v (V/V)	
계산	시뮬레이션

실험 16.1: 2개의 전원을 가진 NPN Discrete Common-Emitter 증폭기

시뮬레이션 16.1에서 사용된 저항 R_B, R_E, R_C의 값으로 NPN Discrete Common-Emitter 증폭기를 구성하여 실습한다. 그림 5는 그림 1을 편이상 다시 그린 것이다.

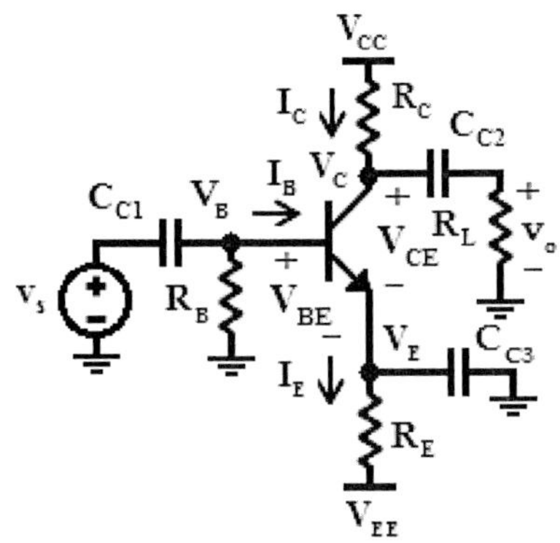

그림 5. 2개의 전원을 가진 NPN Discrete Common-Emitter 증폭기 회로: V_{CC}=10 V, V_{EE}=-10 V, C_{C1}=C_{C2}=C_{C3}=10 μF, R_B=1 MΩ, R_E=2 kΩ, R_C=5.1 kΩ, R_L=100 kΩ.

실험의 요점

- 그림 5의 회로를 구성하여 회로의 동작점을 측정 한다.
- BJT 소자가 증폭기로서의 동작 영역인 Active 영역에서 동작하는 것을 확인한다.
- 동작점으로부터 소신호 파라메타를 계산한다
- 부하 R_L의 출력 신호 진폭을 입력 신호 진폭과 비교하고 측정한 전압 이득과 시뮬레이션에 의한 전압 이득을 비교한다. 입력 신호는 $v_s=0.05\sin(2\pi 10000t)$이다.

표 5. NPN Discrete Common-Emitter 증폭기의 R_B, R_E, R_C 값, 회로의 동작점, 소신호 파라메타, 전압이득.

R_B (MΩ)	R_E (kΩ)	R_C (kΩ)

	동작점				
파라메타	V_{BE} (V)	V_{CE} (V)	I_C (mA)	I_B (μA)	I_E (mA)
값					

	소신호 파라메타			
파라메타	g_m (mA/V)	r_π (kΩ)	r_e (Ω)	β
값				

A_v (V/V)	
시뮬레이션	실험

실험 16.2: 2개의 전원을 가진 PNP Discrete Common-Emitter 증폭기

시뮬레이션 16.2에서 사용된 저항 R_B, R_E, R_C의 값으로 PNP Discrete Common-Emitter 증폭기를 구성하여 실습한다. 그림 6은 그림 2를 편이상 다시 그린 것이다.

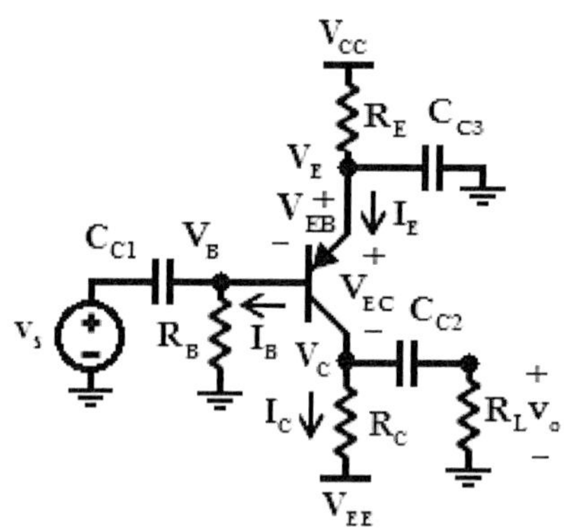

그림 6. 2개의 전원을 가진 PNP Discrete Common-Emitter 증폭기 회로: V_{CC}=10 V, C_{C1}=C_{C2}=C_{C3}=10 μF, R_B=3.5 MΩ, R_E=1 kΩ, R_C=27 kΩ, R_L=100 kΩ.

실험의 요점

- 그림 6의 회로를 구성하여 회로의 동작점을 측정 한다.
- BJT 소자가 증폭기로서의 동작 영역인 Active 영역에서 동작하는 것을 확인한다.
- 동작점으로부터 소신호 파라메타를 계산한다
- 부하 R_L의 출력 신호 진폭을 입력 신호 진폭과 비교하고 측정한 전압 이득과 시뮬레이션에 의한 전압 이득을 비교한다. 입력 신호는 $v_s=0.05\sin(2\pi 10000t)$이다.

표 6. PNP Discrete Common-Emitter 증폭기의 R_B, R_E, R_C 값과 회로의 동작점.

R_B (MΩ)	R_E (kΩ)	R_C (kΩ)

	동작점				
파라메타	V_{EB} (V)	V_{EC} (V)	I_C (mA)	I_B (μA)	I_E (mA)
값					

	소신호 파라메타			
파라메타	g_m (mA/V)	r_π (kΩ)	r_e (Ω)	β
값				

A_v (V/V)	
시뮬레이션	실험

실험 16.3: 컬렉터-베이스 피드백 저항을 가진 NPN Discrete Common-Emitter 증폭기

시뮬레이션 16.3에서 사용된 저항 R_B, R_C의 값으로 컬렉터-베이스 피드백 저항을 가진 NPN Discrete Common-Emitter 증폭기를 구성하여 실습한다. 그림 7은 그림 3를 편이상 다시 그린 것이다.

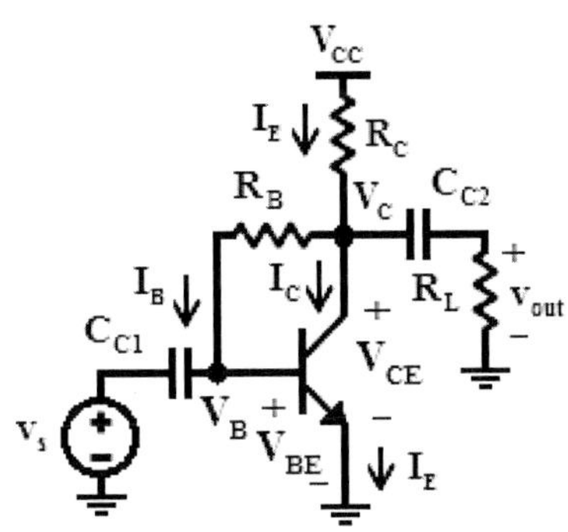

그림 7. 컬렉터-베이스 피드백 저항 R_B를 가진 NPN Discrete Common-Emitter 증폭기 회로: V_{CC}=10 V, C_{C1}=C_{C2}=10 μF, R_B=1.8 MΩ, R_C=5.1 kΩ, R_L=100 kΩ.

실험의 요점

- 그림 7의 회로를 구성하여 회로의 동작점을 측정 한다.
- BJT 소자가 증폭기로서의 동작 영역인 Active 영역에서 동작하는 것을 확인한다.
- 동작점으로부터 소신호 파라메타를 계산한다
- 부하 R_L의 출력 신호 진폭을 입력 신호 진폭과 비교하고 측정한 전압 이득과 시뮬레이션에 의한 전압 이득을 비교한다. 입력 신호는 $v_s=0.05\sin(2\pi 10000t)$이다.

표 7. NPN Discrete Common-Emitter 증폭기의 R_B, R_C 값과 회로의 동작점, 소신호 파라메타, 전압이득.

R_B (MΩ)	R_C (kΩ)

	동작점				
파라메타	V_{BE} (V)	V_{CE} (V)	I_C (mA)	I_B (μA)	I_E (mA)
값					

	소신호 파라메타			
파라메타	g_m (mA/V)	r_π (kΩ)	r_e (Ω)	β
값				

A_v (V/V)	
시뮬레이션	실험

실험 16.4: 컬렉터-베이스 피드백 저항을 가진 PNP Discrete Common-Emitter 증폭기

시뮬레이션 16.4에서 사용된 저항 R_B, R_C의 값으로 컬렉터-베이스 피드백 저항을 가진 PNP Discrete Common-Emitter 증폭기를 구성하여 실습한다. 그림 8은 그림 4를 편이상 다시 그린 것이다.

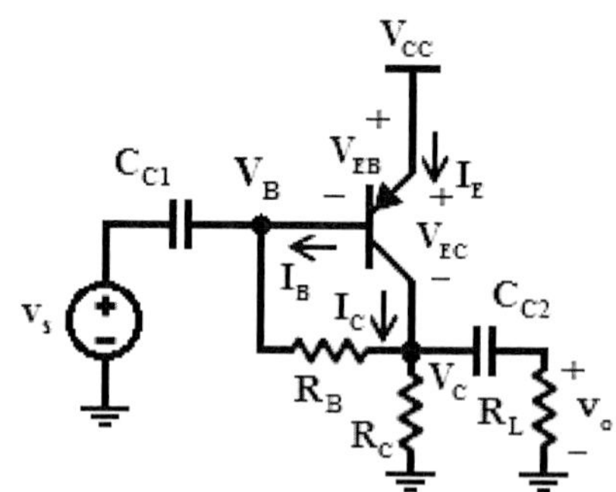

그림 8. 컬렉터-베이스 피드백 저항 R_B를 가진 PNP Discrete Common-Emitter 증폭기 회로: V_{CC}=10 V, C_{C1}=C_{C2}=10 μF, R_B=220 kΩ, R_C=4.7 kΩ, R_L=100 kΩ.

실험의 요점

- 그림 8의 회로를 구성하여 회로의 동작점을 측정 한다.
- BJT 소자가 증폭기로서의 동작 영역인 Active 영역에서 동작하는 것을 확인한다.
- 동작점으로부터 소신호 파라메타를 계산한다
- 부하 R_L의 출력 신호 진폭을 입력 신호 진폭과 비교하고 측정한 전압 이득과 시뮬레이션에 의한 전압 이득을 비교한다. 입력 신호는 v_s=0.05sin(2π10000t)이다.

표 8. PNP Discrete Common-Emitter 증폭기의 R_B, R_C 값과 회로의 동작점, 소신호 파라메타, 전압이득.

R_M (kΩ)	R_C (kΩ)

	동작점				
파라메타	V_{EB} (V)	V_{EC} (V)	I_C (mA)	I_B (μA)	I_E (mA)
값					

	소신호 파라메타			
파라메타	g_m (mA/V)	r_π (kΩ)	r_e (Ω)	β
값				

A_v (V/V)	
시뮬레이션	실험

실험 17 정전류원 바이어스, 정전류원 부하를 가진 Common-Emitter 증폭기

실험 목적: 정전류원 바이어스와 정전류원 부하를 가진 Common-Emitter 증폭기 회로를 실습한다.

실험 장비 DC 전원(Power Supply), 함수 발생기(Function Generator), 오실로스코프, 브래드 보드, 멀티메타

실험 준비물: 2N3904 3개, 2N3906 3개, 저항 다수

NPN

PNP

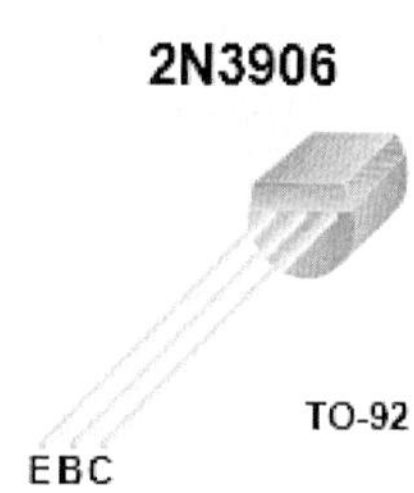

시뮬레이션 17.1: Diode-Connected BJT 회로 특성

시뮬레이션 9.1의 Diode-Connected MOSFET의 경우와 같은 개념이며, 소자가 MOSFET에서 BJT로 바뀌었을 뿐이다. Diode-Connected BJT는 소자가 'ON' 상태이면 항상 능동 영역(Active Mode)에서 동작한다. 그림 1(a) 의 NPN Diode-Connected BJT에서 전압 V_{BE}, 전류 I_{REF}, 저항 R_{REF}가 다음 식 (1)의 관계를 가진다. 컬렉터 저항 R_{REF}은 V_{BE}와 I_{REF}의 값을 결정하는 역할을 한다.

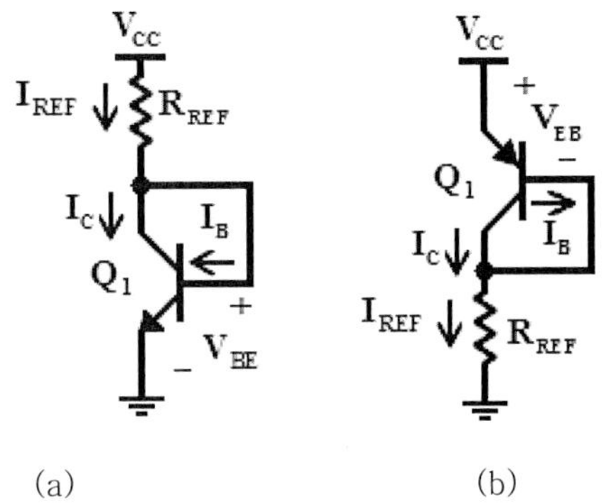

그림 1. Diode-Connected 회로 (a) NPN (b) PNP BJT: V_{CC}=10 V.

$$I_{REF} = \frac{V_{CC} - V_{BE}}{R_{REF}} \tag{1}$$

그리고 그림 1 (b)의 PNP Diode-Connected BJT 회로도 마찬가지로 전압 V_{EB}, 전류 I_{REF}, 저항 R_{REF}가 식 (2)의 관계를 가진다.

$$I_{REF} = \frac{V_{CC} - V_{EB}}{R_{REF}} \tag{2}$$

시뮬레이션의 요점

- 그림 1의 회로에서 I_{REF}의 값이 1 mA, 2 mA, 3 mA 일 때의 식 (1)과 (2)를 이용하여 저항 R_{REF}를 계산한다. 문제를 간단히 하기 위해 V_{BE}=0.7 V (V_{EB}=0.7 V)를 사용한다.

표 1. Diode-Connected BJT 회로의 R_{REF} 계산 값.

	NPN			PNP		
I_{REF} (mA)	1	2	3	1	2	3
V_{BE} (V_{EB}) (V)	0.7	0.7	0.7	0.7	0.7	0.7
R (kΩ)						

- 그림 1의 회로에서 위에서 구한 저항 R의 값을 회로에 적용 했을 때 I_{REF}와 V_{BE} (V_{EB})를 시뮬레이션으로 구한다.

표 2. 표 1에서 계산된 저항 값에 대응하는 I_{REF}와 V_{BE} (V_{EB}).

	NPN			PNP		
I_{REF} (mA)						
V_{BE} (V_{EB}) (V)						
R (kΩ)						

- 표 1과 2를 비교하여 I_{REF}와 V_{BE} (V_{EB})가 차이가 나는 이유를 설명하라.

시뮬레이션 17.2: 정전류원 회로

정전류원 (Constant Current Source)회로는 증폭기 등 아날로그 회로에 일정한 전류를 공급하는 역할 이외에도 능동 영역 (Active Mode)에서의 높은 소신호 저항을 이용하기 위해서도 사용된다. 그림 2 (a)와 (b)는 Diode-Connected BJT 베이스에 같은 종류의 BJT 베이스가 연결된 기본적인 정전류원 회로를 보여준다. Diode-Connected BJT (Q_1)와 저항 R_{REF}에 의해 정해진 I_{REF}와 V_{BE1} (V_{EB1})는 Q_2의 컬렉터 전류인 I_O를 결정한다. 정전류원의 기능을 유지 하기 위해 Q_1과 Q_2는 능동영역 (Active Mode)에서 동작해야만 한다.

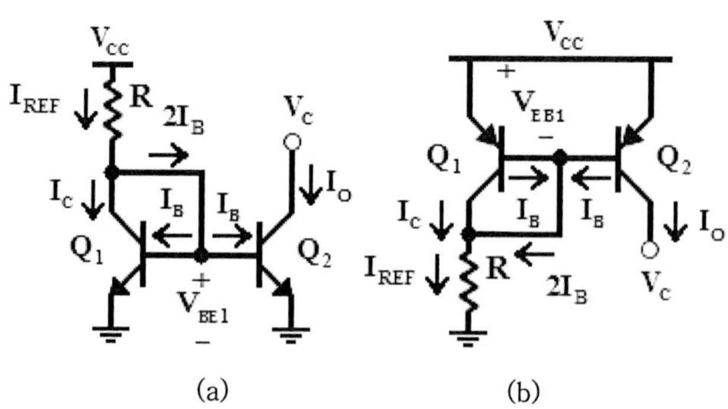

그림 2. (a) NPN, (b) PNP BJT 정전류원 회로. V_{CC}=10 V.

그림 2 의 BJT 정전류원에서 두 BJT의 에미터 접합 크기가 같을 때, 기준 전류 I_{REF}와 출력 전류 I_O의 비율은 다음과 같다.

$$\frac{I_O}{I_{REF}} = \frac{1}{1+\frac{2I_B}{I_C}} = \frac{1}{1+\frac{2}{\beta}} \qquad (3)$$

BJT의 β 값이 클 수록 기준 전류 I_{REF}와 I_O는 가까운 값을 가지게 된다.

시뮬레이션의 요점

- 그림 2 (a) 회로 (R_{REF}=9.3 kΩ) 에서 V_C를 0~10 V로 증가시키면서 전류 I_O을 측정하여 I_O vs. V_C 그래프를 그린다.
- 그림 2 (b) 회로 (R_{REF}=8.9 kΩ) 에서 V_C를 0~10 V로 증가시키면서 전류 I_O을 측정하여 I_O vs. V_{EC} 그래프를 그린다. 여기에서 $V_{EC}=V_{CC}-V_C$임을 유의 해야 한다.
- I_O vs. V_C 그래프에서 $V_C=V_{BE1}$일 때, I_O/I_{REF}의 비를 계산한다.
- I_O vs. V_{EC} 그래프에서 $V_{CC}-V_C=V_{EB1}$일 때, I_O/I_{REF}의 비를 계산한다.

표 3. NPN과 PNP 정전류원의 I_O/I_{REF} (NPN: $V_C=V_{BE1}$, PNP: $V_{CC}-V_C=V_{EB1}$).

	NPN	PNP
I_O/I_{REF} (A/A)		

시뮬레이션 17.3: 정전류원 바이어스를 가진 NPN Common-Emitter 증폭기

저항 바이어스 회로 대신 BJT 정전류원을 사용하는 Common-Emitter 증폭기의 동작을 시뮬레이션한다. BJT 정전류원을 사용하는 바이어스 회로는 작은 면적을 차지 하기 때문에 집적 회로에 사용된다. 그림 3은 R_{REF}, Q_2, Q_3로 구성된 정전류원을 가진 Common-Emitter 증폭기이다. 입력 신호 v_s는 커플링 커패시터 C_{C1}을 통해 Q_1의 베이스에 인가되고, Q_1의 컬렉터 신호는 출력 신호이며 커플링 커패시터 C_{C2}를 통해 부하 R_L에 전달된다.

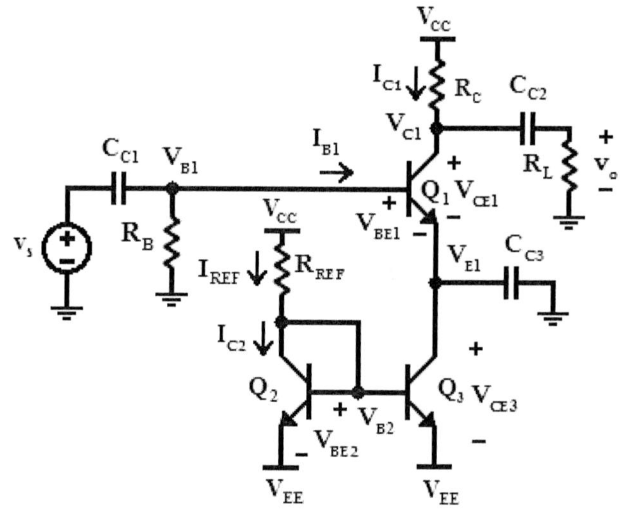

그림 3. 정전류원에 의해 바이어스되는 NPN Common-Emitter 증폭기 회로: V_{CC}=10 V, V_{EE}=-10 V, R_{REF}=19.4 kΩ, R_C=6.6 kΩ, R_B=1 MΩ, R_L=100 kΩ, C_{C1}=C_{C2}=1 μF, C_{C3}=10 μF.

소신호 파라메타를 이용하여 전압 이득 A_v를 다음 식으로 계산한다.

$$A_v = -g_m(R_C // r_o // R_L) \tag{4}$$

여기에서 r_o (=V_A/I_{C1})는 Q_1의 소신호 출력 저항이다. 2N3904 소자의 얼리 전압 (Early Voltage) V_A는 '100 V'이다.

시뮬레이션의 요점

- 그림 3 회로의 동작점을 시뮬레이션하여 Q_1, Q_2, Q_3의 동작 영역이 Active 영역임을 확인하고 Q_1의 소신호 파라메타를 계산한다.
- 부하 R_L에 인가된 출력 신호 진폭을 입력 신호 진폭과 비교하고 전압 이득 A_v를 구하고 식 (4)에 의해 계산된 전압 이득과 비교한다. 입력 신호는 v_s=0.01sin(2π50,000t)이다.

표 4. R_{REF}, R_B, R_C 값과 회로의 동작점, 소신호 파라메타, A_v.

R_{REF} (kΩ)	R_B (MΩ)	R_C (kΩ)

	동작점						
파라메타	V_{BE2} (V)	I_{REF} (mA)	V_{CE3} (V)	V_{BE1} (V)	I_{B1} (μA)	V_{CE1} (V)	I_{C1} (mA)
값							

	소신호 파라메타 (Q_1)				
파라메타	g_m (mA/V)	r_π (kΩ)	r_e (Ω)	r_o (Ω)	β
값					

A_v (V/V)	
계산	시뮬레이션

시뮬레이션 17.4: 정전류원 바이어스를 가진 PNP Common-Emitter 증폭기

그림 4는 R_{REF}, Q_2, Q_3로 구성된 정전류원을 가진 PNP Common-Emitter 증폭기이다. 입력 신호 v_s는 커플링 커패시터 C_{C1}을 통해 Q_1 의 베이스에 인가되고, Q_1의 컬렉터 신호는 출력 신호이며 커플링 커패시터 C_{C2}를 통해 부하 R_L에 전달된다. 전압 이득 A_v를 식(4)를 이용하여 계산한다.

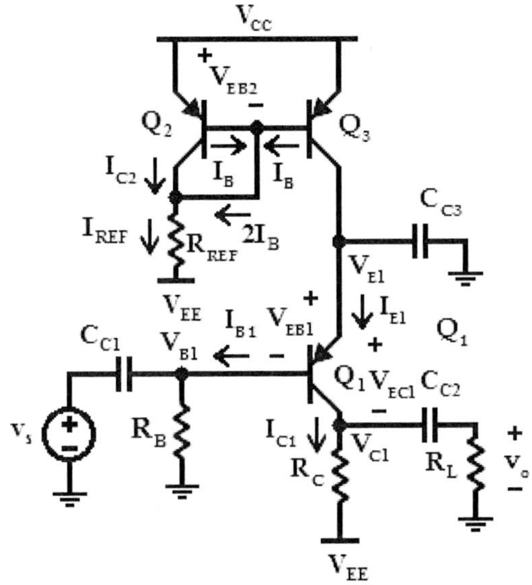

그림 4. 정전류원에 의해 바이어스되는 PNP Common-Emitter 증폭기 회로: V_{CC}=10 V, V_{EE}=-10 V, R_{REF}=19.3 kΩ, R_C=7.6 kΩ, R_B=200 kΩ, R_L=100 kΩ, C_{C1}=C_{C2}=1 μF, C_{C3}=10 μF.

시뮬레이션의 요점

- 그림 4 회로의 동작점을 시뮬레이션하여 Q_1, Q_2, Q_3의 동작 영역이 Active 영역임을 확인하고 Q_1의 소신호 파라메타를 계산한다.
- 부하 R_L에 인가된 출력 신호 진폭을 입력 신호 진폭과 비교하고 전압 이득 A_v를 구하고 식 (4)에 의해 계산된 전압 이득과 비교한다. 입력 신호는 $v_s=0.01\sin(2\pi 50{,}000t)$이다.

표 5. R_{REF}, R_B, R_C 값과 회로의 동작점, 소신호 파라메타, A_v.

R_{REF} (kΩ)	R_B (MΩ)	R_C (kΩ)

	동작점						
파라메타	V_{EB2} (V)	I_{REF} (mA)	V_{EC3} (V)	V_{EB1} (V)	I_{B1} (μA)	V_{EC1} (V)	I_{C1} (mA)
값							

	소신호 파라메타 (Q_1)				
파라메타	g_m (mA/V)	r_π (kΩ)	r_e (Ω)	r_o^* (kΩ)	β
값					

*2N3906 소자의 얼리 전압 (Early Voltage) V_A는 '100 V'이다.

A_v (V/V)	
계산	시뮬레이션

시뮬레이션 17.5: 능동 부하 (Active Load)를 가진 NPN Common-Emitter 증폭기

컬렉터 저항 R_C 대신에 정전류원에 의한 능동 저항을 사용한 Common-Emitter 증폭기를 시뮬레이션 한다. 높은 부하 저항을 사용할 수 있기 때문에 전압 이득이 높은 증폭기를 구현할 수 있다. 그림 5는 R_{REF}, Q_2, Q_3로 구성된 정전류원을 가진 NPN Common-Emitter 증폭기이다. 입력 신호 v_s는 커플링 커패시터 C_{C1}을 통해 Q_1의 베이스에 인가되고, Q_1의 컬렉터 신호는 출력 신호이며 커플링 커패시터 C_{C2}를 통해 부하 R_L에 전달된다.

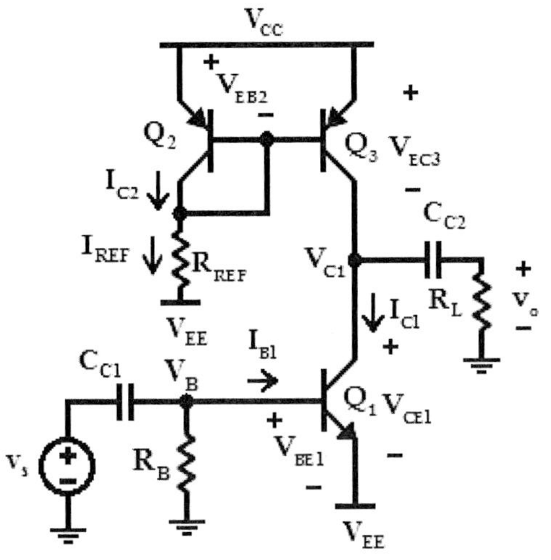

그림 5. 능동 부하를 가진 NPN Common-Emitter 증폭기 회로: V_{CC}=10 V, V_{EE}=-10 V, R_{REF}=18.7 kΩ, R_B=3.6 MΩ, R_L=100 kΩ, C_{C1}=C_{C2}=1 μF.

전압 이득 A_v를 식(5)을 이용하여 계산한다.

$$\mathbf{A_v = -g_m(r_{on} // r_{op} // R_L)} \tag{5}$$

여기에서 r_{on}, r_{op}는 Q_1과 Q_3의 소신호 출력 저항 값이다.

시뮬레이션의 요점

- 그림 5 회로의 동작점을 시뮬레이션하여 Q_1, Q_2, Q_3의 동작 영역이 Active 영역임을 확인하고 Q_1의 소신호 파라메타를 계산한다.
- 부하 R_L에 인가된 출력 신호 진폭을 입력 신호 진폭과 비교하여 전압 이득 A_v를 구하고 식 (5)에 의해 계산된 전압 이득과 비교한다. 입력 신호는 v_s=0.0001sin(2π50,000t)이다.

표 6. R_{REF}, R_B 값과 회로의 동작점, 소신호 파라메타, A_v.

R_{REF} (kΩ)	R_B (MΩ)

	동작점						
파라메타	V_{EB2} (V)	I_{REF} (mA)	V_{EC3} (V)	V_{BE1} (V)	I_{B1} (μA)	V_{CE1} (V)	I_{C1} (mA)
값							

	소신호 파라메타 (Q_1)				
파라메타	g_m (mA/V)	r_π (kΩ)	r_e (Ω)	r_o (kΩ)	β
값					

A_v (V/V)	
계산	시뮬레이션

시뮬레이션 17.6: 능동 부하 (Active Load)를 가진 PNP Common-Emitter 증폭기

그림 6은 R_{REF}, Q_2, Q_3로 구성된 정전류원 능동 부하를 가진 PNP Common-Emitter 증폭기이다. 입력 신호 v_s는 커플링 커패시터 C_{C1}을 통해 Q_1의 베이스에 인가되고, Q_1의 컬렉터 신호는 출력 신호이며 커플링 커패시터 C_{C2}를 통해 부하 R_L에 전달된다.

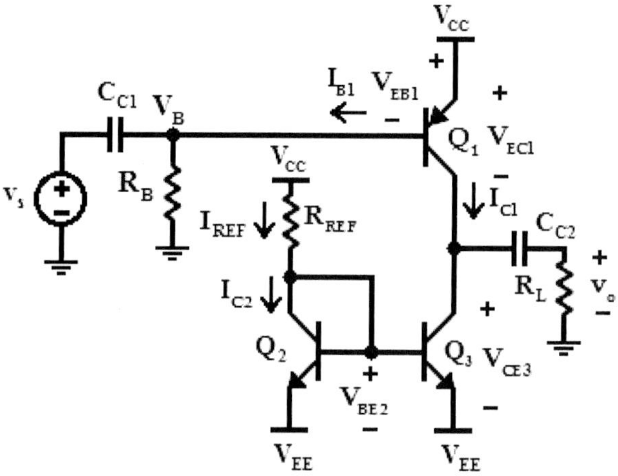

그림 6. 능동 부하를 가진 PNP Common-Emitter 증폭기 회로: V_{CC}=10 V, V_{EE}=-10 V, R_{REF}=20 kΩ, R_B=1.6 MΩ, R_L=100 kΩ, C_{C1}=C_{C2}=1 μF.

시뮬레이션의 요점

- 그림 6 회로의 동작점을 시뮬레이션하여 Q_1, Q_2, Q_3의 동작 영역이 Active 영역임을 확인하고 소신호 파라메타를 계산한다.
- 부하 R_L에 인가된 출력 신호 진폭을 입력 신호 진폭과 비교하고 전압 이득 A_v를 구하고 식 (5)에 의해 계산된 전압 이득과 비교한다. 입력 신호는 $v_s=0.001\sin(2\pi 50{,}000t)$이다.

표 7. R_{REF}, R_B 값과 회로의 동작점, 소신호 파라메타, A_v.

R_{REF} (kΩ)	R_B (MΩ)

	동작점						
파라메타	V_{BE2} (V)	I_{REF} (mA)	V_{CE3} (V)	V_{EB1} (V)	I_{B1} (μA)	V_{EC1} (V)	I_{C1} (mA)
값							

	소신호 파라메타 (Q_1)				
파라메타	g_m (mA/V)	r_π (kΩ)	r_e (Ω)	r_o (kΩ)	β
값					

A_v (V/V)	
계산	시뮬레이션

실험 17.1: 정전류원 바이어스를 가진 NPN Common-Emitter 증폭기

정전류원에 의해 바이어스되는 NPN Common-Emitter 증폭기 회로를 실습한다. 그림 7은 그림 3을 편이상 다시 그린 것이다.

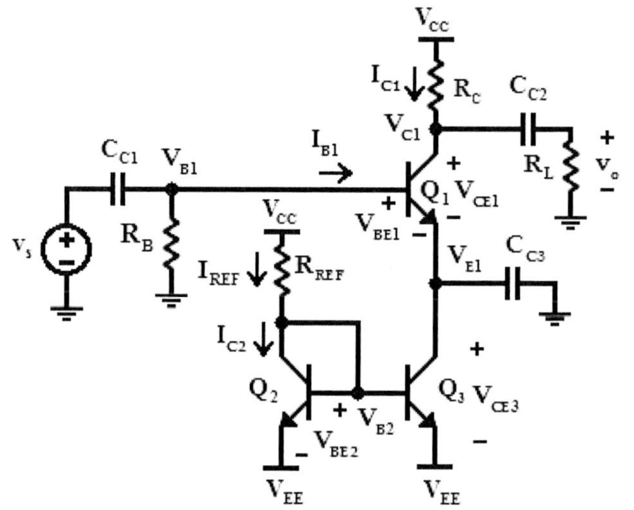

그림 7. 정전류원에 의해 바이어스되는 NPN Common-Emitter 증폭기 회로: V_{CC}=10 V, V_{EE}=-10 V, R_{REF}=19.4 kΩ, R_C=6.6 kΩ, R_B=1 MΩ, R_L=100 kΩ, C_{C1}=C_{C2}=1 μF, C_{C3}=10 μF.

실험의 요점

- 그림 7 회로의 동작점을 측정하여 Q_1, Q_2, Q_3의 동작 영역이 Active 영역임을 확인하고 Q_1의 소신호 파라메타를 계산한다.
- 부하 R_L에 인가된 출력 신호 진폭을 입력 신호 진폭과 비교하여 전압 이득 A_v를 측정하고 계산된 전압 이득, 시뮬레이션된 전압 이득과 비교한다. 입력 신호는 $v_s=0.005\sin(2\pi 50{,}000t)$이다.

표 8. R_{REF}, R_B, R_C 값과 회로의 동작점, 소신호 파라메타, A_v.

R_{REF} (kΩ)	R_B (MΩ)	R_C (kΩ)

	동작점						
파라메타	V_{BE2} (V)	I_{REF} (mA)	V_{CE3} (V)	V_{BE1} (V)	I_{B1} (μA)	V_{CE1} (V)	I_{C1} (mA)
값							

	소신호 파라메타 (Q_1)			
파라메타	g_m (mA/V)	r_π (kΩ)	r_e (Ω)	β
값				

Av (V/V)		
계산	시뮬레이션	실험

실험 17.2: 정전류원 바이어스를 가진 PNP Common-Emitter 증폭기

정전류원에 의해 바이어스되는 PNP Common-Emitter 증폭기 회로를 실습한다. 그림 8은 그림 4를 편이상 다시 그린 것이다.

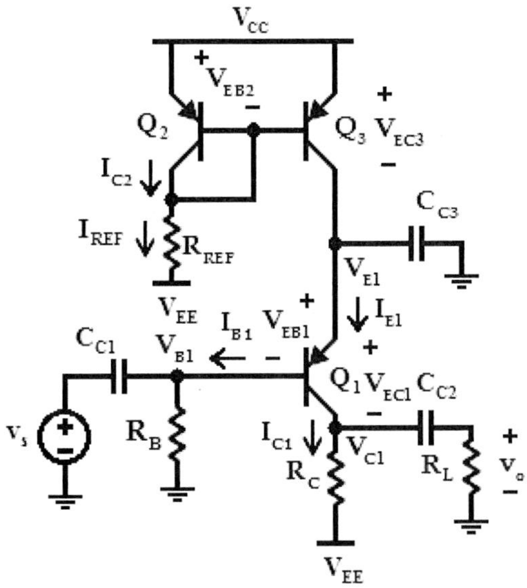

그림 8. 정전류원에 의해 바이어스되는 PNP Common-Emitter 증폭기 회로: V_{CC}=10 V, V_{EE}=-10 V, R_{REF}=19.3 kΩ, R_C=7.6 kΩ, R_B=200 kΩ, R_L=100 kΩ, C_{C1}=C_{C2}=1 μF, C_{C3}=10 μF.

실험의 요점

- 그림 8 회로의 동작점을 측정하여 Q_1, Q_2, Q_3의 동작 영역이 Active 영역임을 확인하고 Q_1의 소신호 파라메타를 계산한다.
- 부하 R_L에 인가된 출력 신호 진폭을 입력 신호 진폭과 비교하여 전압 이득 A_v를 구하여 계산된 전압 이득, 시뮬레이션된 전압 이득과 비교한다. 입력 신호는 v_s=0.005sin(2π50,000t)이다.

표 9. R_{REF}, R_B, R_C 값과 회로의 동작점, 소신호 파라메타, A_v.

R_{REF} (kΩ)	R_B (MΩ)	R_C (kΩ)

	동작점						
파라메타	V_{EB2} (V)	I_{REF} (mA)	V_{EC3} (V)	V_{EB1} (V)	I_{B1} (μA)	V_{EC1} (V)	I_{C1} (mA)
값							

	소신호 파라메타 (Q_1)			
파라메타	g_m (mA/V)	r_π (kΩ)	r_e (Ω)	β
값				

A_v (V/V)		
계산	시뮬레이션	실험

실험 17.3: 능동 부하 (Active Load)를 가진 NPN Common-Emitter 증폭기

정전류원으로 구현되는 능동 부하를 가진 NPN Common-Emitter 증폭기를 실습한다. 그림 9는 그림 5를 편이상 다시 그린 것이다.

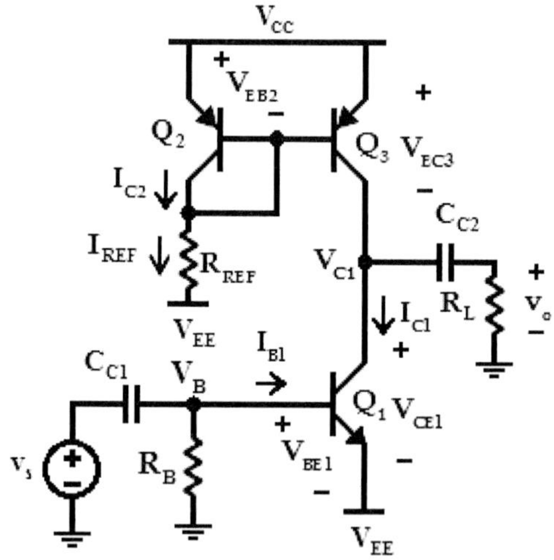

그림 9. 능동 부하를 가진 NPN Common-Emitter 증폭기 회로: V_{CC}=10 V, V_{EE}=-10 V, R_{REF}=18.7kΩ, R_B=3.6 MΩ, R_L=100 kΩ, C_{C1}=C_{C2}=1 μF.

실험의 요점

- 그림 9 회로의 동작점을 측정하여 Q_1, Q_2, Q_3의 동작 영역이 Active 영역임을 확인하고 Q_1의 소신호 파라메타를 계산한다.
- 부하 R_L에 인가된 출력 신호 진폭을 입력 신호 진폭과 비교하여 전압 이득 A_v를 구하여 계산된 전압 이득, 시뮬레이션된 전압 이득과 비교한다. 입력 신호는 v_s=0.005sin(2π50,000t)이다.

표 10. R_{REF}, R_B 값과 회로의 동작점, 소신호 파라메타, A_v.

R_{REF} (kΩ)	R_B (MΩ)

	동작점						
파라메타	V_{EB2} (V)	I_{REF} (mA)	V_{EC3} (V)	V_{BE1} (V)	I_{B1} (μA)	V_{CE1} (V)	I_{C1}^* (mA)
값							

* $I_{C1}=I_{REF}$로 가정.

	소신호 파라메타 (Q_1)			
파라메타	g_m (mA/V)	r_π (kΩ)	r_e (Ω)	β
값				

A_v (V/V)		
계산	시뮬레이션	실험

실험 17.4: 능동 부하 (Active Load)를 가진 PNP Common-Emitter 증폭기

정전류원으로 구현되는 능동 부하를 가진 PNP Common-Emitter 증폭기를 실습한다. 그림 10은 그림 6를 편이상 다시 그린 것이다.

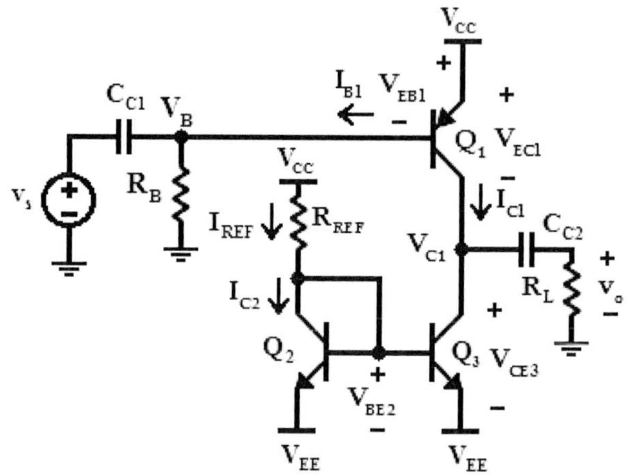

그림 10. 능동 부하를 가진 PNP Common-Emitter 증폭기 회로: V_{CC}=10 V, V_{EE}=-10 V, R_{REF}=20 kΩ, R_B=1.6 MΩ, R_L=100 kΩ, C_{C1}=C_{C2}=1 μF.

실험의 요점

- 그림 10 회로의 동작점을 측정하여 Q_1, Q_2, Q_3의 동작 영역이 Active 영역임을 확인하고 Q_1의 소신호 파라메타를 계산한다.
- 부하 R_L에 인가된 출력 신호 진폭을 입력 신호 진폭과 비교하여 전압 이득 A_v를 구하여 계산된 전압 이득, 시뮬레이션된 전압 이득과 비교한다. 입력 신호는 v_s=0.005sin(2π50,000t)이다.

표 11. R_{REF}, R_B 값과 회로의 동작점, 소신호 파라메타, A_v.

R_{REF} (kΩ)	R_B (MΩ)

	동작점						
파라메타	V_{BE2} (V)	I_{REF} (mA)	V_{CE3} (V)	V_{EB1} (V)	I_{B1} (μA)	V_{EC1} (V)	I_{C1}^* (mA)
값							

* I_{C1}=I_{REF}로 가정.

	소신호 파라메타			
파라메타	g_m (mA/V)	r_π (kΩ)	r_e (Ω)	β
값				

A_v (V/V)		
계산	시뮬레이션	실험

실험 18 BJT Common-Base 증폭기

실험 목적: BJT Common-Base 증폭기를 실습한다.

실험 장비 DC 전원(Power Supply), 함수 발생기(Function Generator), 오실로스코프, 브래드 보드, 멀티메타

실험 준비물: 2N3904 3개, 2N3906 3개, 저항 다수

핀 배열

NPN

2N3904

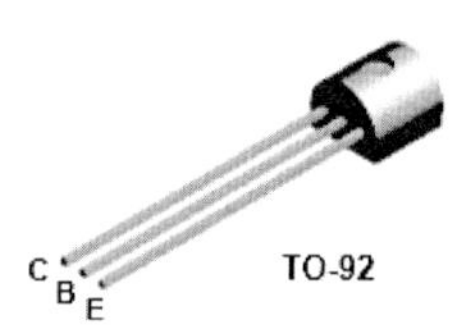

PNP

2N3906

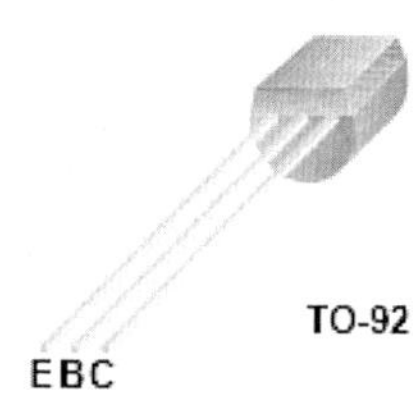

시뮬레이션 18.1: NPN Common-Base 증폭기

그림 1은 컬렉터 저항 R_C, 에미터 저항 R_E와 두 전원으로 바이어스가 공급되는 NPN Common-Base 증폭기 회로이다. 입력 신호 v_s는 커플링 커패시터 C_{C1}을 통해 NPN BJT의 에미터에 인가되고, BJT의 컬렉터 신호는 출력 신호이며 커플링 커패시터 C_{C2}를 통해 부하 R_L에 전달된다.

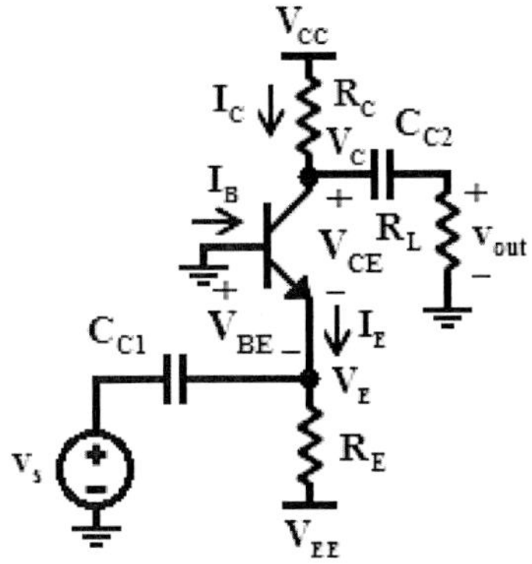

그림 1. NPN Common-Base 증폭기 회로: V_{CC}=10 V, V_{EE}=-10 V, R_C=5.1 kΩ, R_E=10 kΩ, R_L=100 kΩ, C_{C1}=2.2 μF C_{C2}=2.2 μF.

소신호 파라메타를 이용하여 전압 이득 A_v를 다음 식으로 계산한다.

$$\mathbf{A_v = g_m(R_C // r_o // R_L)} \tag{1}$$

여기에서 r_o (=V_A/I_{C1})는 BJT의 소신호 출력 저항이다. 2N3904 소자의 얼리 전압 V_A는 '100 V'이다.

시뮬레이션의 요점

- 그림 1 회로의 동작점을 시뮬레이션하여 BJT의 동작 영역이 Active 영역임을 확인하고 BJT의 소신호 파라메타를 계산한다.
- 부하 R_L에 인가된 출력 신호 진폭을 입력 신호 진폭과 비교하고 전압 이득 A_v를 구하고 식 (1)에 의해 계산된 전압 이득과 비교한다. $v_s=0.1\sin(2\pi 100000t)$이다.

표 1. R_C, R_E 값과 회로의 동작점, 소신호 파라메타, 전압이득.

R_C (kΩ)	R_E (kΩ)

	동작점				
파라메타	V_{BE} (V)	V_{CE} (V)	I_C (mA)	I_E (mA)	I_B (mA)
값					

	소신호 파라메타				
파라메타	g_m (mA/V)	r_π (kΩ)	r_e (Ω)	r_o (kΩ)	β
값					

A_v (V/V)	
계산	시뮬레이션

시뮬레이션 18.2: PNP Common-Base 증폭기

그림 2는 그림 1의 회로와 같이 컬렉터 저항 R_C, 에미터 저항 R_E와 두 전원으로 바이어스가 공급되는 PNP Common-Base 증폭기이다. 입력 신호 v_s는 커플링 커패시터 C_{C1}을 통해 PNP BJT의 에미터에 인가되고, BJT의 컬렉터 신호는 출력 신호이며 커플링 커패시터 C_{C2}를 통해 부하 R_L에 전달된다.

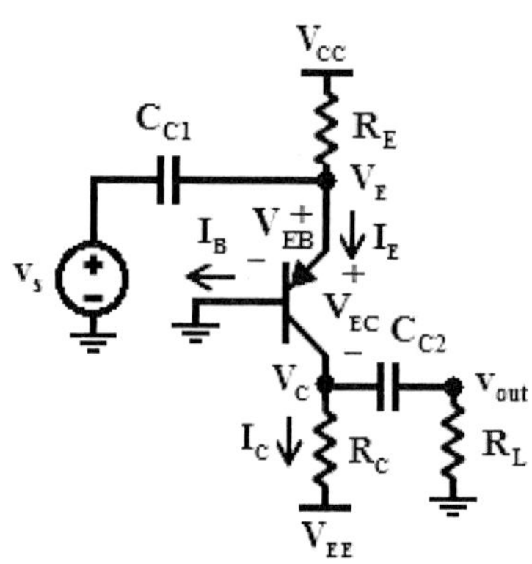

그림 2. PNP Common-Base 증폭기 회로: V_{CC}=10 V, V_{EE}=-10 V, R_C=5.1 kΩ, R_E=10 kΩ, R_L=100 kΩ, C_{C1}=2.2 μF C_{C2}=2.2 μF.

소신호 파라메타를 이용하여 전압 이득 A_v를 식 (1)을 이용하여 계산한다.

시뮬레이션의 요점

- 그림 2 회로의 동작점을 시뮬레이션하여 BJT의 동작 영역이 Active 영역임을 확인하고 BJT의 소신호 파라메타를 계산한다.

- 부하 R_L에 인가된 출력 신호 진폭을 입력 신호 진폭과 비교하고 전압 이득 A_v를 구하고 식 (1)에 의해 계산된 전압 이득과 비교한다. $v_s=0.1\sin(2\pi 100000t)$이다.

표 3. R_C, R_E 값과 회로의 동작점, 소신호 파라메타, 전압이득.

R_C (kΩ)	R_E (kΩ)

	동작점				
파라메타	V_{EB} (V)	V_{EC} (V)	I_C (mA)	I_E (mA)	I_B (mA)
값					

	소신호 파라메타				
파라메타	g_m (mA/V)	r_π (kΩ)	r_e (Ω)	r_o (kΩ)	β
값					

A_v (V/V)	
계산	시뮬레이션

시뮬레이션 18.3: 정전류원 바이어스를 가진 NPN Common-Base 증폭기

그림 3은 R_{REF}, Q_2, Q_3로 구성된 정전류원을 가진 Common-Base 증폭기이다. 입력 신호 v_s는 커플링 커패시터 C_{C1}을 통해 Q_1의 에미터에 인가되고, Q_1의 컬렉터 신호는 출력 신호이며 커플링 커패시터 C_{C2}를 통해 부하 R_L에 전달된다.

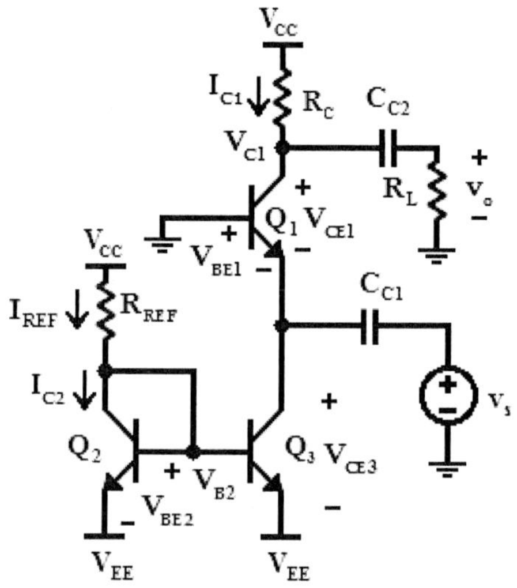

그림 3. 정전류원에 의해 바이어스되는 NPN Common-Base 증폭기 회로: V_{CC}=10 V, V_{EE}=-10 V, R_{REF}=20 kΩ, R_C=5.1 kΩ, R_L=100 kΩ, C_{C1}=C_{C2}=10 μF.

소신호 파라메타를 이용하여 전압 이득 A_v를 다음 식으로 계산한다.

$$\mathbf{A_v = g_m(R_C // r_o // R_L)} \tag{2}$$

여기에서 r_o (=V_A/I_{C1})는 Q_1의 소신호 출력 저항이다. 2N3904 소자의 얼리 전압 V_A는 '100 V'이다.

시뮬레이션의 요점

- 그림 3 회로의 동작점을 시뮬레이션하여 Q_1, Q_2, Q_3의 동작 영역이 Active 영역임을 확인하고 Q_1의 소신호 파라메타를 계산한다.
- 부하 R_L에 인가된 출력 신호 진폭을 입력 신호 진폭과 비교하고 전압 이득 A_v를 구하고 식 (2)에 의해 계산된 전압 이득과 비교한다. v_s=0.01sin(2π10000t)이다.

표 3. R_{REF}, R_C 값과 회로의 동작점, 소신호 파라메타, 전압이득.

R_{REF} (kΩ)	R_C (kΩ)

	동작점					
파라메타	V_{BE2} (V)	I_{REF} (mA)	V_{CE3} (V)	V_{BE1} (V)	V_{CE1} (V)	I_{C1} (mA)
값						

	소신호 파라메타				
파라메타	g_m (mA/V)	r_π (kΩ)	r_e (Ω)	r_o (kΩ)	β
값					

A_v (V/V)	
계산	시뮬레이션

시뮬레이션 18.4: 정전류원 바이어스를 가진 PNP Common-Base 증폭기

그림 4는 R_{REF}, Q_2, Q_3로 구성된 정전류원을 가진 PNP Common-Emitter 증폭기이다. 입력 신호 v_s는 커플링 커패시터 C_{C1}을 통해 Q_1의 베이스에 인가되고, Q_1의 컬렉터 신호는 출력 신호이며 커플링 커패시터 C_{C2}를 통해 부하 R_L에 전달된다. 전압 이득 A_v를 식(1)을 이용하여 계산한다.

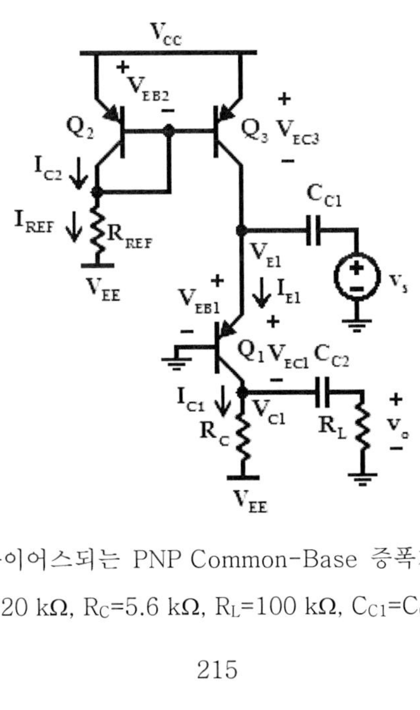

그림 4. 정전류원에 의해 바이어스되는 PNP Common-Base 증폭기 회로: V_{CC}=10 V, V_{EE}=-10 V, R_{REF}=20 kΩ, R_C=5.6 kΩ, R_L=100 kΩ, C_{C1}=C_{C2}=10 μF.

시뮬레이션의 요점

- 그림 4 회로의 동작점을 시뮬레이션하여 Q_1, Q_2, Q_3의 동작 영역이 Active 영역임을 확인하고 Q_1의 소신호 파라메타를 계산한다.
- 부하 R_L에 인가된 출력 신호 진폭을 입력 신호 진폭과 비교하여 전압 이득 A_v를 구하고 식 (1)에 의해 계산된 전압 이득과 비교한다. $v_s=0.01\sin(2\pi 10000t)$이다.

표 4. R_{REF}, R_C 값과 회로의 동작점, 소신호 파라메타, 전압이득.

R_{REF} (kΩ)	R_C (kΩ)

	동작점					
파라메타	V_{EB2} (V)	I_{REF} (mA)	V_{EC3} (V)	V_{EB1} (V)	V_{EC1} (V)	I_{C1} (mA)
값						

	소신호 파라메타				
파라메타	g_m (mA/V)	r_π (kΩ)	r_e (Ω)	r_o (kΩ)	β
값					

A_v (V/V)	
계산	시뮬레이션

실험 18.1: NPN Common-Base 증폭기

컬렉터 저항 R_C, 에미터 저항 R_E와 두 전원으로 바이어스되는 NPN Common-Base 증폭기를 실습한다. 그림 5는 그림 1을 편이상 다시 그린 것이다.

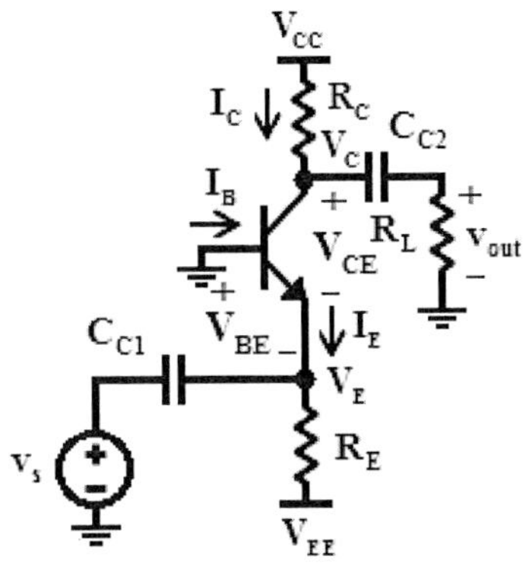

그림 5. NPN Common-Base 증폭기 회로: V_{CC}=10 V, V_{EE}=−10 V, R_C=5.1 kΩ, R_E=10 kΩ, R_L=100 kΩ, C_{C1}=2.2 μF C_{C2}=2.2 μF.

실험의 요점

- 그림 5 회로의 동작점을 측정하여 BJT의 동작 영역이 Active 영역임을 확인하고 BJT의 소신호 파라메타를 계산한다.
- 부하 R_L에 인가된 출력 신호 진폭을 입력 신호 진폭과 비교하여 전압 이득 A_v를 구하고 계산된 전압 이득과 비교한다. v_s=0.1sin(2π100000t)이다.

표 5. R_C, R_E 값과 회로의 동작점, 소신호 파라메타, 전압이득.

R_C (kΩ)	R_E (kΩ)

	동작점				
파라메타	V_{BE} (V)	V_{CE} (V)	I_C (mA)	I_E (mA)	I_B (mA)
값					

	소신호 파라메타			
파라메타	g_m (mA/V)	r_π (kΩ)	r_e (Ω)	β
값				

A_v (V/V)		
계산	시뮬레이션	실험

실험 18.2: PNP Common-Base 증폭기

컬렉터 저항 R_C, 에미터 저항 R_E와 두 전원으로 바이어스되는 PNP Common-Base 증폭기를 실습한다. 그림 6은 그림 2를 편이상 다시 그린 것이다.

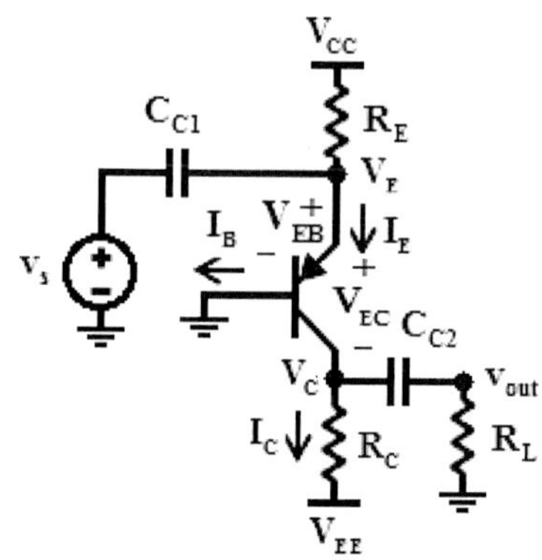

그림 6. PNP Common-Base 증폭기 회로: V_{CC}=10 V, V_{EE}=-10 V, R_C=5.1 kΩ, R_E=10 kΩ, R_L=100 kΩ, C_{C1}=2.2 μF C_{C2}=2.2 μF.

실험의 요점

- 그림 6 회로의 동작점을 측정하여 BJT의 동작 영역이 Active 영역임을 확인하고 BJT의 소신호 파라메타를 계산한다.
- 부하 R_L에 인가된 출력 신호 진폭을 입력 신호 진폭과 비교하여 전압 이득 A_v를 구하고 계산된 전압 이득과 비교한다. v_s=0.1sin(2π100000t)이다.

표 6. R_C, R_E 값과 회로의 동작점, 소신호 파라메타, 전압이득.

R_C (kΩ)	R_E (kΩ)

	동작점				
파라메타	V_{EB} (V)	V_{EC} (V)	I_C (mA)	I_E (mA)	I_B (mA)
값					

	소신호 파라메타			
파라메타	g_m (mA/V)	r_π (kΩ)	r_e (Ω)	β
값				

A_v (V/V)		
계산	시뮬레이션	실험

실험 18.3: 정전류원 바이어스를 가진 NPN Common-Base 증폭기

정전류원에 의해 바이어스되는 NPN Common-Base 증폭기 회로를 실습한다. 그림 7는 그림 3을 편이상 다시 그린 것이다.

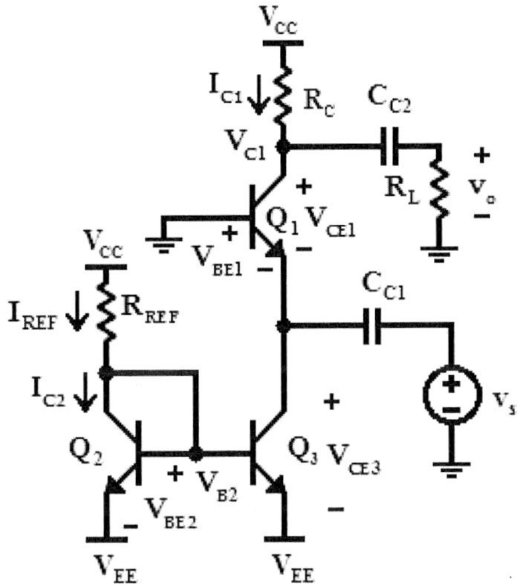

그림 7. 정전류원에 의해 바이어스되는 NPN Common-Base 증폭기 회로: V_{CC}=10 V, V_{EE}=-10 V, R_{REF}=20 kΩ, R_C=5.1 kΩ, R_L=100 kΩ, C_{C1}=C_{C2}=10 μF.

실험의 요점

- 그림 7 회로의 동작점을 측정하여 Q_1, Q_2, Q_3의 동작 영역이 Active 영역임을 확인하고 Q_1의 소신호 파라메타를 계산한다.
- 부하 R_L에 인가된 출력 신호 진폭을 입력 신호 진폭과 비교하여 전압 이득 A_v를 측정하고 계산된 전압 이득, 시뮬레이션된 전압 이득과 비교한다. $v_s=0.01\sin(2\pi 10000t)$이다.

표 7. R_{REF}, R_C 값과 회로의 동작점, 소신호 파라메타, 전압이득.

R_{REF} (kΩ)	R_C (kΩ)

	동작점					
파라메타	V_{BE2} (V)	I_{REF} (mA)	V_{CE3} (V)	V_{BE1} (V)	V_{CE1} (V)	I_{C1} (mA)
값						

	소신호 파라메타 (Q_1)			
파라메타	g_m (mA/V)	r_π (kΩ)	r_e (Ω)	β^*
값				200

*2N3904A NPN β=200 (@ I_C=1 mA)

A_v (V/V)		
계산	시뮬레이션	실험

실험 18.4: 정전류원 바이어스를 가진 PNP Common-Base 증폭기

정전류원에 의해 바이어스되는 PNP Common-Base 증폭기 회로를 실습한다. 그림 8은 그림 4를 편이상 다시 그린 것이다.

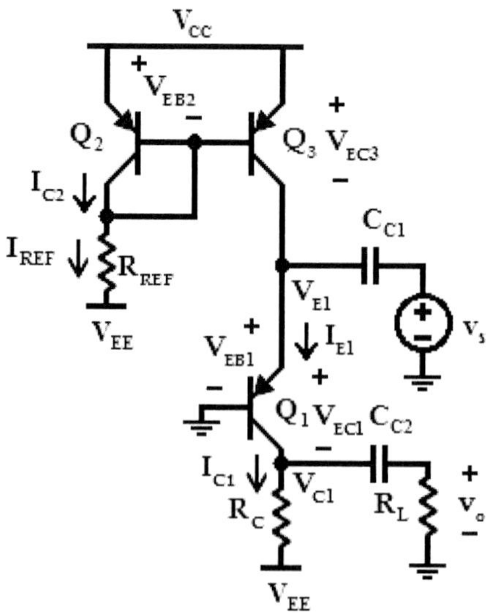

그림 8. 정전류원에 의해 바이어스되는 PNP Common-Base 증폭기 회로: V_{CC}=10 V, V_{EE}=-10 V, R_{REF}=20 kΩ, R_C=5.6 kΩ, R_L=100 kΩ, C_{C1}=C_{C2}=10 μF.

실험의 요점

- 그림 8 회로의 동작점을 측정하여 Q_1, Q_2, Q_3의 동작 영역이 Active 영역임을 확인하고 Q_1의 소신호 파라메타를 계산한다.
- 부하 R_L에 인가된 출력 신호 진폭을 입력 신호 진폭과 비교하여 전압 이득 A_v를 측정하고 계산된 전압 이득, 시뮬레이션된 전압 이득과 비교한다. $v_s=0.01\sin(2\pi 10000t)$이다.

표 8. R_{REF}, R_C 값과 회로의 동작점, 소신호 파라메타, 전압이득.

R_{REF} (kΩ)	R_C (kΩ)

	동작점					
파라메타	V_{EB2} (V)	I_{REF} (mA)	V_{EC3} (V)	V_{EB1} (V)	V_{EC1} (V)	I_{C1} (mA)
값						

	소신호 파라메타 (Q_1)			
파라메타	g_m (mA/V)	r_π (kΩ)	r_e (Ω)	β^*
값				190

*2N3906A PNP β=190 (@ I_C=1 mA)

A_v (V/V)		
계산	시뮬레이션	실험

실험 19 Emitter Follower

실험 목적: Emitter Follower 회로를 실습한다.

실험 장비 DC 전원(Power Supply), 함수 발생기(Function Generator), 오실로스코프, 브래드보드, 멀티메타

실험 준비물: 2N3904, 2N3906, CA3046 각 1개, CA3096 2개, 저항 다수

2N3904 (NPN), 2N3906 (PNP) 핀 배열

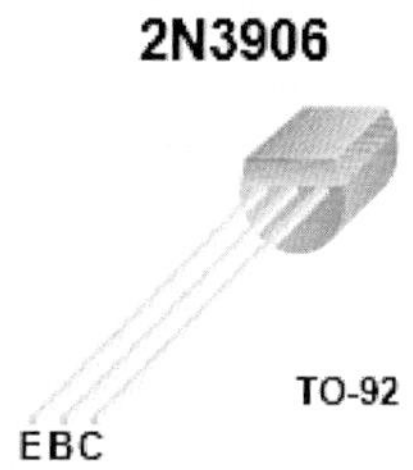

CA3046의 핀 배열

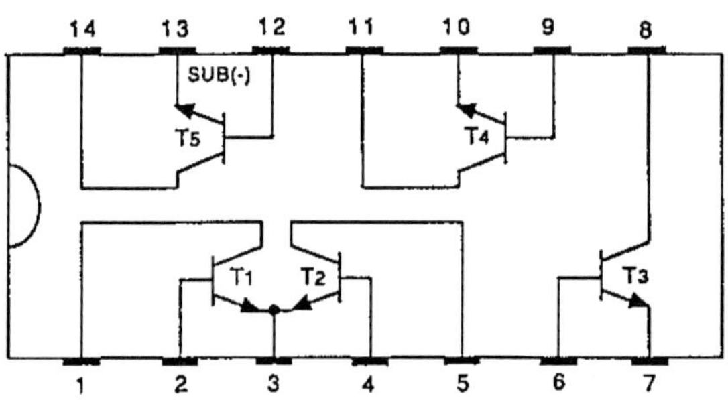

시뮬레이션 19.1: Discrete 바이어스 회로를 가진 NPN Emitter Follower

그림 1은 R_1, R_2에 의해 BJT의 베이스 전압이 공급되는 Emitter Follower이다. 입력 신호 v_s는 커플링 커패시터 C_{C1}을 통해 BJT의 베이스에 인가되고, 출력단은 BJT의 에미터이며 커플링 커패시터 C_{C2}를 통해 부하 R_L에 출력 신호가 전달된다.

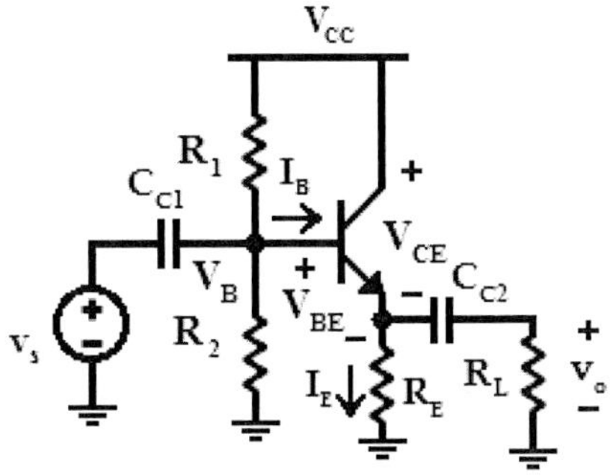

그림 1. Discrete 바이어스 회로를 가진 NPN Emitter Follower 회로 (BJT: 2N3904): V_{CC}=10 V, R_1=750 kΩ, R_2=1 MΩ, R_E=2 kΩ, R_L=100 kΩ, C_{C1}= C_{C2}=10 μF.

소신호 파라메타를 이용하여 전압 이득 A_v를 다음 식으로 계산한다.

$$A_v = \frac{R_E // R_L}{\frac{1}{g_m} + R_E // R_L} \qquad (1)$$

여기에서 g_m (=I_C/V_T)은 BJT의 Transconductance이다.

시뮬레이션의 요점

- 그림 1 회로의 동작점을 시뮬레이션하여 BJT의 동작 영역이 Active 영역임을 확인하고 BJT의 소신호 파라메타를 계산한다.
- 부하 R_L에 인가된 출력 신호 진폭을 입력 신호 진폭과 비교하고 전압 이득 A_v를 구하고 식 (1)에 의해 계산된 전압 이득과 비교한다. 입력 신호는 v_s=sin(2π1000t)이다.

표 1. R_1, R_2, R_E 값과 회로의 동작점, 소신호 파라메타, 전압이득.

R_1 (kΩ)	R_2 (kΩ)	R_E (kΩ)

	동작점				
파라메타	V_B (V)	I_B (μA)	V_{BE} (V)	V_{CE} (V)	I_E (mA)
값					

	소신호 파라메타				
파라메타	g_m (mA/V)	r_π (kΩ)	r_e (Ω)	r_o (kΩ)	β
값					

A_v (V/V)	
계산	시뮬레이션

시뮬레이션 19.2: Discrete 바이어스 회로를 가진 PNP Emitter Follower

그림 2는 R_1, R_2에 의해 BJT의 베이스 전압이 공급되는 Emitter Follower이다. 입력 신호 v_s는 커플링 커패시터 C_{C1}을 통해 BJT의 베이스에 인가되고, 출력단은 BJT의 에미터이며 커플링 커패시터 C_{C2}를 통해 부하 R_L에 출력 신호가 전달된다. 전압 이득 A_v은 식(1)을 이용하여 계산된다.

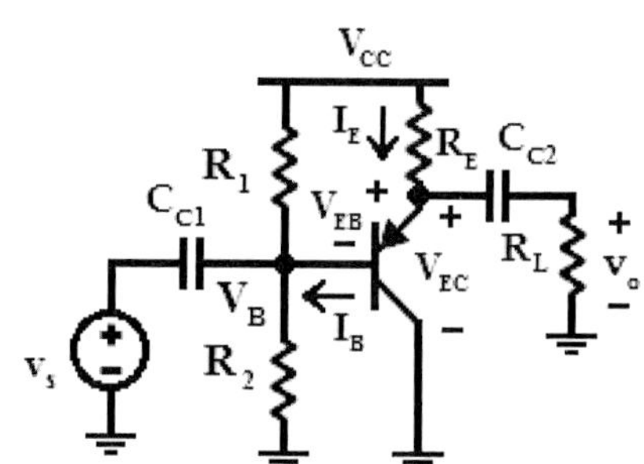

그림 2. Discrete 바이어스 회로를 가진 PNP Emitter Follower 회로 (BJT: 2N3906): V_{CC}=10 V, R_1=270 kΩ, R_2=470 kΩ, R_E=2 kΩ, R_L=100 kΩ, C_{C1}= C_{C2}=10 μF.

시뮬레이션의 요점

- 그림 2 회로의 동작점을 시뮬레이션하여 BJT의 동작 영역이 Active 영역임을 확인하고 BJT의 소신호 파라메타를 계산한다.
- 부하 R_L에 인가된 출력 신호 진폭을 입력 신호 진폭과 비교하고 전압 이득 A_v를 구하고 식(1)에 의해 계산된 전압 이득과 비교한다. 입력 신호는 v_s=sin(2π1000t)이다.

표 2. R_1, R_2, R_E 값과 회로의 동작점, 소신호 파라메타, 전압이득.

R_1 (kΩ)	R_2 (kΩ)	R_E (kΩ)

	동작점				
파라메타	V_B (V)	I_B (μA)	V_{EB} (V)	V_{EC} (V)	I_E (mA)
값					

	소신호 파라메타				
파라메타	g_m (mA/V)	r_π (kΩ)	r_e (Ω)	r_o (kΩ)	β
값					

A_v (V/V)	
계산	시뮬레이션

시뮬레이션 19.3: 정전류원 바이어스를 가진 NPN Emitter Follower

그림 3은 R_{REF}, Q_2, Q_3로 구성된 정전류원 바이어스 회로를 가진 NPN Emitter Follower이다. 입력 신호 v_s는 Q_1의 베이스에 인가되고, Q_1의 에미터는 출력단이며 커플링 커패시터 C_C를 통해 부하 R_L에 출력 신호가 전달된다. 전압 이득 A_v는 식 (2)에 의해 계산된다.

$$\mathbf{A_v = \frac{r_{o3} // R_L}{\frac{1}{g_m} + r_{o3} // R_L}} \tag{2}$$

여기에서 r_{o3}는 Q_3의 소신호 출력 저항 값이다.

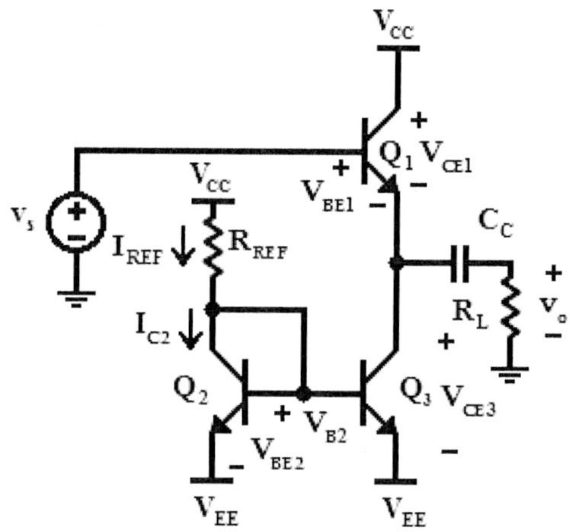

그림 3. 정선류원 바이어스를 가진 NPN Emitter Follower 회로 (BJT: CA30946): V_{CC}=10 V, R_{REF}=20 kΩ, R_L=100 kΩ, C_C=1 μF.

시뮬레이션의 요점

- 그림 3 회로의 소자 동작점을 시뮬레이션하여 모든 BJT가 증폭기로서의 동작 영역 (Active 영역)임을 확인하고 Q_1의 소신호 파라메타를 계산한다.
- 부하 R_L에 인가된 출력 신호 진폭을 입력 신호 진폭과 비교하고 전압 이득 A_v를 구하고 식 (2)에 의해 계산된 전압 이득과 비교한다. 입력 신호는 $v_s=\sin(2\pi 1000t)$이다.

표 3. R_{REF} 값과 회로의 동작점, 소신호 파라메타, 전압이득.

R_{REF} (kΩ)

	동작점				
파라메타	V_{BE2} (V)	I_{REF} (mA)	V_{CE3} (V)	V_{BE1} (V)	V_{CE1} (V)
값					

	소신호 파라메타 (Q_1)				
파라메타	g_m (mA/V)	r_π (kΩ)	r_e (Ω)	r_o (kΩ)	β
값					

A_v (V/V)	
계산	시뮬레이션

시뮬레이션 19.4: 정전류원 바이어스를 가진 PNP Emitter Follower

그림 4는 R_{REF}, Q_2, Q_3로 구성된 정전류원 바이어스를 가진 PNP Emitter Follower이다. 입력 신호 v_s는 Q_1의 베이스에 인가되고, Q_1의 에미터는 출력단이며 커플링 커패시터 C_C를 통해 부하 R_L에 출력 신호가 전달된다. 전압 이득 A_v는 식 (2)에 의해 계산된다.

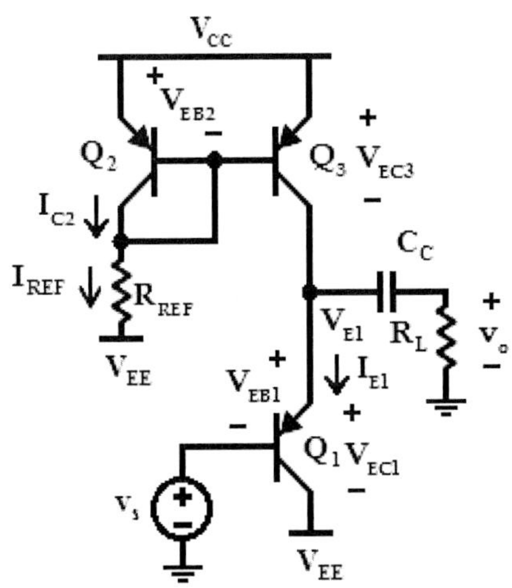

그림 4. 정전류원 바이어스를 가진 PNP Emitter Follower 회로 (BJT: CA3096): V_{CC}=10 V, V_{EE}=−10 V, R_{REF}=20 kΩ, R_L=100 kΩ, C_C=1 μF.

시뮬레이션의 요점

- 그림 4 회로의 소자 동작점을 시뮬레이션하여 모든 BJT가 증폭기로서의 동작 영역 (=Active 영역)임을 확인하고 Q_1의 소신호 파라메타를 계산한다.
- 부하 R_L에 인가된 출력 신호 진폭을 입력 신호 진폭과 비교하고 전압 이득 A_v를 구하고 식 (2)에 의해 계산된 전압 이득과 비교한다. 입력 신호는 $v_s=\sin(2\pi1000t)$이다.

표 4. R_{REF} 값과 회로의 동작점, 소신호 파라메타, 전압이득.

R_{REF} (kΩ)

	동작점				
파라메타	V_{EB2} (V)	I_{REF} (mA)	V_{EC3} (V)	V_{EB1} (V)	V_{EC1} (V)
값					

	소신호 파라메타 (Q_1)				
파라메타	g_m (mA/V)	r_π (kΩ)	r_e (Ω)	r_o (kΩ)	β^*
값					

A_v (V/V)	
계산	시뮬레이션

실험 19.1: Discrete 바이어스 회로를 가진 NPN Emitter Follower

Discrete 바이어스 회로를 가진 NPN Emitter Follower회로를 실습한다. 그림 5는 그림 1을 편이상 다시 그린 것이다.

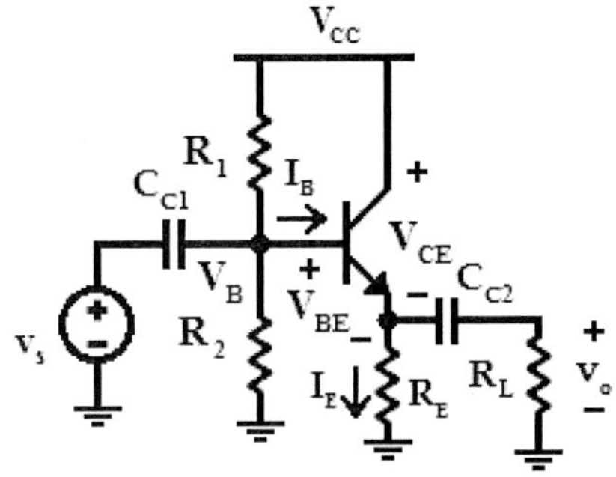

그림 5. Discrete 바이어스 회로를 가진 NPN Emitter Follower 회로 (BJT: 2N3904): V_{CC}=10 V, R_1=750 kΩ, R_2=1 MΩ, R_E=2 kΩ, R_L=100 kΩ, C_{C1}=10 μF, C_{C2}=10 μF.

실험의 요점

- 그림 5 회로의 동작점을 측정하여 BJT의 동작 영역이 Active 영역임을 확인하고 BJT의 소신호 파라메타를 계산한다.
- 부하 R_L에 인가된 출력 신호 진폭을 입력 신호 진폭과 비교하고 전압 이득 A_v를 측정하고 계산된 전압 이득, 시뮬레이션된 전압 이득과 비교한다. 입력 신호는 $v_s=\sin(2\pi 1000t)$이다.

표 5. R_1, R_2, R_E 값과 회로의 동작점, 소신호 파라메타, 전압이득.

R_1 (kΩ)	R_2 (kΩ)	R_E (kΩ)

	동작점			
파라메타	V_{BE} (V)	I_B (μA)	V_{CE} (V)	I_E (mA)
값				

	소신호 파라메타			
파라메타	g_m (mA/V)	r_π (kΩ)	r_e (Ω)	β
값				

A_v (V/V)		
계산	시뮬레이션	실험

실험 19.2: Discrete 바이어스 회로를 가진 PNP Emitter Follower

Discrete 바이어스 회로를 가진 PNP Emitter Follower회로를 실습한다. 그림 6은 그림 2을 편이상 다시 그린 것이다.

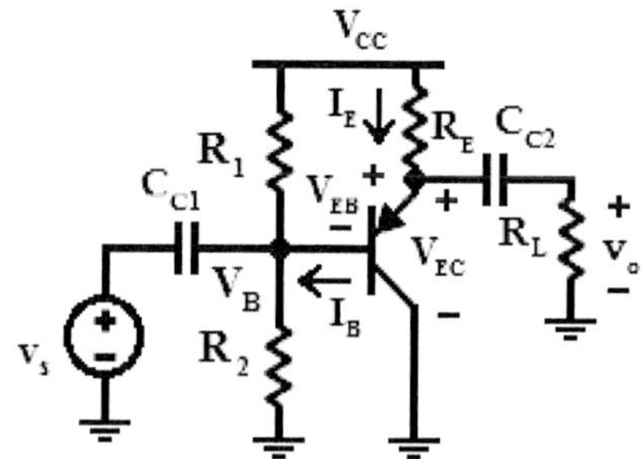

그림 6. Discrete 바이어스 회로를 가진 PNP Emitter Follower 회로 (BJT: 2N3906): V_{CC}=10 V, R_1=270 kΩ, R_2=470 kΩ, R_E=2 kΩ, R_L=100 kΩ, C_{C1}= C_{C2}=10 μF.

실험의 요점

- 그림 6 회로의 동작점을 측정하여 BJT의 동작 영역이 Active 영역임을 확인하고 BJT의 소신호 파라메타를 계산한다.
- 부하 R_L에 인가된 출력 신호 진폭을 입력 신호 진폭과 비교하고 전압 이득 A_v를 측정하고 계산된 전압 이득, 시뮬레이션된 전압 이득과 비교한다. 입력 신호는 $v_s=\sin(2\pi 1000t)$이다.

표 6. R_1, R_2, R_E 값과 회로의 동작점, 소신호 파라메타, 전압이득.

R_1 (kΩ)	R_2 (kΩ)	R_E (kΩ)

	동작점			
파라메타	V_{BE} (V)	I_B (μA)	V_{CE} (V)	I_E (mA)
값				

	소신호 파라메타			
파라메타	g_m (mA/V)	r_π (kΩ)	r_e (Ω)	β
값				

A_v (V/V)		
계산	시뮬레이션	실험

실험 19.3: 정전류원 바이어스를 가진 NPN Emitter Follower

정전류원 바이어스를 가진 NPN Emitter Follower 회로를 실습한다. 그림 7은 그림 3을 편이상 다시 그린 것이다.

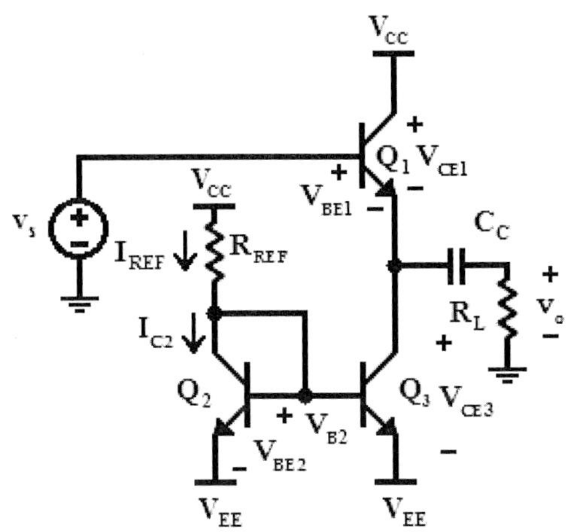

그림 7. 정전류원 바이어스를 가진 NPN Emitter Follower 회로 (BJT: CA3046): V_{CC}=10 V, R_{REF}=20 kΩ, R_L=100 kΩ, C_C=1 μF.

실험의 요점

- 그림 7 회로의 소자 동작점을 측정하여 모든 BJT가 증폭기로서의 동작 영역 (=Active 영역)임을 확인하고 Q_1의 소신호 파라메타를 계산한다.
- 부하 R_L에 인가된 출력 신호 진폭을 입력 신호 진폭과 비교하고 전압 이득 A_v를 측정하고 계산된 전압 이득, 시뮬레이션된 전압 이득과 비교한다. 입력 신호는 $v_s=\sin(2\pi 1000t)$이다.

표 7. R_{REF} 값과 회로의 동작점, 소신호 파라메타, 전압이득.

R_{REF} (kΩ)

	동작점				
파라메타	V_{BE2} (V)	I_{REF} (mA)	V_{CE3} (V)	V_{BE1} (V)	V_{CE1} (V)
값					

	소신호 파라메타 (Q_1)			
파라메타	g_m (mA/V)	r_π (kΩ)	r_e (Ω)	β^*
값				

*CA3096A NPN β=390 (@ I_C=1 mA), $I_C \approx I_{REF}$

A_v (V/V)		
계산	시뮬레이션	실험

실험 19.4: 정전류원 바이어스를 가진 PNP Emitter Follower

정전류원 바이어스를 가진 PNP Emitter Follower 회로를 실습한다. 그림 8은 그림 4을 편이상 다시 그린 것이다.

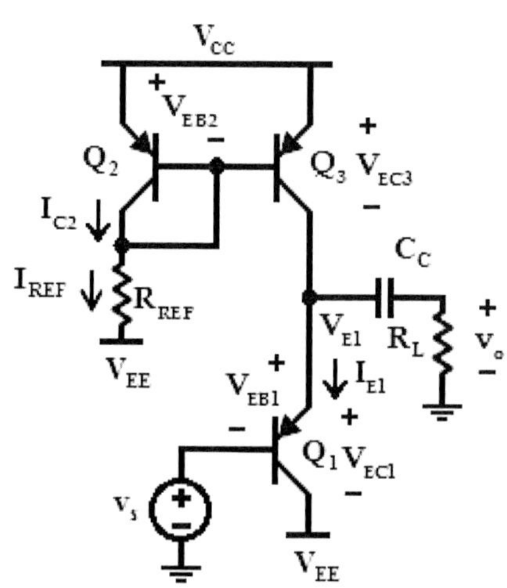

그림 8. 정전류원 바이어스를 가진 PNP Emitter-Follower 회로 (BJT: CA3096): V_{CC}=10 V, V_{EE}=-10 V, R_{REF}=20 kΩ, R_L=100 kΩ, C_C=1 μF.

실험의 요점

- 그림 8 회로의 소자 동작점을 측정하여 모든 BJT가 증폭기로서의 동작 영역 (=Active 영역)임을 확인하고 Q_1의소신호 파라메타를 계산한다.
- 부하 R_L에 인가된 출력 신호 진폭을 입력 신호 진폭과 비교하고 전압 이득 A_v를 측정하고 계산된 전압 이득, 시뮬레이션된 전압 이득과 비교한다. 입력 신호는 $v_s=\sin(2\pi 1000t)$이다.

표 8. R_{REF} 값과 회로의 동작점, 소신호 파라메타, 전압이득.

R_{REF} (kΩ)

	동작점				
파라메타	V_{EB2} (V)	I_{REF} (mA)	V_{EC3} (V)	V_{EB1} (V)	V_{EC1} (V)
값					

	소신호 파라메타 (Q_1)			
파라메타	g_m (mA/V)	r_π (kΩ)	r_e (Ω)	β^*
값				

*CA3096A PNP $\beta=47$ (@ $I_C=1$ mA), $I_C \approx I_{REF}$

A_v (V/V)		
계산	시뮬레이션	실험

실험 20 Cascode Common-Source 증폭기

실험 목적: Cascode Common-Source 증폭기를 실습한다.

실험 장비 DC 전원(Power Supply), 함수 발생기(Function Generator), 오실로스코프, 브래드 보드, 멀티메타

실험 준비물: MC14007 2개, 저항 다수

MC14007UBCP의 **핀 배열 및 회로 연결**:

MC14007UB

PIN ASSIGNMENT

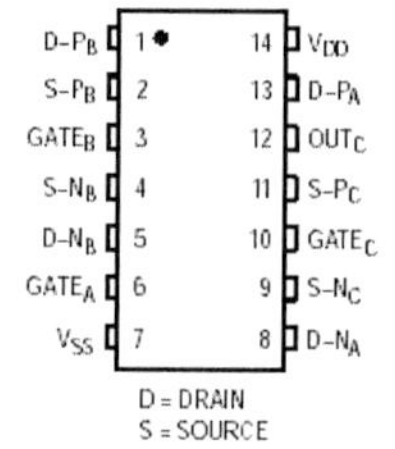

SCHEMATIC

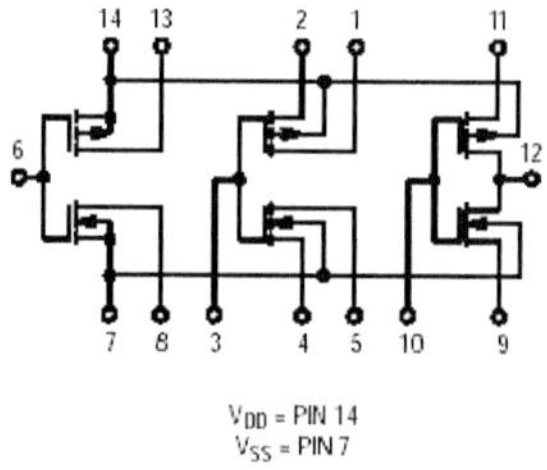

시뮬레이션 20.1: 캐스코드 (Cascode) NMOS Common-Source 증폭기

MP1~MP4, R_{REF}로 구성된 캐스코드 부하를 가진 그림 1의 NMOS Common-Source 증폭기는 높은 전압 이득을 가진다. 캐스코드 부하의 높은 저항을 이용하기 위해서 증폭단도 증폭 소자 MN1과 캐스코드 소자 MN2의 캐스코드 구조로 구성되어 있다. MN3와 R_{REFn}으로 구성된 회로는 MN1의 바이어스를 공급하기 위한 회로이다. 입력 신호 v_s는 커플링 커패시터 C_{C1}을 통해 MN1의 게이트에 인가되고, 출력 신호는 MN2의 드레인과 부하 사이에 있는 커플링 커패시터 C_{C2}를 통해 부하 R_L에 전달된다.

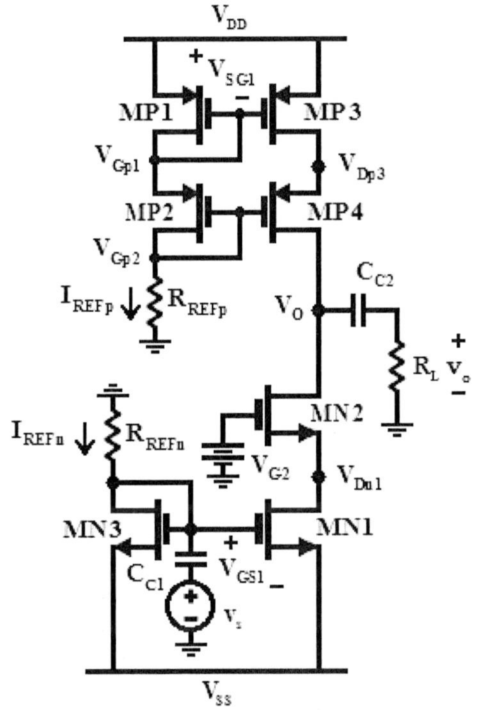

그림 1. 캐스코드 NMOS Common-Source 증폭기 회로 (MC14007): V_{DD}=10 V, V_{SS}=-10 V, V_{G2}=-2.97 V R_{REFn}=6.95 kΩ, R_{REFp}=4.86 kΩ, R_L=100 kΩ, C_{C1}=10 μF, C_{C2}=10 μF.

캐스코드 증폭기의 전압 이득 A_v는 다음 식으로 계산된다.

$$A_v = -g_{m1}\left(R_{op} // R_{on}\right) \tag{1}$$

여기에서 $R_{op}=r_{op3}+r_{op4}+g_{m4}r_{op3}r_{op4}$, $R_{on}=r_{on1}+r_{on2}+g_{m2}r_{on1}r_{on2}$이다.

시뮬레이션의 요점

- 그림 1 회로의 동작점을 시뮬레이션하여 모든 BJT의 동작 영역이 Active 영역임을 확인하고 MN1, MN2, MP3, MP4의 필요한 소신호 파라메타를 계산한다.
- 부하 R_L에 인가된 출력 신호 진폭을 입력 신호 진폭과 비교하고 전압 이득 A_v를 구하고 식 (1)에 의해 계산된 전압 이득과 비교한다. 입력 신호는 v_s=0.05sin(2π1000t)이다.

표 1. R_{REFp}, R_{REFp} 값과 회로의 동작점, 소신호 파라메타, 전압 이득.

R_{REFp} (kΩ)	R_{REFp} (kΩ)

	동작점				
파라메타	V_{GS1} (V)	I_{REFn} (mA)	V_{Dn1} (V)	V_{G2} (V)	V_O (V)
값					

	동작점				
파라메타	V_{SG1} (V)	V_{Gp1} (V)	V_{Gp2} (V)	I_{REFp} (mA)	V_{Dp3} (V)
값					

	소신호 파라메타						
파라메타	g_{mn1} (mA/V)	g_{mn2} (mA/V)	r_{on1} (kΩ)	r_{on2} (kΩ)	g_{mnp4} (mA/V)	r_{op2}(kΩ)	r_{op3}(kΩ)
값							

A_v (V/V)	
계산	시뮬레이션

시뮬레이션 20.2: 캐스코드 PMOS Common-Source 증폭기

그림 2의 캐스코드 PMOS Common-Source 증폭기는 캐스코드 NMOS Common-Source 증폭기와 개별 MOSFET만 다르고 동작 원리는 동일하다. 즉 캐스코드 PMOS Common-Source 증폭기는 MN1~MN4, R_{REFn}로 구성된 저항이 높은 캐스코드 부하를 가졌고, 이를 이용하기 위해서 증폭단도 증폭 소자 MP1과 캐스코드 소자 MP2의 캐스코드 구조로 구성되어 있다. MP3와 R_{REFp}으로 구성된 회로는 MP1의 바이어스를 공급하기 위한 회로이다. 입력 신호 v_s는 커플링 커패시터 C_{C1}을 통해 MP1의 게이트에 인가되고, 출력신호는 MP2의 드레인과 부하

사이에 있는 커플링 커패시터 C_{C2}를 통해 부하 R_L에 전달된다. 전압 이득 A_v는 식 (1)을 적절히 회로에 맞게 이용하여 계산한다.

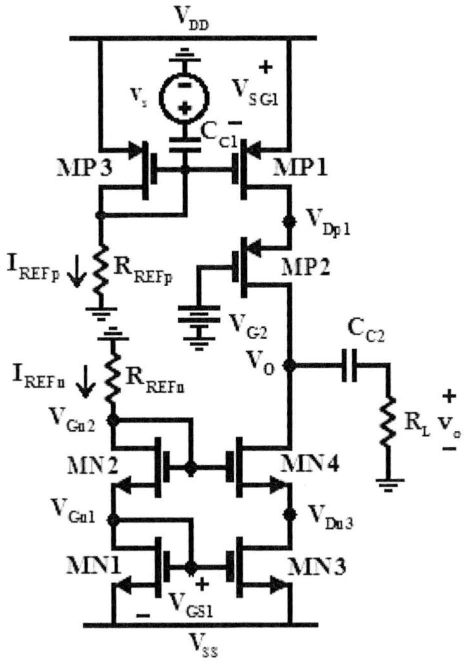

그림 2. 캐스코드 PMOS Common-Source 증폭기 회로 (MC14007): V_{DD}=10 V, V_{SS}=-10 V, V_{G2}=4.89 V R_{REFn}=3.43 kΩ, R_{REFp}=7.62 kΩ, R_L=100 kΩ, C_{C1}=10 μF, C_{C2}=10 μF.

시뮬레이션의 요점

- 그림 2 회로의 동작점을 시뮬레이션하여 모든 BJT의 동작 영역이 Active 영역임을 확인하고 MP1, MP2, MN3, MN4의 소신호 파라메타를 계산한다.
- 부하 R_L에 인가된 출력 신호 진폭을 입력 신호 진폭과 비교하고 전압 이득 A_v를 구하고 식 (1)에 의해 계산된 전압 이득과 비교한다. 입력 신호는 v_s=0.05sin(2π1000t)이다.

표 2. R_{REFp}, R_{REFp} 값과 회로의 동작점, 소신호 파라메타, 전압 이득.

R_{REFp} (kΩ)	R_{REFp} (kΩ)

	동작점				
파라메타	V_{SG1} (V)	I_{REFp} (mA)	V_{Dp1} (V)	V_{G2} (V)	V_O (V)
값					

	동작점				
파라메타	V_{GS1} (V)	V_{Gn1} (V)	V_{Gn2} (V)	I_{REFn} (mA)	V_{Dn3} (V)
값					

	소신호 파라메타						
파라메타	g_{mn1} (mA/V)	g_{mn2} (mA/V)	r_{on1} (kΩ)	r_{on2} (kΩ)	g_{mnp4} (mA/V)	r_{op2}(kΩ)	r_{op3}(kΩ)
값							

A_v (V/V)	
계산	시뮬레이션

실험 20.1: 캐스코드 (Cascode) NMOS Common-Source 증폭기

캐스코드 NMOS Common-Source 증폭기를 실습한다. 그림 3은 그림 1을 편이상 다시 그린 것이다.

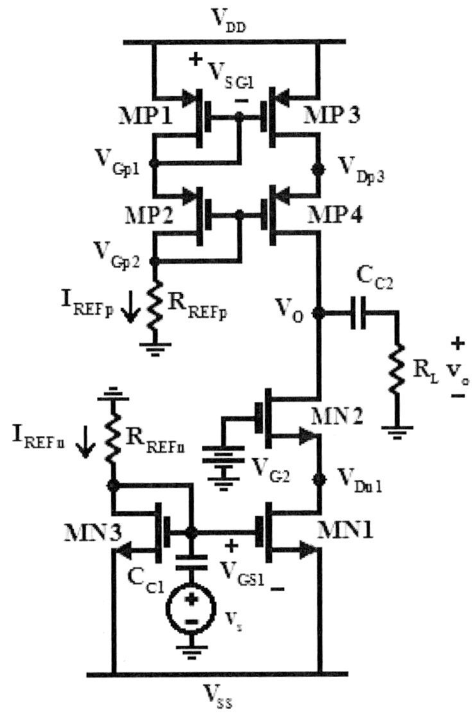

그림 3. 캐스코드 Common-Source 증폭기 회로 (MC14007). V_{DD}=10 V: V_{SS}=-10 V, V_{G2}=-2.97 V R_{REFn}=6.95 kΩ, R_{REFp}=4.86 kΩ, R_L=100 kΩ, C_{C1}=10 μF, C_{C2}=10 μF.

실험의 요점

- 그림 3 회로의 동작점을 측정하여 모든 BJT의 동작 영역이Active 영역임을 확인하고 MN1, MN2, MP3, MP4의 필요한 소신호 파라메타를 계산한다.
- 부하 R_L에 인가된 출력 신호 진폭을 입력 신호 진폭과 비교하고 전압 이득 A_v를 구하고 식 (1)에 의해 계산된 전압 이득과 비교한다. 입력 신호는 v_s=0.05sin(2π1000t)이다.

표 3. R_{REFp}, R_{REFp} 값과 회로의 동작점, 소신호 파라메타, 전압이득.

R_{REFp} (kΩ)	R_{REFp} (kΩ)

	동작점				
파라메타	V_{GS1} (V)	I_{REFn} (mA)	V_{Dn1} (V)	V_{G2} (V)	V_{O} (V)
값					

	동작점				
파라메타	V_{SG1} (V)	V_{Gp1} (V)	V_{Gp2} (V)	I_{REFp} (mA)	V_{Dp3} (V)
값					

	소신호 파라메타						
파라메타	g_{mn1} (mA/V)	g_{mn2} (mA/V)	r_{on1} (kΩ)	r_{on2} (kΩ)	g_{mnp4} (mA/V)	r_{op2}(kΩ)	r_{op3}(kΩ)
값							

A_v (V/V)		
계산	시뮬레이션	실험

실험 20.2: 캐스코드 PMOS Common-Source 증폭기

캐스코드 PMOS Common-Source 증폭기를 구성하고 실습한다. 그림 4는 그림 2를 편이상 다시 그린 것이다.

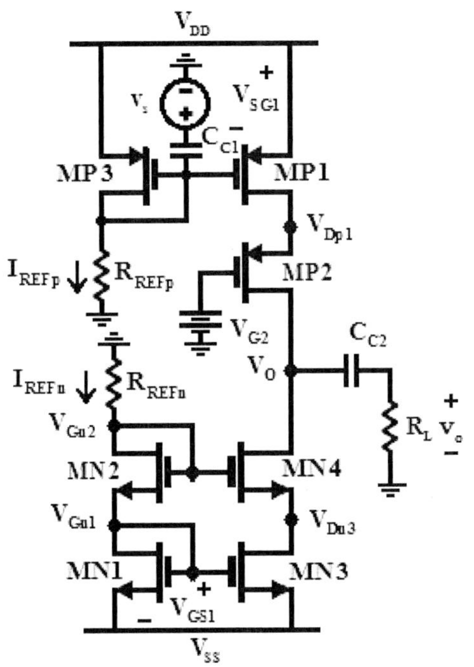

그림 4. 캐스코드 PMOS Common-Source 증폭기 회로 (MC14007): V_{DD}=10 V, V_{SS}=-10 V, V_{G2}=4.89 V R_{REFn}=3.43 kΩ, R_{REFp}=7.62 kΩ, R_L=100 kΩ, C_{C1}=10 μF, C_{C2}=10 μF.

실험의 요점

- 그림 4 회로의 동작점을 측정하여 모든 BJT의 동작 영역이 Active 영역임을 확인하고 MP1, MP2, MN3, MN4의 소신호 파라메타를 계산한다.
- 부하 R_L에 인가된 출력 신호 진폭을 입력 신호 진폭과 비교하고 전압 이득 A_v를 구하고 식 (1)에 의해 계산된 전압 이득과 비교한다. 입력 신호는 v_s=0.05sin(2π1000t)이다.

표 4. R_{REFp}, R_{REFp} 값과 회로의 동작점, 소신호 파라메타, 전압 이득.

R_{REFp} (kΩ)	R_{REFp} (kΩ)

	동작점				
파라메타	V_{SG1} (V)	I_{REFp} (mA)	V_{Dp1} (V)	V_{G2} (V)	V_O (V)
값					

	동작점				
파라메타	V_{GS1} (V)	V_{Gn1} (V)	V_{Gn2} (V)	I_{REFn} (mA)	V_{Dn3} (V)
값					

	소신호 파라메타						
파라메타	g_{mn1} (mA/V)	g_{mn2} (mA/V)	r_{on1} (kΩ)	r_{on2} (kΩ)	g_{mnp4} (mA/V)	r_{op2}(kΩ)	r_{op3}(kΩ)
값							

A_v (V/V)		
계산	시뮬레이션	실험

실험 21 Source Follower and Common-Source Amp., Emitter Follower and Common-Emitter Amp. 캐스케이드 (Cascade) 회로

실험 목적: Source Follower와 Common-Source 증폭기 캐스케이드 회로, Emitter-Follower와 Common-Emitter 증폭기 캐스케이드 (Cascade) 회로를 실습한다.

실험 장비 DC 전원(Power Supply), 함수 발생기(Function Generator), 오실로스코프, 브래드 보드, 멀티메타

실험 준비물: MC14007 2개, CA3096 2개, 저항 다수

MC14007UBCP의 **핀 배열 및 회로 연결:**

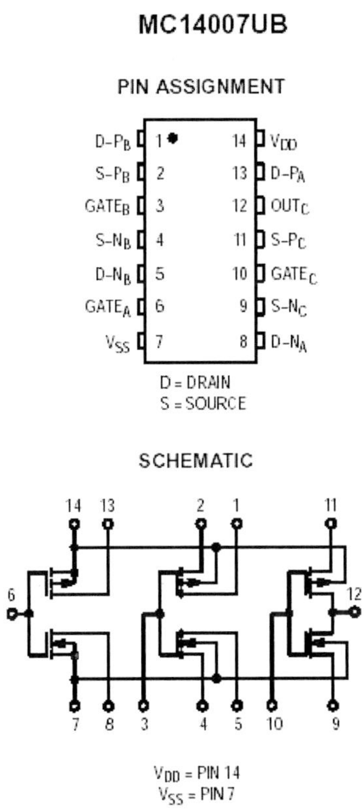

Pinout

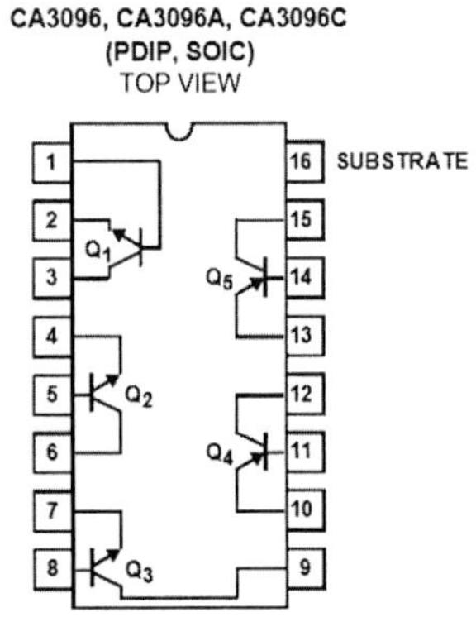

* CA3096의 핀 16은 substrate (기판)으로 회로에서 가장 낮은 전압에 연결되어야 한다!

시뮬레이션 21.1: Source Follower와 Common-Source 증폭기의 캐스케이드 회로

MN1, R_S로 구성된 Source Follower는 높은 입력 저항과 낮은 출력을 저항을 가지며, 전압 이득은 '1' 보다 작지만 '1'에 가깝다. MN2, MP1, MP2, R_{REFp}로 구성된 Common-Source 증폭기는 전압이득이 높지만 밀러 효과 (Miller Effect)로 인한 높은 입력 커패시턴스를 가진다. 이 높은 입력 커패시턴스는 Common-Source 단독 증폭기의 주파수 대역폭을 작게 만든다. 이점을 개선하기 위해 출력 저항이 작은 Source Follower에 Common-Source를 캐스케이드 연결한 SF-CS 회로는 Common-Source 증폭기에 비해 넓은 주파수 대역폭을 가진다.

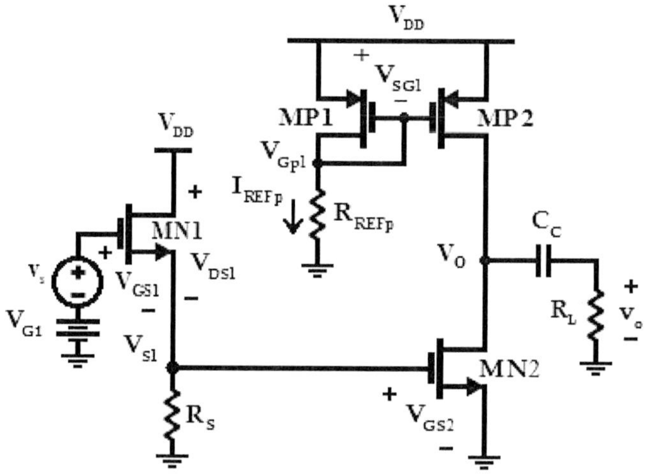

그림 1. SF-CS 캐스케이드 회로 (MC14007): V_{DD}=10 V, V_{G1}=5.75 V, R_S=5.32 kΩ, R_{REFp}=16 kΩ, R_L=100 kΩ, C_C=10 μF.

증폭기의 입력 신호는 MN1의 게이트에 인가되고, 출력 신호는 MN2의 드레인과 부하 R_L사이에 연결된 C_C를 통해 부하에 전달된다. 그림 1의 캐스케이드 증폭기의 전압 이득 A_v는 다음 식으로 계산된다.

$$\begin{aligned} A_v &= A_{v1}A_{v2} \\ &= -\frac{r_{on1}//R_S}{\dfrac{1}{g_{mn1}} + r_{on1}//R_S}\left(g_{mn2}\left(r_{on2}//r_{op2}//R_L\right)\right) \end{aligned} \tag{1}$$

여기에서 g_{mn1}, g_{mn2}는 각각 MN1, MN2의 transconductance, r_{on1}, r_{on2}, r_{op2}는 각각 MN1 MN2, MP2 의 소신호 출력 저항이다.

시뮬레이션의 요점

- 그림 1 회로의 동작점을 시뮬레이션하여 모든 MOSFET이 Saturation 영역에서 동작하는 것을 확인 한다.
- MN1, MN2의 소신호 파라메타와 MP2의 소신호 출력 저항을 시뮬레이션으로 구한다.
- .ac analysis를 이용하여 주파수 특성을 시뮬레이션하여 증폭기의 대역폭 f_{3dB} 값을 구한다.
- 부하 R_L에 인가된 출력 신호 진폭을 입력 신호 진폭과 비교하고 전압 이득 A_v를 구하고 식 (1)에 의해 계산된 전압 이득과 비교한다. 입력 신호는 v_s=0.01sin(2π1000t)이다.

표 1. SF-CS 캐스케이드 회로의 R_S, R_{REFp} 값, 회로의 동작점, 소신호 파라메타, 대역폭, 전압이득.

R_S (kΩ)	R_{REFp} (kΩ)	R_L (kΩ)

	동작점					
파라메타	V_{G1} (V)	V_{GS1} (V)	V_{S1} (V)	V_{SG1} (V)	I_{REFp} (mA)	V_O (V)
값						

소신호파라메타	g_{mn1} (mA/V)	g_{mn2} (mA/V)	r_{on1} (kΩ)	r_{on2} (kΩ)	r_{op2} (kΩ)
값					

대역폭 (kHz)

A_v (V/V)	
계산	시뮬레이션

시뮬레이션 21.2: Emitter Follower와 Common-Emitter 증폭기의 캐스케이드 회로

Q_1, R_E로 구성된 Emitter Follower는 높은 입력 저항과 낮은 출력을 저항을 가지며, 전압 이득은 '1' 보다 작지만 '1'에 가깝다. Q_2, Q_3, Q_4, R_{REFp}로 구성된 Common-Emitter 증폭기는 높은 전압 이득에 의한 밀러 효과 (Miller Effect)로 인해 높은 입력 커패시턴스를 가진다. 이 높은 입력 커패시턴스는 Common-Emitter 증폭기의 주파수 대역폭을 작게 만든다. 그러나 출력 저항이 작은 Emitter Follower에 Common-Emitter를 연결한 EF-CE 캐스케이드 회로는 Common-Emitter 증폭기에 비해 넓은 주파수 대역폭을 가진다.

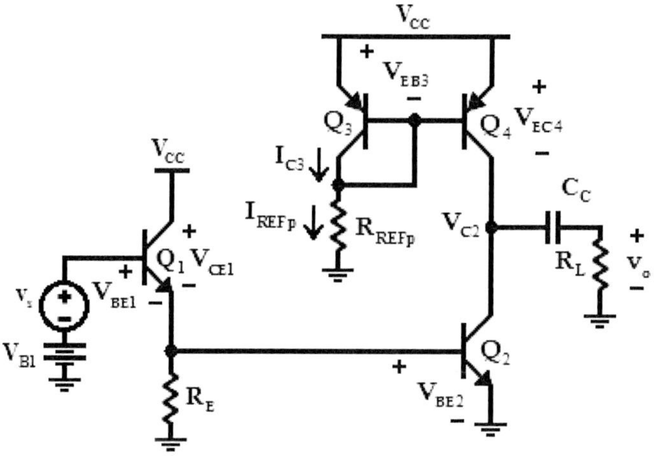

그림 2. EF-CE 캐스케이드 회로 (CA3096): V_{CC}=10 V, V_{B1}=1.27 V, R_{REFp}=17.2 kΩ, R_E=1.27 kΩ, R_L=100 kΩ, C_C=10 μF.

증폭기의 입력 신호는 Q_1의 베이스에 인가되고, 출력 신호는 Q_2의 컬렉터와 부하 R_L사이에 연결된 C_C를 통해 부하에 전달된다. 그림 2의 캐스케이드 증폭기의 전압 이득 A_v는 다음 식으로 계산된다.

$$\begin{aligned} \mathbf{A_v} &= \mathbf{A_{v1}A_{v2}} \\ &= -\frac{\mathbf{r_{o1}//R_E}}{\dfrac{\mathbf{1}}{\mathbf{g_{m1}}} + \mathbf{r_{o1}//R_E}}\left(\mathbf{g_{m2}}\left(\mathbf{r_{o2}//r_{o4}//R_L}\right)\right) \end{aligned} \tag{2}$$

여기에서 g_{m1}, g_{m2}는 각각 Q_1, Q_2의 transconductance, r_{o1}, r_{o2}, r_{o4}는 각각 Q_1, Q_2, Q_4의 소신호 출력 저항이다.

시뮬레이션의 요점

- 그림 2 회로의 동작점을 시뮬레이션하여 모든 BJT가 Active 영역에서 동작하는 것을 확인한다.
- Q_1, Q_2, Q_4의 소신호 파라메타와 소신호 출력 저항 값을 시뮬레이션으로 구한다.
- .ac analysis를 이용하여 주파수 특성을 시뮬레이션하여 증폭기의 f_{3dB} 값을 구한다.
- 부하 R_L에 인가된 출력 신호 진폭을 입력 신호 진폭과 비교하고 전압 이득 A_v를 구하고 식 (2)에 의해 계산된 전압 이득과 비교한다. 입력 신호는 v_s=0.001sin(2π1000t)이다.

표 2. EF-CE 캐스케이드 회로의 R_{REFp}, R_L 값, 회로의 동작점, 소신호 파라메타, 대역폭, 전압이득.

R_E (kΩ)	R_{REFp} (kΩ)	R_L (kΩ)

	동작점					
파라메타	V_{B1} (V)	V_{BE1} (V)	V_{BE2} (V)	V_{EB3} (V)	I_{REFp} (mA)	V_{C2} (V)
값						

	소신호 파라메타				
파라메타	g_{m1} (mA/V)	g_{m2} (mA/V)	r_{o1} (kΩ)	r_{o2} (kΩ)	r_{o4} (kΩ)
값					

대역폭 (kHz)

A_v (V/V)	
계산	시뮬레이션

실험 21.1: Source Follower와 Common-Source 증폭기의 캐스케이드 회로

SF-CS 캐스코드 회로를 구성하고 입출력 신호를 측정하여 증폭기를 실습한다. 그림 3은 그림 1을 편이상 다시 그린 것이다.

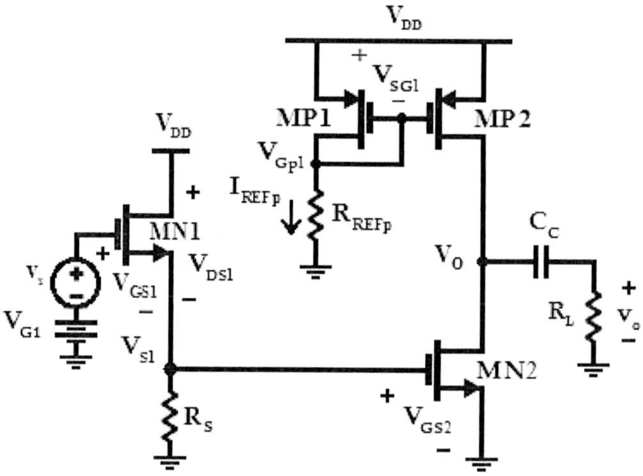

그림 3. SF-CS 캐스케이드 회로 (MC14007): V_{DD}=10 V, V_{G1}=5.75 V, R_S=5.32 kΩ, R_{REFp}=16 kΩ, R_L=100 kΩ, C_C=10 μF.

실험의 요점

- 그림 3 회로의 동작점을 측정하여 모든 MOSFET이 Saturation 영역에서 동작하는 것을 확인 한다.
- 주파수에 따른 전압이득 (A_v)를 측정하여 증폭기의 대역폭 f_{3dB} 값을 구하고 시뮬레이션의 결과와 비교 한다. 출력 신호의 진폭이 왜곡 되지 않도록 적절한 입력 신호의 진폭을 선택하여 실험 한다.
- f=1 kHz에서의 전압이득 A_v를 측정한다.

표 3. SF-CS 캐스케이드 회로의 저항 값, 회로 동작점, 소자의 동작 모드, 대역폭, 전압 이득.

R_S (kΩ)	R_{REFp} (kΩ)	R_L (kΩ)

	동작점					
파라메타	V_{G1} (V)	V_{GS1} (V)	V_{S1} (V)	V_{SG1} (V)	I_{REFp} (mA)	V_O (V)
값						

소자	MN1	MN2	MP1	MP2
동작영역				

대역폭 (kHz)	
시뮬레이션	실험

A_v (V/V) @1 kHz	
시뮬레이션	실험

실험 21.2: Emitter Follower와 Common-Emitter 증폭기의 캐스케이드 회로

EF-CE 캐스케이드 회로를 구성하고 입출력 신호를 측정하여 증폭기를 실습한다. 그림 4는 그림 2을 편이상 다시 그린 것이다.

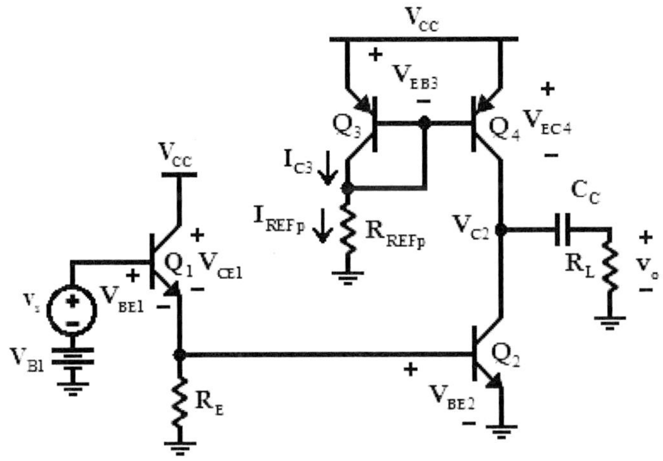

그림 4. EF-CE 캐스케이드 회로 (CA3096): V_{CC}=10 V, V_{B1}=1.27 V, R_{REFp}=17.2 kΩ, R_E=1.27 kΩ, R_L=100 kΩ, C_C=10 μF.

실험의 요점

- 그림 4 회로의 동작점을 측정하여 모든 BJT가 Active 영역에서 동작하는 것을 확인한다.
- 주파수에 따른 전압이득 (A_v)를 측정하여 증폭기의 대역폭 f_{3dB} 값을 구하고 시뮬레이션의 결과와 비교한다. 출력 신호의 진폭이 왜곡되지 않도록 적절한 입력 신호의 진폭을 선택하여 실험한다.
- f=1 kHz에서의 전압이득 A_v를 측정한다.

표 4. EF-CE 캐스케이드 회로의 저항 값, 회로 동작점, 소자의 동작 모드, 대역폭 전압 이득.

R_E (kΩ)	R_{REFp} (kΩ)	R_L (kΩ)

	동작점					
파라메타	V_{B1} (V)	V_{BE1} (V)	V_{BE2} (V)	V_{EB3} (V)	I_{REFp} (mA)	V_{C2} (V)
값						

소자	Q_1	Q_2	Q_3	Q_4
동작영역				

대역폭 (kHz)	
시뮬레이션	실험

A_v (V/V) @1 kHz	
시뮬레이션	실험

실험 22 MOSFET Differential Pair의 대신호 동작

실험 목적: MOSFET Differential Pair의 대신호 동작을 실습한다.

실험 장비 DC 전원(Power Supply), 함수 발생기(Function Generator), 오실로스코프, 브래드보드, 멀티메타

실험 준비물: MC14007 2개, 저항 다수

MC14007UBCP의 핀 배열 및 회로 연결:

MC14007UB

PIN ASSIGNMENT

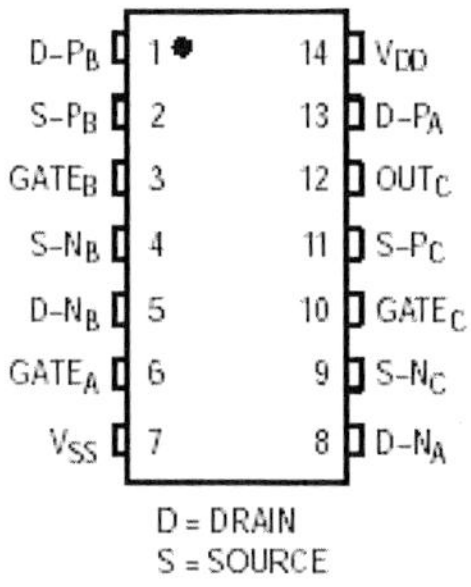

SCHEMATIC

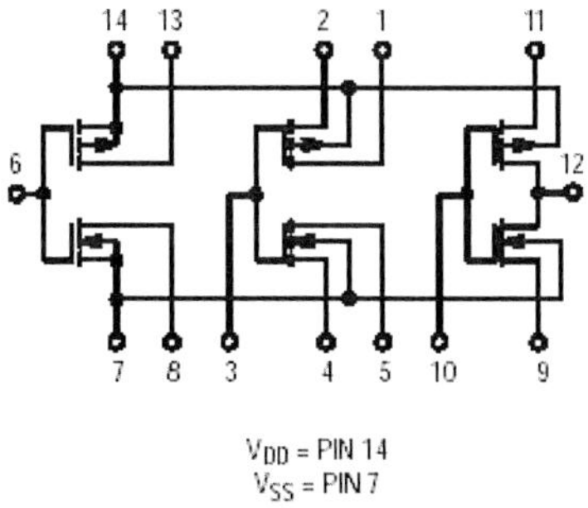

시뮬레이션 22.1: NMOSFET Differential Pair: Large-Signal Operation

Differential Pair는 아날로그 회로에서 중요한 역할을 한다. 특히 아날로그 회로의 대표적인 회로인 OP amp.의 입력단은 Differential Pair로 구성되어 있다. 그림 1의 회로에서 MN1, MN2, R_{D1}, R_{D2}는 Differential Pair를 구성하고, MN3, MN4, R_{REFn}은 Differential Pair에 바이어스 전류를 공급하는 회로이다. v_d, V_{CM}, 종속 전원 $+v_d/2$와 $-v_d/2$는 시뮬레이션에 필요한 차동 입력 전압을 공급하기 위한 회로이다. Differential Pair 소자 MN1과 MN2의 드레인 전류 I_{D1}과 I_{D2}의 합은 일정한 값 I_{D4}이지만 차동 입력 전압 v_d 값에 따라 각 I_{D1}과 I_{D2}는 변화 한다. v_d가 양수이면 $I_{D1}>I_{D2}$가 되고, $|v_d| \ge \sqrt{2}V_{OV}$ 이면 $I_{D1}=I_{D4}$가 되어 전체 바이어스 전류 I_{D4}가 MN1 소자를 통해서 흐르게 된다. 반대로 v_d가 음수이면 $I_{D1}<I_{D2}$가 되고, $|v_d| \ge \sqrt{2}V_{OV}$ 이면 $I_{D2}=I_{D4}$가 되어 전체 바이어스 전류 I_{D4}가 MN2 소자를 통해서 흐르게 된다. 여기에서 Differential Pair 중 한 쪽으로만 전류를 흐르게 하는 차동 전압을 $|v_d|_{max} = \sqrt{2}V_{OV}$ 로 정의 한다.

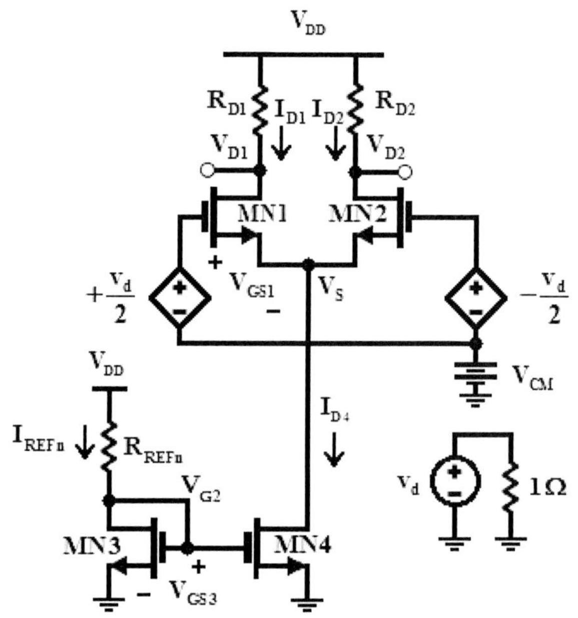

그림 1. NMOSFET Differential Pair 회로 (MC14007): V_{DD}=10 V, V_{CM}=6.16 V, R_{REFn}=6.94 kΩ, R_{D1}=6.19 kΩ, R_{D2}=6.19 kΩ.

시뮬레이션의 요점

- 그림 1 회로의 동작점을 시뮬레이션하여 모든 소자가 포화 영역에서 동작하는지 확인한다.
- $I_{D1,2}$ vs. v_d, $V_{D1,2}$ vs. v_d의 대신호 동작 그래프를 그린다. 대신호 동작 (Large-Signal Operation)을 얻기 위해 v_d 는 DC -5 V~+5 V의 범위에서 시뮬레이션한다.

- $I_{D1,2}$ vs. v_d 그래프에서 Differential Pair의 어느 한쪽으로 전류가 완전히 흐르게 하는 $|v_d|_{max}$ 가 $\sqrt{2}V_{OV}$ 임을 확인하라.

표 1. 회로의 동작점, 소자의 동작 모드, $|v_d|_{max}$.

	동작점				
파라메타	V_{GS3} (V)	I_{REFn} (mA)	V_{GS1} (V)	V_S (V)	V_{D1} (V)
값					

소자	MN1	MN2	MN4
동작 모드			

$\|v_d\|_{max}$ (V)

시뮬레이션 22.2: PMOSFET Differential Pair: Large-Signal Operation

그림 2는 PMOSFET으로 구성된 Differential Pair이다. 동작원리는 NMOSFET의 경우와 동일하지만 전류의 방향과 전압이 방향이 반대이다.

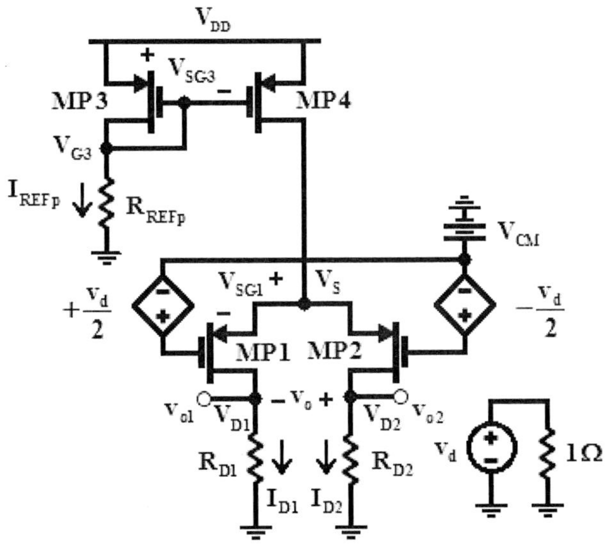

그림 2. PMOSFET Differential Pair 회로 (MC14007): V_{DD}=10 V, V_{CM}=5.26 V, R_{REFp}=7.62 kΩ, R_{D1}=6.59 kΩ, R_{D2}=6.59 kΩ.

시뮬레이션의 요점

- 그림 2 회로의 동작점을 시뮬레이션하여 모든 소자가 포화 영역에서 동작하는지 확인한다.
- $I_{D1,2}$ vs. v_d, $V_{D1,2}$ vs. v_d의 대신호 동작 그래프를 그린다. 대신호 동작 (Large-Signal Operation)을 얻기 위해 v_d 는 DC 5 V~+5 V의 범위에서 시뮬레이션한다.
- $I_{D1,2}$ vs. v_d 그래프에서 Differential Pair의 어느 한쪽으로 전류가 완전히 흐르게 하는 $|v_d|_{max}$ 가 $\sqrt{2}V_{OV}$ 임을 확인하라.

표 2. 회로의 동작점, 소자의 동작 모드, $|v_d|_{max}$.

	동작점				
파라메타	V_{SG3} (V)	I_{REFp} (mA)	V_{SG1} (V)	V_S (V)	V_{D1} (V)
값					

소자	MP1	MP2	MP4
동작 영역			

$|v_d|_{max}$ (V)

실험 22.1: NMOSFET Differential Pair: Large-Signal Operation

Differential Pair의 대칭성을 보장하기 위해 그림 3의 저항 R_{D1}과 R_{D2}를 가능한 한 가까운 값으로 선택하여 실험을 수행한다.

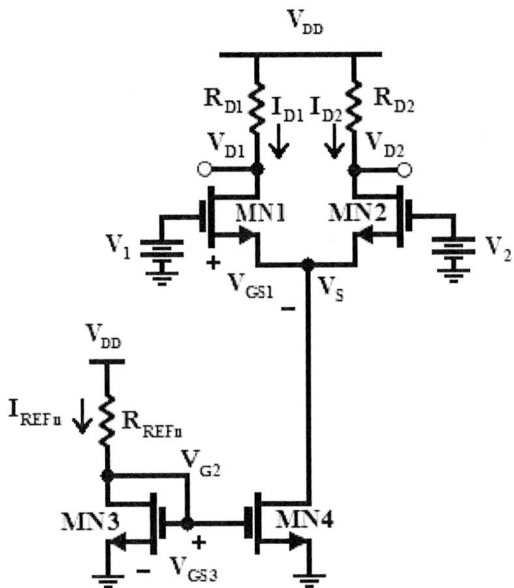

그림 3. NMOSFET Differential Pair 회로 (MC14007): V_{DD}=10 V, R_{REFn}=6.94 kΩ, R_{D1}=6.19 kΩ, R_{D2}=6.19 kΩ.

실험의 요점

- 그림 3 회로에서 V_1=V_2=4 V일 때 동작점을 측정하여 모든 소자가 포화영역에서 동작하는지 확인한다.
- $I_{D1,2}$ vs v_d, $V_{D1,2}$ vs. v_d의 대신호 동작 그래프를 그린다. 여기에서 v_d=V_1-V_2이다. 대신호 동작(Large-Signal Operation)을 실험하기 위해 V_1과 V_2 값을 다음의 값으로 입력하여 I_D와 V_D 값을 측정한다.

V_1 (V)	V_2 (V)	v_d=V_1-V_2 (V)	I_{D1} (mA)	I_{D2} (mA)	V_{D1} (V)	V_{D2} (V)
6.5	1.5	5				
6.25	1.75	4.5				
6	2	4				
5.75	2.25	3.5				
5.5	2.5	3				
5.25	2.75	2.5				
5	3	2				
4.75	3.25	1.5				
4.5	3.5	1				
4.25	3.75	0.5				
4	4	0				
3.75	4.25	-0.5				
3.5	4.5	-1				
3.25	4.75	-1.5				
3	5	-2				
2.75	5.25	-2.5				
2.5	5.5	-3				
2.25	5.75	-3.5				
2	6	-4				
1.75	6.25	-4.5				
1.5	6.5	-5				

- $I_{D1,2}$ vs v_d 그래프에서 Differential Pair의 어느 한쪽으로 전류가 완전히 흐르게 되는 $|v_d|_{max}$ 값을 구하라.

표 3. 회로의 동작점, 소자의 동작 모드, $|v_d|_{max}$.

	동작점 (@ v_d=0 V)				
파라메타	V_{GS3} (V)	I_{REFn} (mA)	V_{GS1} (V)	V_S (V)	V_{D1} (V)
값					

소자	MN1	MN2	MN4
동작 모드			

$|v_d|_{max}$ (V)

실험 22.2: PMOSFET Differential Pair: Large-Signal Operation

그림 4는 PMOSFET으로 구성된 Differential Pair이다. R_{D1}과 R_{D2}를 가장 가능한 한 가까운 값으로 선택하여 실험을 수행한다.

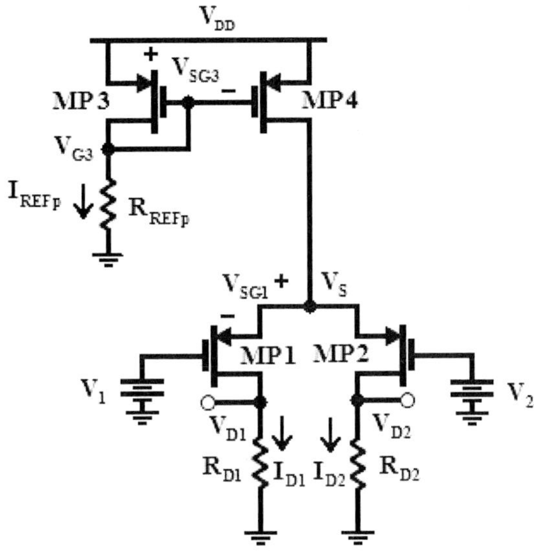

그림 4. PMOSFET Differential Pair 회로 (MC14007): V_{CC}=10 V, R_{REFp}=7.62 kΩ, R_{D1}=6.59 kΩ, R_{D2}=6.59 kΩ.

실험의 요점

- 그림 4 회로에서 $V_1=V_2=6$ V일 때 동작점을 측정하여 모든 소자가 포화영역에서 동작하는지 확인한다.
- $I_{D1,2}$ vs v_d, $V_{D1,2}$ vs. v_d의 대신호 동작 그래프를 그린다. 여기에서 $v_d=V_1-V_2$이다. 대신호 동작(Large-Signal Operation)을 실험하기 위해 V_1과 V_2 값을 다음의 값으로 입력하여 I_D와 V_D 값을 측정한다.

V_1 (V)	V_2 (V)	$v_d=V_1-V_2$ (V)	I_{D1} (mA)	I_{D2} (mA)	V_{D1} (V)	V_{D2} (V)
8.5	3.5	5				
8.25	3.75	4.5				
8	4	4				
7.75	4.25	3.5				
7.5	4.5	3				
7.25	4.75	2.5				
7	5	2				
6.75	5.25	1.5				
6.5	5.5	1				
6.25	5.75	0.5				
6	6	0				
5.75	6.25	-0.5				
5.5	6.5	-1				
5.25	6.75	-1.5				
5	7	-2				
4.75	7.25	-2.5				
4.5	7.5	-3				
4.25	7.75	-3.5				
4	8	-4				
3.75	8.25	-4.5				
3.5	8.5	-5				

- $I_{D1,2}$ vs v_d 그래프에서 Differential Pair의 어느 한쪽으로 전류가 완전히 흐르게 되는 $|v_d|_{max}$ 값을 구하라.

표 4. 회로의 동작점, 소자의 동작 모드, $|v_d|_{max}$.

	동작점				
파라메타	V_{SG3} (V)	I_{REFp} (mA)	V_{SG1} (V)	V_S (V)	V_{D1} (V)
값					

소자	MP1	MP2	MP4
동작 모드			

$\lvert v_d\rvert_{max}$ (V)

실험 23 MOSFET Differential Amplifier

실험 목적: MOSFET Differential 증폭기의 동작을 실습한다.

실험 장비 DC 전원(Power Supply), 함수 발생기(Function Generator), 오실로스코프, 브래드 보드, 멀티메타

실험 준비물: MC14007 2개, 저항 다수

MC14007UBCP의 **핀 배열 및 회로연결:**

MC14007UB

PIN ASSIGNMENT

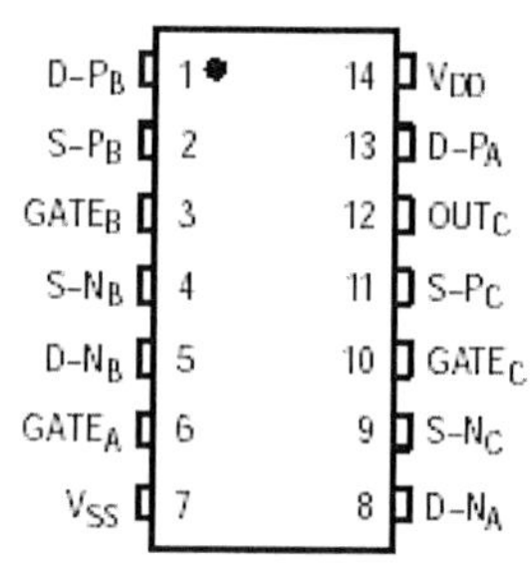

D = DRAIN
S = SOURCE

SCHEMATIC

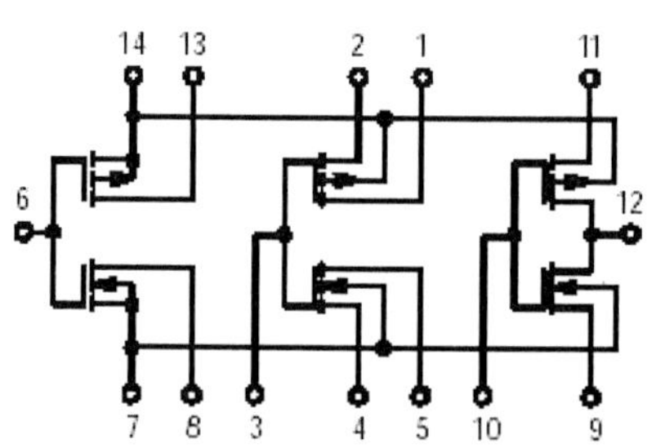

V_{DD} = PIN 14
V_{SS} = PIN 7

시뮬레이션 23.1: NMOSFET Differential 증폭기

실험 22장에서 공부한 Differential Pair 회로를 이용하여 NMOSFET Differential 증폭기의 특성을 시뮬레이션 한다. 여기에서는 v_d를 DC 신호원으로 사용하지 않고, 시간의 함수인 신호로서 사용한다. 따라서 시간에 따라 변화하는 신호를 입력 신호로 하여 출력 신호 v_{o1}, v_{o2}, v_o를 관찰한다.

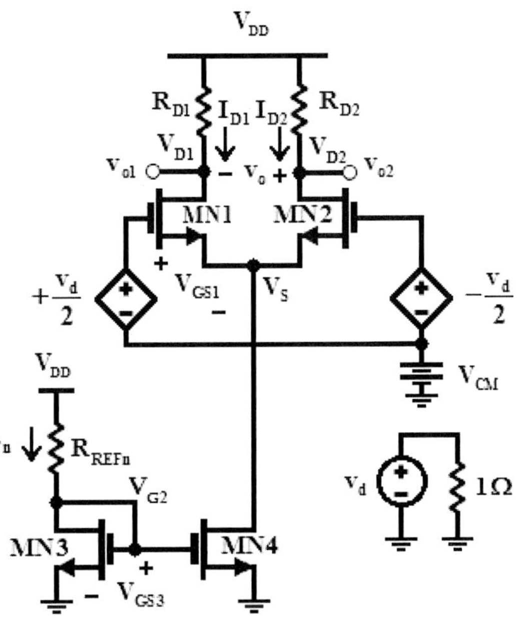

그림 1. NMOSFET Differential 증폭기 회로 (MC14007): V_{DD}=10 V, V_{CM}=6.16 V, R_{REFn}=6.94 kΩ, R_{D1}=6.2 kΩ, R_{D2}=6.2 kΩ.

시뮬레이션의 요점

- 그림 1 회로의 동작점을 시뮬레이션하여 모든 소자가 포화 영역에서 동작하는지 확인한다.
- v_d=0.1sin(2π1000t) 신호를 입력으로하여 출력 신호 v_{o1}, v_{o2}, v_o를 시뮬레이션한다. 여기에서 v_o=v_{o2}-v_{o1}이다.
- 차동 전압이득 A_d (=v_o/v_d)을 구한다.

표 1. 회로의 동작점, 전압이득.

	동작점					
파라메타	V_{GS3} (V)	I_{REFn} (mA)	V_{GS1} (V)	V_S (V)	V_{D1} (V)	V_{D2} (V)
값						

A_d (V/V)

시뮬레이션 23.2: PMOSFET Differential 증폭기

그림 2는 PMOSFET으로 구성된 Differential 증폭기이다. 시간의 함수인 입력신호 v_d에 대한 출력 신호를 시뮬레이션하여 증폭기의 특성을 관찰한다.

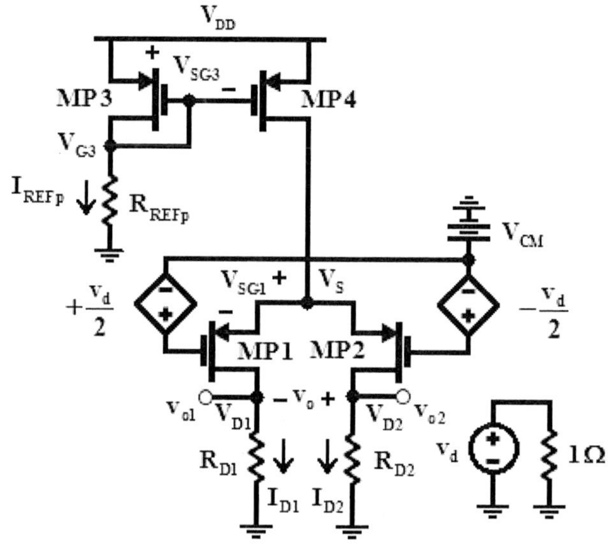

그림 2. PMOSFET Differential 증폭기 회로 (MC14007): V_{CC}=10 V, V_{CM}=5.26 V, R_{REFp}=7.62 kΩ, R_{D1}=6.6 kΩ, R_{D2}=6.6 kΩ.

시뮬레이션의 요점

- 그림 2 회로의 동작점을 시뮬레이션하여 모든 소자가 포화영역에서 동작하는지 확인한다.
- v_d=0.1sin(2π1000t) 신호를 입력으로하여 출력 신호 v_{o1}, v_{o2}, v_o를 시뮬레이션한다. 여기에서 v_o=v_{o2}−v_{o1}이다.
- 차동 전압이득 A_d (=v_o/v_d)을 구한다.

표 2. 회로의 동작점, 전압이득.

	동작점					
파라메타	V_{SG3} (V)	I_{REF} (mA)	V_{SG1} (V)	V_S (V)	V_{D1} (V)	V_{D2} (V)
값						

A_d (V/V)

실험 23.1: NMOSFET Differential 증폭기

그림 3은 NMOSFET Differential 증폭기 실험을 위한 회로이다. MN2의 게이트를 V_{CM} 전압에 고정 시키고, MN1의 게이트에 차동 전압 v_d를 V_{CM} 전압과 직렬로 연결한다. 입력 신호 v_d가 크지 않으면 이러한 입력 신호 연결로도 차동 입력 신호의 효과를 얻을 수 있다. R_{D1}과 R_{D2}는 가능한 한 같은 값이 되도록 선택하여 실험을 수행한다.

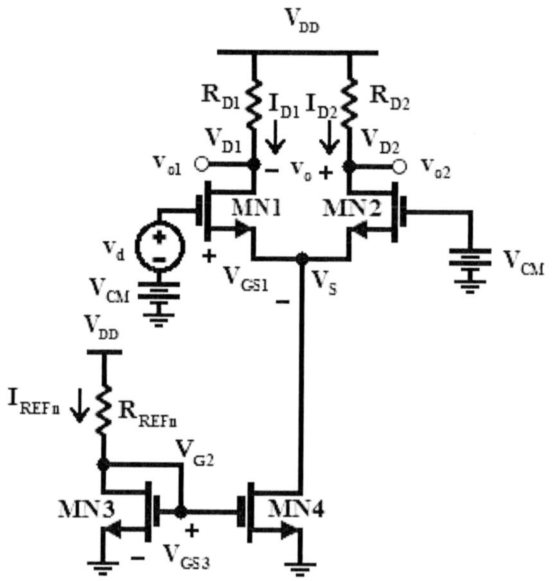

그림 3. NMOSFET Differential 증폭기 회로 (MC14007): V_{DD}=10 V, V_{CM}=6.16 V, R_{REFn}=6.94 kΩ, R_{D1}=6.2 kΩ, R_{D2}=6.2 kΩ.

실험의 요점

- 그림 3 회로의 동작점을 측정하여 모든 소자가 포화영역에서 동작하는지 확인한다.
- 차동 전압 이득 A_d ($=v_o/v_d$)을 측정한다. $v_o=v_{o2}-v_{o1}$이므로 v_{o1}과 v_{o2}를 측정하여 v_o를 계산한다. $v_d=0.1\sin(2\pi 1000t)$이다.
- 소자 MN1과 MN2의 불균형, 저항 R_D의 불일치로 v_d=0 V 일 때에도 출력 v_o가 발생한다. 이 출력 값을 출력 오프세트 전압 (V_{O_OFFSET})이라고 한다. V_{O_OFFSET}을 측정하여 입력 오프세트 전압 $V_{OS}(=V_{O_OFFSET}/A_d)$를 계산한다.

표 3. 회로의 동작점, 전압이득, 출력 오프세트 전압, 입력 오프세트 전압.

	동작점					
파라메타	V_{GS3} (V)	I_{REFn} (mA)	V_{GS1} (V)	V_S (V)	V_{D1} (V)	V_{D2} (V)
값						

A_d (V/V)	V_{O_OFFSET} (V)	V_{OS} (V)

실험 23.2: PMOSFET Differential 증폭기

그림 4는 PMOSFET으로 구성된 Differential Pair이다. R_{D1}과 R_{D2}를 가장 가능한 한 가까운 값으로 선택하여 실험을 수행한다.

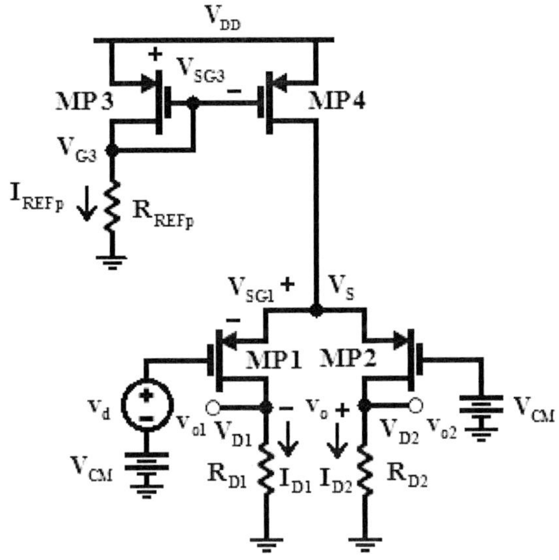

그림 4. PMOSFET Differential 증폭기 회로 (MC14007): V_{CC}=10 V, V_{CM}=5.26 V, R_{REFp}=7.62 kΩ, R_{D1}=6.6 kΩ, R_{D2}=6.6 kΩ.

실험의 요점

- 그림 4 회로의 동작점을 측정하여 모든 소자가 포화영역에서 동작하는지 확인한다.
- 차동 전압 이득 A_d (=v_o/v_d)을 측정한다. $v_o=v_{o2}-v_{o1}$이므로 v_{o1}과 v_{o2}를 측정하여 v_o를 계산한다.
- $v_d=0.1\sin(2\pi 1000t)$이다.

- 소자 MP1과 MP2의 불균형, 저항 R_D의 불일치로 v_d=0 V 일 때에도 출력 v_o가 발생한다. 이 출력 값을 출력 오프세트 전압 (V_{O_OFFSET})이라고 한다. V_{O_OFFSET}을 측정하여 입력 오프세트 전압 V_{OS}(=V_{O_OFFSET}/A_d)를 계산한다.

표 4. 회로의 동작점, 전압이득, 출력 오프세트 전압, 입력 오프세트 전압.

	동작점					
파라메타	V_{SG3} (V)	I_{REF} (mA)	V_{SG1} (V)	V_S (V)	V_{D1} (V)	V_{D2} (V)
값						

A_d (V/V)	V_{O_OFFSET} (V)	V_{OS} (V)

실험 24 BJT Differential Pair의 대신호 동작 (Large-Signal Operation)

실험 목적: BJT Differential Pair 회로의 대신호 동작을 실습한다.

실험 장비 DC 전원(Power Supply), 함수 발생기(Function Generator), 오실로스코프, 브래드보드, 멀티메타

실험 준비물: CA3096 2개, 저항 다수

CA3096 핀 배열

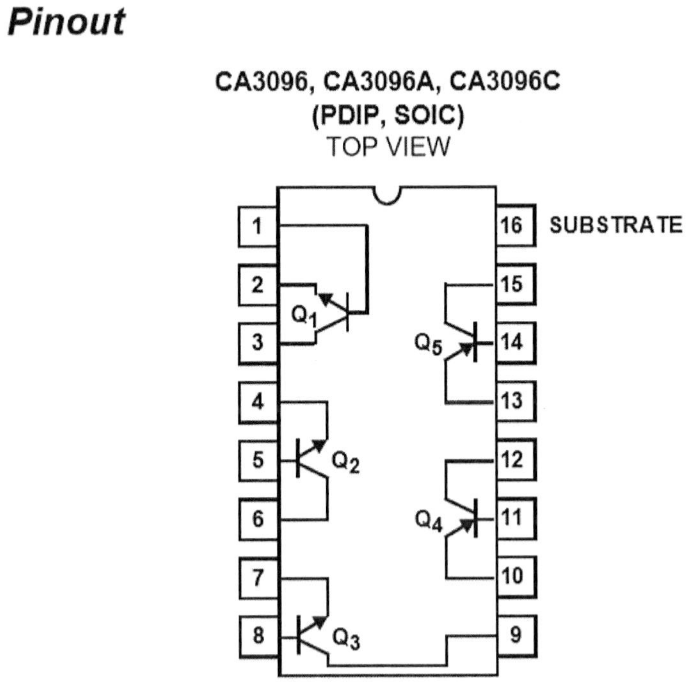

* 핀 16은 substrate (기판)으로 회로에서 가장 낮은 전압에 연결되어야 한다!

시뮬레이션 24.1: NPN BJT Differential Pair: Large-Signal Operation

그림 1은 NPN BJT로 구성된 Differential Pair이다. MOSFET Differential Pair와 동작 원리는 동일 하고, 회로 구성 소자가 BJT로 바뀐 것이다. Q_1, Q_2, R_{C1}, R_{C2}는 Differential Pair를 구성하고, Q_3, Q_4, R_{REF}는 Differential Pair에 바이어스 전류를 공급하는 회로이다. v_d, V_{CM}, 종속 전원은 시뮬레이션에 필요한 차동 입력 전압을 공급하기 위한 회로이다. v_d, V_{CM}, 종속 전원 $+v_d/2$와 $-v_d/2$는 시뮬레이션에 필요한 차동 입력 전압을 공급하기 위한 회로이다. Differential Pair 소자 Q_1과 Q_2의 에미터 전류 I_{E1}과 I_{E2}의 합은 일정한 값 I_{C4}이지만 차동 입력 전압 v_d 값에 따라 I_{C1} $(=\alpha I_{E1})$과 I_{C2} $(=\alpha I_{E2})$는 변화한다. v_d가 양수이면 $I_{C1}>I_{C2}$가 되고, $v_d \geq 4V_T$ ($\approx$100 mV)이면 $I_{E1}=I_{C4}$가 되어 전체 바이어스 전류 I_{C4}가 Q_1 소자를 통해서 흐르게 된다. 반대로 v_d가 음수이면 $I_{C1}<I_{C2}$가 되고, $|v_d| \geq 4V_T$ 이면 $I_{E2}=I_{C4}$가 되어 전체 바이어스 전류 I_{C4}가 Q_2 소자를 통해서 흐르세 된다. 여기에서 Differential Pair 중 한 쪽으로만 전류를 흐르게 하는 차동 전압을 $|v_d|_{max} = 4V_T$ 로 정의 한다.

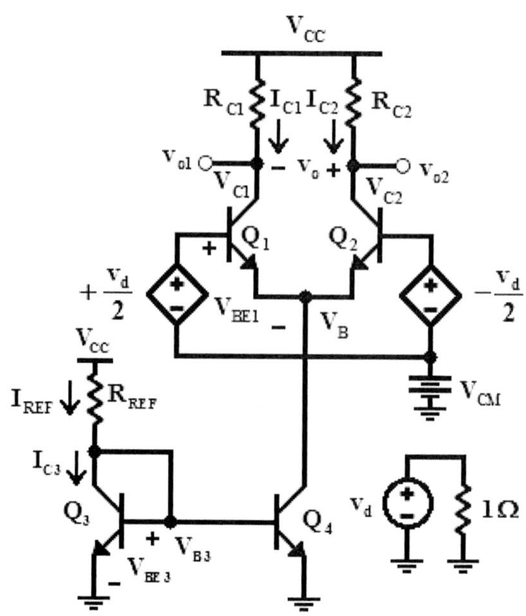

그림 1. NPN BJT Differential Pair 회로 (CA3096): V_{CC}=10 V, V_{CM}=1.30 V, R_{REF}=9.3 kΩ, R_{C1}=3.9 kΩ, R_{C2}=3.9 kΩ.

시뮬레이션의 요점

- 그림 1 회로의 동작점을 시뮬레이션하여 모든 소자가 능동 영역 (Active Mode)에서 동작하는지 확인한다.

- $I_{C1,2}$ vs v_d, $V_{C1,2}$ vs. v_d의 대신호 동작 그래프를 그린다. 대신호 동작 (Large-Signal Operation)을 실험하기 위해 v_d는 DC -1.0 V~+1.0 V의 범위에서 시뮬레이션한다.
- $I_{C1,2}$ vs v_d 그래프에서 Differential Pair의 어느 한쪽으로 전류가 완전히 흐르게 되는 $|v_d|_{max}$가 $4V_T$ 임을 확인하라.

표 1. 회로의 동작점, 소자의 동작 모드, $|v_d|_{max}$.

	동작점				
파라메타	V_{BE3} (V)	I_{REF} (mA)	V_{BE1} (V)	V_B (V)	V_{C1} (V)
값					

소자	Q_1	Q_2	Q_4
동작 모드			

$\|v_d\|_{max}$ (V)

시뮬레이션 24.2: NPN BJT Differential Pair: Large-Signal Operation

그림 2는 PNP BJT로 구성된 Differential 증폭기이다. 동작원리는 NPN BJT의 경우와 동일하지만 전류의 방향과 전압이 방향이 반대이다.

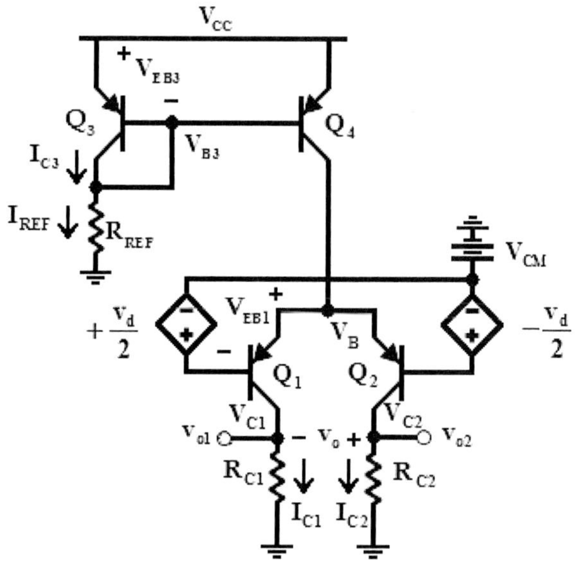

그림 2. PNP BJT Differential Pair 회로 (CA3096): V_{CC}=10 V, V_{CM}=8.67 V, R_{REF}=8.9 kΩ, R_{C1}=6.0 kΩ, R_{C2}=6.0 kΩ.

시뮬레이션의 요점

- 그림 2 회로의 동작점을 시뮬레이션하여 모든 소자가 능동 영역 (Active Mode)에서 동작하는지 확인한다.
- $I_{C1,2}$ vs v_d, $V_{C1,2}$ vs. v_d의 대신호 동작 그래프를 그린다. 대신호 동작 (Large-Signal Operation)을 실험하기 위해 v_d 는 DC -1.0 V~+ 1.0 V의 범위에서 시뮬레이션 한다.
- $I_{C1,2}$ vs v_d 그래프에서 Differential Pair의 어느 한쪽으로 전류가 완전히 흐르게 되는 $|v_d|_{max}$ 가 $4V_T$ 임을 확인하라.

표 2. 회로의 동작점, 소자의 동작 모드, $|v_d|_{max}$.

	동작점				
파라메타	V_{EB3} (V)	I_{REF} (mA)	V_{EB1} (V)	V_B (V)	V_{C1} (V)
값					

소자	Q_1	Q_2	Q_4
동작 모드			

$\lvert v_d \rvert_{max}$ (V)

실험 24.1: NPN BJT Differential Pair

Differential Pair의 대칭성을 보장하기 위해 그림 3의 저항 R_{C1}과 R_{C2}를 가능한 한 가까운 값으로 선택하여 실험을 수행한다.

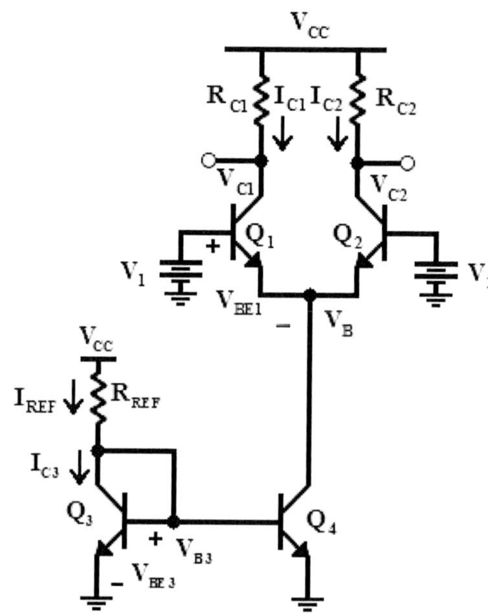

그림 3. NPN BJT Differential Pair 회로 (CA3046): V_{CC}=10 V, R_{REF}=9.3 kΩ, R_{C1}=3.9 kΩ, R_{C2}=3.9 kΩ.

실험의 요점

- 그림 3 회로의 동작점을 측정하여 모든 소자가 능동 영역 (Active Mode)에서 동작하는지 확인한다.
- $I_{D1,2}$ vs v_d, $V_{D1,2}$ vs. v_d의 대신호 동작 그래프를 그린다. 여기에서 $v_d=V_1-V_2$이다. 대신호 동작 (Large-Signal Operation)을 실험하기 위해 V_1과 V_2 값을 다음의 값으로 입력하여 I_C와 V_C 값을 측정한다.

V_1 (V)	V_2 (V)	V_d (V)	I_{C1} (mA)	I_{C2} (mA)	V_{C1} (V)	V_{C2} (V)
0	2	-2				
0.1	1.9	-1.8				
0.2	1.8	-1.6				
0.3	1.7	-1.4				
0.4	1.6	-1.2				

0.5	1.5	-1				
0.6	1.4	-0.8				
0.7	1.3	-0.6				
0.8	1.2	-0.4				
0.9	1.1	-0.2				
1	1	0				
1.1	0.9	0.2				
1.2	0.8	0.4				
1.3	0.7	0.6				
1.4	0.6	0.8				
1.5	0.5	1				
1.6	0.4	1.2				
1.7	0.3	1.4				
1.8	0.2	1.6				
1.9	0.1	1.8				
2	0	2				

- $I_{C1,2}$ vs v_d 그래프에서 Differential Pair의 어느 한쪽으로 전류가 완전히 흐르게 되는 $|v_d|_{max}$ 값을 구하라.

표 3. 회로의 동작점, 소자의 동작 모드, $|v_d|_{max}$.

	동작점				
파라메타	V_{BE3} (V)	I_{REF} (mA)	V_{BE1} (V)	V_B (V)	V_{C1} (V)
값					

소자	MN1	MN2	MN4
동작 모드			

$|v_d|_{max}$ (V)

실험 24.2: PNP BJT Differential Pair

그림 4는 PNP BJT으로 구성된 Differential Pair이다. R_{C1}과 R_{C2}를 가장 가능한 한 가까운 값으로 선택하여 실험을 수행한다.

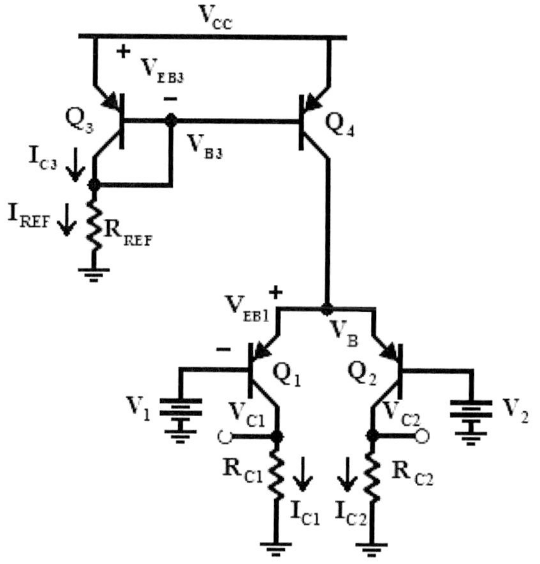

그림 4. PNP BJT Differential Pair 회로 (CA3096): V_{CC}=10 V, R_{REF}=8.9 kΩ, R_{C1}=6 kΩ, R_{C2}=6 kΩ.

실험의 요점

- 그림 4 회로의 동작점을 측정하여 모든 소자가 능동 영역 (Active Mode)에서 동작하는지 확인한다.
- $I_{C1,2}$ vs v_d, $V_{C1,2}$ vs. v_d의 대신호 동작 그래프를 그린다. 여기에서 $v_d=V_1-V_2$이다. 대신호 동작 (Large-Signal Operation)을 실험하기 위해 V_1과 V_2 값을 다음의 값으로 입력하여 I_C와 V_C 값을 측정한다.

V_1 (V)	V_2 (V)	V_d (V)	I_{C1} (mA)	I_{C2} (mA)	V_{C1} (V)	V_{C2} (V)
8	10	-2				
8.1	9.9	-1.8				
8.2	9.8	-1.6				
8.3	9.7	-1.4				
8.4	9.6	-1.2				
8.5	9.5	-1				

8.6	9.4	-0.8				
8.7	9.3	-0.6				
8.8	9.2	-0.4				
8.9	9.1	-0.2				
9	9	0				
9.1	8.9	0.2				
9.2	8.8	0.4				
9.3	8.7	0.6				
9.4	8.6	0.8				
9.5	8.5	1				
9.6	8.4	1.2				
9.7	8.3	1.4				
9.8	8.2	1.6				
9.9	8.1	1.8				
10	8	2				

- $I_{C1,2}$ vs v_d 그래프에서 Differential Pair의 어느 한쪽으로 전류가 완전히 흐르게 되는 $|v_d|_{max}$ 값을 구하라.

표 4. 회로의 동작점, 소자의 동작 모드, $|v_d|_{max}$.

	동작점				
파라메타	V_{EB3} (V)	I_{REF} (mA)	V_{EB1} (V)	V_B (V)	V_{C1} (V)
값					

소자	MN1	MN2	MN4
동작 모드			

$\lvert v_d\rvert_{max}$ (V)

실험 25 BJT Differential 증폭기

실험 목적: BJT Differential 증폭기의 동작을 실습한다.

실험 장비 DC 전원(Power Supply), 함수 발생기(Function Generator), 오실로스코프, 브래드 보드, 멀티메타

실험 준비물: CA3046 2개, CA3096 2개, 저항 다수

CA3096 핀 배열

Pinout

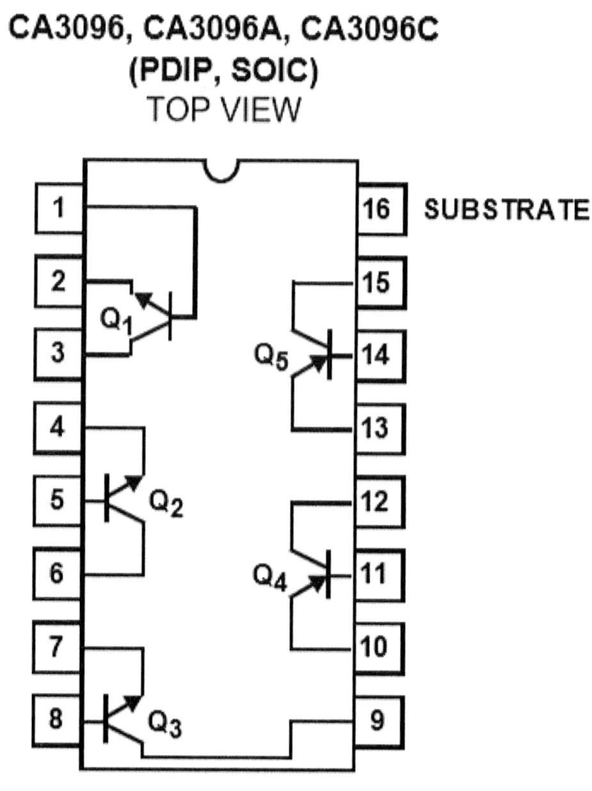

* 핀 16은 substrate (기판)으로 회로에서 가장 낮은 전압에 연결되어야 한다!

시뮬레이션 25.1: NPN BJT Differential 증폭기

실험 24장에서 공부한 Differential Pair 회로를 이용하여 NPN BJT Differential 증폭기의 특성을 시뮬레이션한다. 여기에서는 v_d를 DC 신호원으로 사용하지 않고, 시간의 함수인 신호로서 사용한다. 따라서 시간에 따라 변화하는 신호를 입력 신호로하여 출력 신호 v_{o1}, v_{o2}, v_o를 관찰한다.

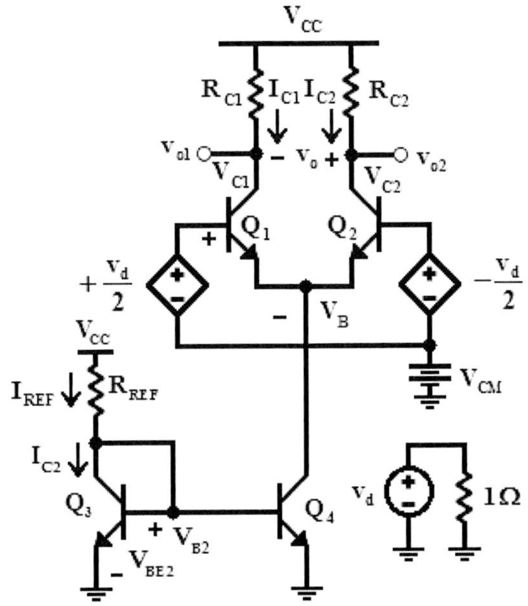

그림 1. NPN BJT Differential 증폭기 회로 (CA3046): V_{CC}=10 V, V_{CM}=1.3 V, R_{REF}=9.3 kΩ, R_{C1}=9.1 kΩ, R_{C2}=9.1 kΩ.

시뮬레이션의 요점

- 그림 1 회로의 동작점을 시뮬레이션하여 모든 소자가 능동 영역 (Active Mode)에서 동작하는지 확인한다.
- $v_d=0.1\sin(2\pi 1000t)$ 신호를 입력으로하여 출력 신호 v_{o1}, v_{o2}, v_o를 시뮬레이션한다. 여기에서 $v_o=v_{o2}-v_{o1}$이다.
- 차동 전압이득 A_d ($=v_o/v_d$)을 구한다.

표 1. 회로의 동작점, 동작 모드, 전압이득.

	동작점					
파라메타	V_{BE3} (V)	I_{REF} (mA)	V_{BE1} (V)	V_B (V)	V_{C1} (V)	V_{C2} (V)
값						

소자	Q_1	Q_2	Q_4
동작 모드			

A_d (V/V)

시뮬레이션 25.2: PNP BJT Differential 증폭기

그림 2는 PNP BJT로 구성된 Differential 증폭기이다. 시간의 함수인 v_d 신호를 입력으로하여 출력 신호를 시뮬레이션하여 증폭기의 특성을 관찰한다.

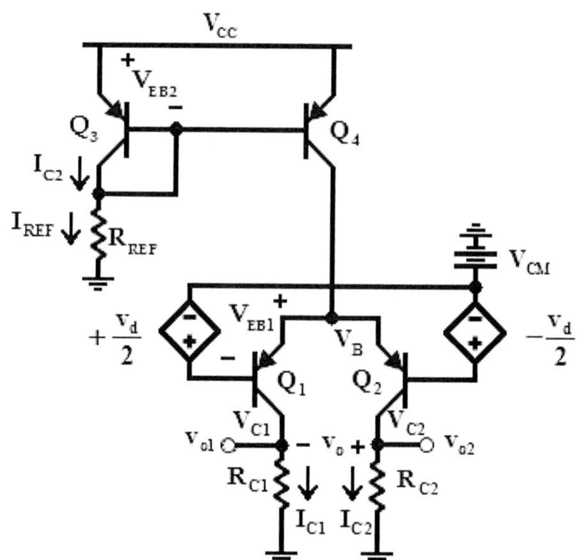

그림 2. PNP BJT Differential 증폭기 회로 (CA3096): V_{CC}=10 V, V_{CM}=8.6 V, R_{REF}=8.9 kΩ, R_{C1}=9.1 kΩ, R_{C2}=9.1 kΩ.

시뮬레이션의 요점

- 그림 2 회로의 동작점을 시뮬레이션하여 모든 소자가 능동 영역 (Active Mode)에서 동작하는지 확인한다.

- v_d=0.1sin(2π1000t) 신호를 입력으로하여 출력 신호 v_{o1}, v_{o2}, v_o를 시뮬레이션한다. 여기에서 $v_o=v_{o2}-v_{o1}$이다.
- 차동 전압이득 A_d (=v_o/v_d)를 구한다.

표 2. 회로의 동작점, 동작 모드, 전압이득.

	동작점					
파라메타	V_{EB3} (V)	I_{REF} (mA)	V_{EB1} (V)	V_B (V)	V_{C1} (V)	V_{C2} (V)
값						

소자	Q_1	Q_2	Q_4
동작 모드			

A_d (V/V)

실험 25.1: NPN BJT Differential 증폭기

그림 3은 NPN BJT Differential 증폭기 실험을 위한 회로이다. Q_2의 베이스를 V_{CM} 전압에 고정시키고, Q_1의 베이스에 차동 전압 v_d를 V_{CM} 전압과 직렬로 연결한다. 입력 신호 v_d가 크지 않으면 이러한 입력 신호 연결로도 차동 입력 신호의 효과를 얻을 수 있다. Differential Pair의 대칭성을 보장하기 위해 저항 R_{C1}과 R_{C2}를 가능한 한 가까운 값으로 선택하여 실험을 수행한다.

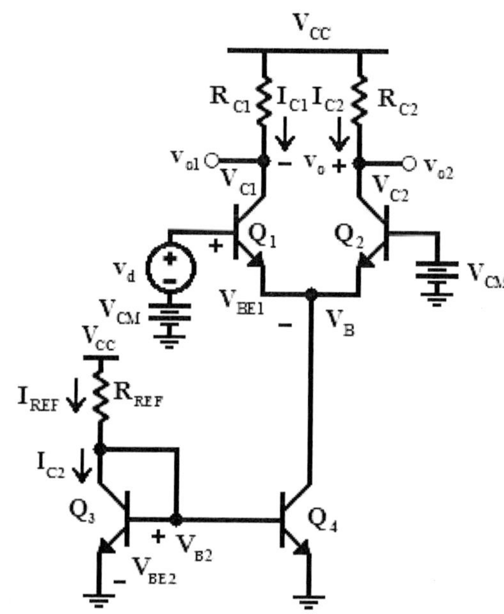

그림 3. NPN BJT Differential 증폭기 회로 (CA3046): V_{CC}=10 V, V_{CM}=1.3 V, R_{REF}=9.3 kΩ, R_{C1}=9.1 kΩ, R_{C2}=9.1 kΩ.

실험의 요점

- 그림 3 회로의 동작점을 측정하여 모든 소자가 능동 영역 (Active Mode)에서 동작하는지 확인한다.
- 전압 이득 A_d (=v_o/v_d)을 측정한다. $v_o=v_{o2}-v_{o1}$이므로 v_{o1}과 v_{o2}를 측정하여 v_o를 계산한다.
- 소자 Q_1과 Q_2의 불균형, 저항 R_C의 불일치로 v_d=0 V 일 때에도 출력 v_o가 발생한다. 이 출력 값을 출력 오프세트 전압 (V_{O_OFFSET})이라고 한다. 출력 오프세트 전압 V_{O_OFFSET}을 측정하여 입력 오프세트 전압 V_{OS}(=V_{O_OFFSET}/A_d)를 계산한다.

표 3. 회로의 동작점, 전압이득, 출력 오프세트 전압, 입력 오프세트 전압.

	동작점					
파라메타	V_{BE3} (V)	I_{REF} (mA)	V_{BE1} (V)	V_B (V)	V_{C1} (V)	I_{C1} (mA)
값						

A_d (V/V)	V_{O_OFFSET} (V)	V_{OS} (V)

실험 25.2: PNP BJT Differential 증폭기

그림 4는 PNP BJT으로 구성된 Differential 증폭기이다. R_{C1}과 R_{C2}를 가장 가능한 한 가까운 값으로 선택하여 실험을 수행한다.

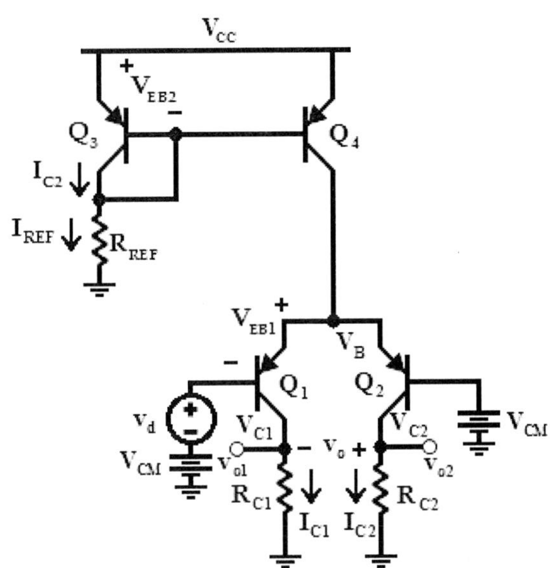

그림 4. PNP BJT Differential 증폭기 회로 (CA3096): V_{CC}=10 V, V_{CM}=8.6 V, R_{REF}=8.9 kΩ, R_{C1}=9.1 kΩ, R_{C2}=9.1 kΩ.

실험의 요점

- 그림 4 회로의 동작점을 측정하여 모든 소자가 포화영역에서 동작하는지 확인한다.
- 차동 전압 이득 A_d ($=v_o/v_d$)을 측정한다. $v_o=v_{o2}-v_{o1}$이므로 v_{o1}과 v_{o2}를 측정하여 v_o를 계산한다.
- $v_d=0.1\sin(2\pi 1000t)$이다.

- 소자 Q_1과 Q_2의 불균형, 저항 R_C의 불일치로 v_d=0 V 일 때에도 출력 v_o가 발생한다. 이 출력 값을 출력 오프세트 전압 (V_{O_OFFSET})이라고 한다. 출력 오프세트 전압 V_{O_OFFSET}을 측정하여 입력 오프세트 전압 V_{OS}(=V_{O_OFFSET}/A_d)를 계산한다.

표 4. 회로의 동작점, 전압이득, 출력 오프세트 전압, 입력 오프세트 전압.

	동작점					
파라메타	V_{EB3} (V)	I_{REF} (mA)	V_{EB1} (V)	V_B (V)	V_{C1} (V)	I_{C1} (mA)
값						

A_d (V/V)	V_{O_OFFSET} (V)	V_{OS} (V)

부록

Spice Model Parameters

A. MC14007 Model Parameters:

```
.model mnmos     NMOS (Level=1 Gamma= 0.4 Xj=0
+                Tox=1200n Phi=.6 Rs=0 Kp=347u Vto=1.69 Lambda=0.01
+                Rd=0 Cbd=2.0p Cbs=2.0p Pb=.8 Cgso=0.1p
+                Cgdo=0.1p Is=16.64p N=1)
*The default W and L is 30 and 10 um respectively and AD and AS
*should not be included.
.model mpmos     PMOS (Level=1 Gamma= 0.4 Xj=0
+                Tox=1200n Phi=.6 Rs=0 Kp=185u Vto=-1.1 Lambda=0.04
+                Rd=0 Cbd=4.0p Cbs=4.0p Pb=.8 Cgso=0.2p
+                Cgdo=0.2p Is=16.64p N=1)
*The default W and L is 60 and 10 um respectively and AD and AS
*should not be included.
```

B. CA3046 NPN BJT Model Parameters

```
****CA3046 spice model parameter
.MODEL CA3046 NPN
+ (IS=10.0E-15   XTI=3.000E+00   EG=1.110E00   VAF=1.00E+02
+ VAR=1.000E+02  BF=145.7E+00 ISE=114.286E-15 NE=1.480E+00
+ IKF=46.700E-03  XTB=0.000E+00  BR=.1000E+00 ISC=10.005E-15
+ NC=2.000E+00IKR=10.00E-03   RC=10.000E+00  CJC=991.71E-15
+ MJC=0.333E-00   VJC=0.7500E-00  FC=5.000E-01 CJE=1.02E-12
+ MJE=.336E-00 VJE=0.750E-00   TR=10.000E-09   TF=277.01E-12
+ ITF=1.750E-00    XTF=309.38E+00 VTF=16.37E+00  PTF=0.000E+00
```

C. CA3096 NPN & PNP Model Parameters

```
* CA3096N NPN model
* created using Parts release 6.3a on 02/23/97 at 15:21
* Parts is a MicroSim product.
.MODEL CA3096N NPN (
+ IS=10.000E-15 BF=466.52 VAF=100 IKF=14.030E-3 ISE=74.093E-15
+ NE=1.6606 BR=.1001 VAR=100 IKR=10.010E-3 ISC=10.000E-15
```

```
+ NK=.46898 RC=10 CJE=1.2825E-12 MJE=.33333 CJC=786.59E-15 MJC=.33333
+ TF=490.39E-12 XTF=5.3212 VTF=28.396 ITF=.27408 TR=10.000E-9)
*$

* CA3096P PNP model
* created using Parts release 6.3a on 02/23/97 at 16:07
* Parts is a MicroSim product.
.MODEL CA3096P PNP ( IS=10.000E-15 BF=94.511 VAF=100 IKF=1.1177E-3
+ ISE=976.47E-15 NE=1.9980 BR=.1001 VAR=100 IKR=10.010E-3
+ ISC=10.000E-15 NK=.53243 CJE=1.4535E-12 MJE=.33333
+ CJC=3.8474E-12 MJC=.33333 TF=24.300E-9 XTF=10.054
+ VTF=9.7920 ITF=1.2571 TR=10.000E-9)
*$
```

D. 2N3904, 2N3906 Model Parameters:

```
****2N3904 spice model parameter
.model q2n3904 NPN (Is=6.734e-15 Xti=3 Eg=1.11 Vaf=74.03 Bf=416.4 Ne=1.259
+    Ise=6.734e-15 Ikf=66.78m Xtb=1.5 Br=.7371 Nc=2
+    Isc=0 Ikr=0 Rc=1 Cjc=3.638p Mjc=.3085 Vjc=.75 Fc=.5 Cje=4.493p Mje=.2593
+    Vje=.75 Tr=239.5n Tf=301.2p
+    Itf=.4 Vtf=4 Xtf=2 Rb=10)
.MODEL q2N3906   PNP ( IS=7.9190E-15 BF=196.89 VAF=100 IKF=.7271
+ ISE=13.654E-15 NE=1.4535 BR=124.61 VAR=100 IKR=10.010E-3
+ ISC=18.518E-12 NC=1.6031 NK=1.1475 RB=8.6624 RC=.55428
+ CJE=11.640E-12 VJE=1.0397 MJE=.47196 CJC=7.8722E-12
+ VJC=.98301 MJC=.53872 TF=320.13E-12 XTF=29.514 VTF=81.870
+ ITF=.12448 TR=10.000E-9)
```

E. Diode Model Parameters:

```
.model 1N4004 d
+    (IS=76.9n RS=42.0m   BV=1e8 IBV=5.00u CJO=39.8p
+    M=0.333 N=1.45 TT=4.32u)
```

정가 19,000원

전자회로의 시뮬레이션과 실험

2017년 2월 22일 초판 인쇄
2018년 8월 20일 수정판 발행

저자와의
협의하에
인지생략

저 자 : 박세훈
발행자 : 우명찬 · 송 준
발행처 : 홍릉과학출판사
주 소 : 서울시 강북구 인수봉로 50길 10
01093
등 록 : 1976년 10월 21일 제5-66호
전 화 : (02) 999-2274~5, 903-7037
팩 스 : (02) 905-6729
e-mail: hongpub@hongpub.co.kr
http://www.hongpub.co.kr
ISBN: 979-11-5600-508-7